江苏"十四五"普通高等教育本科省级规划教材
普通高等教育计算机类系列教材

数据库原理及应用

主　编　胡孔法

副主编　佘侃侃

参　编　张福安　胡晨骏

机械工业出版社

本书将数据库基本原理、方法和应用技术相结合，以关系数据库系统为核心，完整地介绍了数据库系统的基本概念及基本原理，并对 Microsoft SQL Server 等主流数据库管理系统、Visio 和 PowerDesigner、ASP. NET 和 ADO. NET 等数据库设计与软件开发工具进行了讲解，还对数据仓库、数据挖掘、大数据等技术进行了介绍。本书主要内容包括：数据库系统概述、数据模型、数据库系统的体系结构、关系数据库方法、关系数据库的结构化查询语言、关系模式的规范化理论、数据库设计、数据库保护、Microsoft SQL Server 2019、ASP. NET 和 ADO. NET 数据库开发技术、数据库新技术等。通过本书的学习，读者可熟练使用现有的数据库管理系统和软件设计与开发工具，进行数据库结构的设计和数据库应用系统开发。

本书可作为高等院校计算机类专业、信息管理与信息系统专业以及其他相关专业的数据库相关课程教材，还可作为广大软件设计与开发人员、在信息领域工作的相关人员的参考书。

图书在版编目（CIP）数据

数据库原理及应用/胡孔法主编. —北京：机械工业出版社，2020.7 （2025.1 重印）

普通高等教育计算机类系列教材

ISBN 978-7-111-65397-4

Ⅰ. ①数… Ⅱ. ①胡… Ⅲ. ①数据库系统—高等学校—教材

Ⅳ. ①TP311. 13

中国版本图书馆 CIP 数据核字（2020）第 064322 号

机械工业出版社（北京市百万庄大街 22 号 邮政编码 100037）

策划编辑：刘丽敏 责任编辑：刘丽敏 张翠翠

责任校对：李 杉 封面设计：张 静

责任印制：单爱军

北京虎彩文化传播有限公司印刷

2025 年 1 月第 1 版第 5 次印刷

184mm×260mm · 16.75 印张 · 456 千字

标准书号：ISBN 978-7-111-65397-4

定价：45.00 元

电话服务　　　　　　　　　　网络服务

客服电话：010-88361066　　　机 工 官 网：www.cmpbook.com

　　　　　010-88379833　　　机 工 官 博：weibo.com/cmp1952

　　　　　010-68326294　　　金 书 网：www.golden-book.com

封底无防伪标均为盗版　　　机工教育服务网：www.cmpedu.com

前　言

20 世纪 60 年代末，数据库技术作为数据处理中的一门新技术发展起来。时至今日，数据库技术已形成了较为完整的理论体系，是计算机软件领域的一个重要分支。

随着数据库系统的推广，计算机应用已深入人类社会的各个领域，如当前的管理信息系统（MIS）、企业资源规划（ERP）、计算机集成制造系统（CIMS）、地理信息系统（GIS）、决策支持系统（DDS）等，都是以数据库技术为基础的。此外，我国实施的国家信息化、"金"字工程、数字城市等都是以数据库为基础的大型计算机系统。目前，数据库的建设规模和性能、数据库信息量的大小和使用水平已成为衡量一个国家信息化程度的重要标志。我国高等院校从 20 世纪 80 年代开始就把"数据库原理及应用"作为计算机类专业的主要课程之一。目前，"数据库原理及应用"课程是各个高等院校计算机类专业、信息管理与信息系统专业以及其他相关专业的一门重要专业基础课程。

本书很好地将数据库基本原理、方法和应用技术相结合，以关系数据库系统为核心，在全面解析数据库系统的基本概念及基本原理的基础上，对 Microsoft SQL Server 等主流数据库管理系统、Visio 和 PowerDesigner 等数据库设计与软件开发工具进行讲解，并对数据仓库、数据挖掘、大数据等技术进行了介绍，旨在让读者学习本书后，能熟练使用现有的数据库管理系统和软件设计与开发工具，进行数据库结构的设计和数据库应用系统的开发。

本书共 11 章。第 1 章数据库系统概述，介绍数据库系统基本概念，并讨论了数据管理和数据库系统的发展阶段。第 2 章数据模型，着重介绍 E-R 数据模型、层次数据模型、网状数据模型、关系数据模型、面向对象数据模型等的基本概念和设计方法。第 3 章数据库系统的体系结构，主要介绍数据库系统的三级模式结构、DBS、DBMS 等内容。第 4 章关系数据库方法，介绍关系数据库的基本概念、关系代数、关系演算、关系查询优化等内容。第 5 章关系数据库的结构化查询语言，主要包括 SQL 概述、SQL 的数据定义语言、SQL 数据更新、SQL 数据查询、SQL 聚集函数、SQL 中的视图等内容。第 6 章关系模式的规范化理论，主要介绍函数依赖、关系模式的分解及其问题等关系模式规范化理论。第 7 章数据库设计，主要包括数据库设计概述、规划、需求分析、概念设计、数据库逻辑结构设计及优化、数据库的物理设计、数据库的实现、数据库的运行与维护、PowerDesigner 辅助设计工具等内容。第 8 章数据库保护，主要介绍事务、数据库完整性、数据库安全性、数据库恢复技术和并发控制等数据库保护措施。第 9 章 Microsoft SQL Server 2019，主要介绍 Microsoft SQL Server 的基本知识，以 Microsoft SQL Server 2019 为背景，介绍了数据库系统设计方法和 SQL Server 的高级应用技术等内容。第 10 章 ASP. NET 和 ADO. NET 数据库开发技术，主要介绍 ASP. NET 和 ADO. NET 基础知识、ASP. NET 连接数据库方法、ADO. NET 读取和操作数据库数据等基于 . NET 的数据库开发技术。第 11 章数据库新技术，主要介绍数据仓库、数据挖掘、大数据技术等数据库新技术。

本书由胡孔法主编。第 1 ~ 6 章由胡孔法编写，第 7 章由胡晨骏编写，第 8 章由张福安编写，第 9 ~ 11 章由佘侃侃编写。

编者结合自己读硕士和博士期间所从事的数据库及信息系统方面的研究成果，以及十多年的软件开发与设计经验和多年的教学经验，完成了本书的编写。

　　本书可作为计算机及相关专业本科生的教材，也可供计算机及相关专业研究生、广大软件设计和开发人员参考。书中如有不足之处，敬请广大读者指正。

编　者

目　　录

第 1 章　数据库系统概述

20 世纪 60 年代末，数据库技术是作为数据处理中的一门新技术发展起来的。时至今日，数据库技术已是计算机软件领域的一个重要分支，形成了较为完整的理论体系和实用技术。本章首先介绍数据库技术的产生与发展，然后介绍数据库系统的基本概念，最后介绍数据库系统的特点，可使读者对数据库的概貌有所了解。

1.1　数据库技术的产生与发展

1.1.1　数据管理的发展

数据库系统的萌芽出现于 20 世纪 60 年代。当时计算机开始广泛地应用于数据管理，对数据的共享提出了越来越高的要求。传统的文件系统已经不能满足人们的需要，能够统一管理和共享数据的数据库管理系统（Database Management System，DBMS）应运而生。数据模型是数据库系统的核心和基础，各种 DBMS 软件都是基于某种数据模型的，所以通常也按照数据模型的特点将传统数据库系统分成网状数据库、层次数据库和关系数据库三类。

世界上第一个 DBMS 应当是美国通用电气公司的 Bachman 等人在 1964 年开发成功的 IDS（Integrated Data Store，集成数据存储）。IDS 奠定了网状数据库的基础，并在当时得到了广泛的推广和应用。IDS 具有数据模式和日志的特征，但它只能在 GE 主机上运行，并且数据库只有一个文件，数据库所有的表必须通过手工编码来生成。

最著名、典型的层次数据库系统是 IBM 公司在 20 世纪 60 年末开发的 IMS（Information Management System），一种适合其主机的层次数据库。这是 IBM 公司研制的最早的大型数据库系统程序产品。

网状数据库和层次数据库已经很好地解决了数据的集中和共享问题，但是在数据独立性和抽象级别上仍有很大欠缺。用户在对这两种数据库进行存取时，仍然需要明确数据的存储结构，指出存取路径。而后来出现的关系数据库较好地解决了这些问题。

1970 年，IBM 的研究员 E. F. Codd 博士在 *Communication of the ACM* 上发表了一篇名为 *A Relational Model of Data for Large Shared Data Banks* 的论文，提出了关系模型的概念，奠定了关系模型的理论基础。尽管之前在 1968 年 Childs 已经提出了面向集合的模型，然而这篇论文被普遍认为是数据库系统历史上具有划时代意义的里程碑。后来 Codd 又陆续发表多篇文章，论述了范式理论和衡量关系系统的 12 条标准，用数学理论奠定了关系数据库的基础。关系模型有严格的数学基础，抽象级别比较高，而且简单清晰，便于理解和使用。但是当时也有人认为关系模型是理想化的数据模型，用来实现 DBMS 是不现实的，尤其担心关系数据库的性能难以接受，更有人视其为当时正在进行中的网状数据库规范化工作的严重威胁。为了促进对问题的理解，1974年，ACM 牵头组织了一次研讨会，会上开展了一场分别以 Codd 和 Bachman 为首的支持和反对关系数据库两派之间的辩论。这次著名的辩论推动了关系数据库的发展，不少工业和研究单位投入到关系 DBMS 原型的研制中，使其最终成为现代数据库产品的主流。在众多的关系 DBMS 原型中，功能最全面、技术上最有代表性的是 IBM 公司的 System R 和加州大学伯克利分校的

INGRES。这两个原型系统全面地提供了比较成熟的关系 DBMS 技术，为研制商品化的关系 DBMS 提供了技术上的准备。IBM 公司在 System R 的基础上先后推出了 SQL/DS 和 DB2 两个商品化的关系 DBMS。关系型数据库系统以关系代数为坚实的理论基础，经过几十年的发展和实际应用，技术越来越成熟和完善。其代表产品有 Oracle、Sybase、Informix、Microsoft SQL Server 等。

20 世纪 80 年代是关系数据库的全盛时代。随着计算机的广泛应用，新的应用又提出新的要求。人们开始发现关系数据库的许多限制和不足，这又推动了数据库技术新一轮的研究：一是改造和扩充关系数据库，以适应新的应用需求；二是改用新的数据模型，如面向对象数据模型等，研制新型的数据库。

数据管理与数据处理一样，都是计算机系统的最基本的支撑技术。尽管计算机科学技术经历了飞速的发展，但数据管理的这一地位没有变化。可以预期，数据管理将作为计算机科学技术的一个重要分支一直发展下去，社会越信息化，对数据管理的要求也越高。推动这门学科发展的动力是计算机应用，发展这门学科的基础是新的软硬件技术。数据库是现阶段数据管理的主要形式。

1.1.2　数据和数据管理技术

1. 数据

为了了解世界、研究世界和交流情况，人们需要描述事物。人们常常抽象那些感兴趣的事物的特征或属性来对事物进行描述。

例如，一个大学生可用如下的记录来描述：< 吴恒，181231142，男，2000，江苏，计算机系，2018 >。该记录表示吴恒是位大学生，学号是 181231142，2000 年出生，江苏人，2018 年考入计算机系。这种对事物描述的符号记录称为数据。

（1）数据的含义

数据是载荷信息的媒体，是对现实世界中客观事物的符号表示，它可以是数值数据，也可以是非数值数据，如声音、图像等。它是能输入计算机，并能处理的符号序列。

（2）数据与信息的联系及区别

数据是数据库系统研究和处理的对象。数据与信息是分不开的，它们既有联系又有区别。

所谓数据，通常指用符号记录下来的、可以识别的信息。

数据与信息之间存在着固有的联系。数据是信息的符号表示，或称为载体；信息则是数据的内涵，是对数据语义的解释。

2. 数据管理技术

数据管理是指数据的收集、整理、分类、组织、存储、查询、检索、维护等操作，这部分操作是数据处理业务的基本环节，而且是任何数据处理业务中必不可少的共有部分。

数据处理是指从某些已知的数据出发，推导加工出一些新的数据，这些新的数据又表示了新的信息。

数据处理是与数据管理相联系的，数据管理技术的优劣将直接影响数据处理的效率。

3. 数据管理技术的发展

计算机数据处理的速度和规模是人工方式或机械方式所不可比拟的，随着数据处理量的增长，产生了数据管理技术。数据管理技术的发展，与计算机硬件、系统软件及计算机应用的范围有着密切的联系。数据管理技术的发展经历了人工管理阶段、文件系统阶段和数据库系统阶段 3 个发展阶段。

（1）人工管理阶段

20 世纪 50 年代中期以前，计算机主要用于科学计算，数据管理处于人工管理阶段，数据处理的方式基本上是批处理。

当时，计算机主要用于科学计算，数据量小、结构简单，如高阶方程、曲线拟合等。外存主要为顺序存取设备，如磁带、卡片、纸带，没有磁盘等直接存取设备。没有操作系统，没有数据管理软件，用户用机器指令编码，通过纸带机输入程序和数据，程序运行完毕后，由用户取走纸带和运算结果，再让下一用户上机操作。人工管理阶段的主要特点是没有专用的软件对数据进行管理，由应用程序管理数据；数据面向应用程序，即一组数据对应一个应用程序，数据不能共享；应用程序完全依赖于数据，数据与程序没有独立性；数据不保存在计算机内，数据一般也不需要长期保存。

（2）文件系统阶段

20 世纪 50 年代后期至 60 年代中期，数据管理进入文件系统阶段。这个阶段可将数据组织成若干个相互独立的文件，用户通过操作系统对文件进行打开、读写、关闭等操作。

这时的计算机不但用于科学计算，还用于信息管理。外部存储器已有磁盘、磁鼓等直接存取设备。专门管理数据的软件（即文件系统）已经出现，用于文件存储空间的管理，目录管理，文件读写管理，文件保护，向用户提供操作接口等。

文件系统阶段的主要特点是数据能以"文件"形式长期保存在外部存储器的磁盘上；数据的逻辑结构与物理结构有了区别，但比较简单；文件组织已多样化，有索引文件、链接文件和直接存取文件等；数据不再属于某个特定的程序，可以重复使用，即数据面向应用；对数据的操作以记录为单位。

随着数据管理规模的扩大，数据量急剧增加，文件系统显露出数据存在大量冗余（Redundancy）、数据不一致（Inconsistency）、数据之间的联系比较弱（Poor Data Relationship）等缺陷。

（3）数据库系统阶段

20 世纪 60 年代后期以来，为了克服文件系统的弊端，适应日益增长的数据处理的需求，人们开始探索新的数据管理方法和工具。在这一时期，存储技术取得了重要进展，大容量和快速存取的磁盘相继投入市场，为新型数据管理技术的研制提供了良好的物质基础。

由于计算机管理的数据量大，关系复杂，共享性要求强，外存出现了大容量磁盘、光盘。软件价格上升，硬件价格下降，编制和维护软件及应用程序的成本相对增加，其中维护的成本更高。这些也推动了数据库技术的发展。

数据管理技术进入数据库阶段的标志是 20 世纪 60 年代末的 3 个里程碑：1968 年，美国 IBM 公司推出层次模型的 IMS 系统；1969 年，美国数据系统语言委员会 CODASYL 组织并发布了 DBTG 报告，总结了当时各式各样的数据库，提出网状模型；1970 年，美国 IBM 公司的 E. F. Codd 连续发表论文，提出关系模型，奠定了关系数据库的理论基础。

数据库系统阶段的主要特点是采用数据模型表示复杂的数据结构；有较高的数据独立性；数据库系统为用户提供了方便的用户接口；数据库系统提供数据库的并发控制、数据库的恢复、数据的完整性和数据安全性 4 个方面的数据控制功能；增加了系统的灵活性和安全性。

1.1.3　数据库系统的 3 个发展阶段

1. 第一代数据库系统

20 世纪 70 年代，以层次数据库和网状数据库为代表的第一代数据库系统得到广泛应用。它们基本实现了数据管理中的"集中控制与数据共享"这一目标。

2. 第二代数据库系统

20 世纪 80 年代出现了以关系数据库为代表的第二代数据库系统。

由于关系数据库具有坚实的理论基础，结构简单，操作方便，并且在查询效率和数据库性能等方面取得了突破性的进展，因此在这一时期关系数据库得到了迅猛发展。关系数据库已逐渐成为数据库发展的主流，一批性能不断改善、版本不断更新的商品化关系数据库软件相继投入使用，例如，Oracle、Sybase、Informix、Ingres 等关系数据库系统已广泛用于大型信息管理系统。关系数据库系统得到了以下方面的发展。

1）关系数据库系统的发展促进了数据库系统的小型化。20 世纪 80 年代推出了一批适于微机环境下运行的关系数据库系统，美国的 Ashton-Tate 公司先后在 1981 年推出微机版关系数据库软件 dBASE Ⅱ，1984 年升级到 dBASE Ⅲ，1986 年又推出 dBASE Ⅲ Plus。1987 年，美国 FOX SOFTWARE 公司推出了 FoxBase +（V2.0），之后又推出 Foxpro 等软件。Oracle 公司在 1986 年也研制出 Professional Oracle 版微机数据库软件。

2）随着数据库技术的发展和计算机网络的广泛应用，分布式数据库系统在 20 世纪 80 年代得到了很大的发展。例如，1986 年，Oracle 公司和 Ingres 公司先后推出 SQL ＊ Star 和 Ingres/Star 的开放型分布式关系数据库系统。

3）随着计算机的广泛应用，特别是一些新的应用领域不断提出新的应用要求（如图形图像处理、GIS 空间数据管理、XML 数据管理），关系数据库、层次数据库、网状数据库等传统数据库都表现出不同程度的局限性。因此，人们在 20 世纪 80 年代后期又提出研制新一代数据库的设想。

3. 第三代数据库系统

20 世纪 80 年代末 90 年代初，新一代数据库技术的研究和开发已成为数据库领域学术界和工业界的研究热点。

例如，人们要求对图形、图像、声音等多媒体数据、时态数据、空间数据、知识信息及各种复杂对象等非常规数据进行有效处理，为了适应应用需求，人们提出了许多新概念、新思想和新方法，以及一些新的数据模型和新的数据库管理系统体系结构，如多媒体数据库、时态数据库、空间数据库、面向对象数据库、分布式数据库、并行数据库系统、数据仓库、移动数据库、XML 数据管理技术等。

1.2 数据库系统基本概念

1.2.1 数据库

1. 数据库（Database，DB）

DB 是长期存储在计算机内、有组织的、统一管理的相关数据的集合。DB 能为各种用户共享，具有较小冗余度、数据间联系紧密而又有较高的数据独立性等特点。

2. 数据库管理系统（Database Management System，DBMS）

DBMS 是位于用户与操作系统（OS）之间的一层数据管理软件，它为用户或应用程序提供访问 DB 的方法，包括 DB 的建立、查询、更新及各种数据控制。DBMS 总是基于某种数据模型，可以分为层次型、网状型、关系型和面向对象型等。

1.2.2 数据库系统

数据库系统的简单结构如图 1.1 所示。

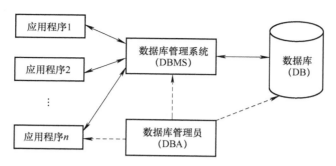

图 1.1　数据库系统的简单结构

数据库是数据的汇集，它们经一定的组织形式存储在磁盘介质中。数据管理系统（DBMS）是管理数据库的软件，它实现数据库系统的各种功能。应用程序是指以数据库为基础的各种应用程序，它必须通过 DBMS 访问数据库。数据库管理员是负责进行数据库规划、设计、协调、维护和管理等工作的人员。由这些应用程序、数据库管理系统、数据库和数据库管理员构成了数据库系统。

从图 1.1 可以看出，DBMS 是数据库系统的核心，DBMS 一般是由厂家提供的通用软件，如 Microsoft 公司提供的 Microsoft SQL Server 2019、Oracle 公司提供 Oracle 12C 等。DBMS 的功能因产品而异，但现代 DBMS 一般必须具备以下基本功能。

（1）提供高级的用户接口

用户通过 DBMS 看到的是与数据物理存储细节无关的数据逻辑形式，通过 SQL 等非过程数据库语言来对数据库进行操纵。为了适应不同用户的需要，DBMS 通常提供各种接口。

（2）查询处理和优化

这里的查询泛指用户对数据库所提出的访问请求，包括数据修改、数据定义等。用户用非过程数据库语言来查询数据库，查询处理过程的拟定和优化都由 DBMS 来完成。查询处理和优化是 DBMS 的基本任务，它对 DBMS 的性能影响很大。

（3）数据目录管理

数据库中保存了持久和共享的数据，数据的定义也长期保存在数据库，这就构成了数据目录。数据目录不但包含数据的逻辑属性，还包含数据的存储结构定义、数据访问和管理所必需的信息。DBMS 在完成各种功能时都离不开数据目录，数据目录管理是 DBMS 的基本功能。

（4）并发控制

现代 DBMS 一般允许多用户并发访问数据库，这就不可避免地产生冲突，例如对同一数据，一个用户要读，另一个用户要写，如果并发执行，则可能产生不正确的结果。为了解决冲突，DBMS 中需要有并发控制机制。

（5）恢复功能

这要求数据库在发生故障时，甚至遭到破坏时，也要能够恢复到数据一致状态。

（6）完整性约束功能

由于数据库中的数据是持久和共享的，因此保证其正确性是至关重要的。在 DBMS 中不但要对数据进行语法检查，还要对数据进行语义检查。数据在语义上的约束称为完整性约束。

例如，每个学生的学号应该是唯一的，年龄不能为负数或大于 100 的数等，这都是完整性约束。

（7）访问控制

DBMS 应有控制用户访问数据库中数据的访问权限控制。例如对于学生成绩这一数据，允许所有教务人员读，但只允许成绩输入人员写，只允许学生查看自己的课程成绩等。

1.3　数据库系统的特点

1. 实现数据的集中化控制

以往文件系统中，文件是按用户进行分散管理的，而数据库系统则能集中控制和管理数据。

（1）数据库中的数据是集成式的

通常将一个部门所涉及的全部数据组织在一个数据库中。例如，通常利用数据库系统将一个学校的人事档案管理、学生学籍管理、教学管理等各种相关的数据集中在一个数据库中进行统一维护和管理，学校各职能部门可以通过访问权限从数据库中提取相应的所需数据。

（2）数据库管理员 DBA

通过数据库管理员对本单位的数据库进行管理和维护。

2. 数据的冗余度小，易扩充

通过数据库系统可以将相同的数据在数据库中只存储一次，并为不同的应用共享。这比文件系统的数据冗余要小得多。

3. 采用一定的数据模型实现数据结构化

数据库中的数据是按照一定的数据模型来组织、描述和存储的，称为数据结构化。数据库系统中常用的数据模型有层次模型、网状模型和关系模型等。通常，一个数据库系统只选用一种数据模型，根据选用的数据模型不同，数据库分为层次数据库、网状数据库和关系数据库。

4. 避免了数据的不一致性

数据的不一致性是指数据的不相容性和矛盾性，即数据违反了数据完整性约束条件，使同一数据在数据库内重复出现不同的值。例如，职工工资在工资单上和人事档案中有不同的值，这就是数据的不一致性，主要是由于存在数据冗余造成的。

在数据库系统中，由于冗余度的大幅降低，避免了大量不一致数据的产生。同时数据库系统提供了对数据进行控制和检查的功能，从而使得数据在更新时能同时更新数据的所有副本，以保证数据的一致性。

5. 实现数据共享

在数据库系统中，一组数据集合被多种应用程序和多个用户共同使用，主要体现在以下几方面：当前所有用户（批处理用户、终端用户）可以同时使用数据库；数据库既能满足用户的需求，又能适应新的应用需求，即增加新应用需求不会影响原有的应用；具有多种用户接口，可以提供与 PL/SQL、C/C++、COBOL、VB 等数据库的接口。

6. 提供数据库保护

数据库系统提供了安全性控制、完整性控制、并发控制、故障的检测与恢复等一系列数据控制功能，以确保数据库中的数据是安全、可靠的。

7. 数据独立性

数据独立性是指数据库中的数据独立于应用程序，即数据的逻辑结构、存储结构与存取方式的改变不影响应用程序。数据独立性一般分为数据逻辑独立性和数据物理独立性，其示意图如图 1.2 所示。

（1）数据逻辑独立性

数据逻辑独立性是指数据库总体逻辑结构的改变（如修改数据定义、增加新的数据类型、改变数据间的联系等）不需要修改应用程序。

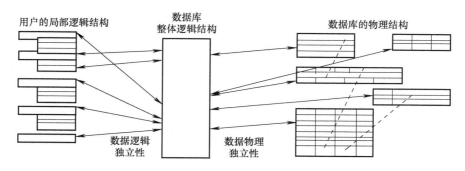

图 1.2 数据独立性示意图

（2）数据物理独立性

数据物理独立性是指数据的物理结构的改变，如存储设备的更换、物理存储格式和存取方式的改变等，不影响数据库的逻辑结构，因而不会引起应用程序的变化。

8. 数据由 DBMS 统一管理和控制

数据库中的多用户并发共享数据需要通过 DBMS 进行统一管理和控制，包括以下几个方面。

（1）数据的安全性保护

数据的安全性保护是指保护数据以防止不合法的使用而造成数据的泄露和破坏。

（2）完整性保护

完整性保护是指将数据控制在有效范围内或使数据之间满足一定的关系（外键值为引用实体的关键字值或为空值），以保证数据的正确性、有效性和相容性。

（3）并发控制

当多个用户进程同时对数据库进行并发存取时，必须对多用户的并发操作加以控制和协调。

（4）数据库恢复

当数据库系统发生故障时，DBMS 必须具有将数据库从错误状态恢复到某个正确状态的功能。

第 2 章　数据模型

数据库是具有一定数据结构的数据集合，这个结构是根据现实世界中事物之间的联系来确定的。在数据库系统中不仅要存储和管理数据本身，还要保存和处理数据之间的联系，这种数据之间的联系就是实体之间的联系。研究如何表示和处理这种联系是数据库系统的一个核心问题，用于表示实体以及实体之间联系的数据库的数据结构称为数据模型。本章将着重介绍概念模型、层次模型、网状模型、关系模型、面向对象模型等数据库系统的数据模型的基本概念和设计方法，为后面的数据库设计打下基础。

2.1　数据模型概述

数据模型（Data Model）是对现实世界数据特征的抽象，是用来描述数据的一组概念和定义。

为了把现实世界的具体事物抽象、组织为某一 DBMS 支持的数据模型，通常首先把现实世界中的客观对象抽象为概念模型，然后把概念模型转换为某一 DBMS 支持的数据模型，这一过程如图 2.1 所示。

数据模型按不同的应用层次可划分为以下两类。

1. 概念数据模型（又称概念模型）

概念模型是一种面向客观世界、用户的模型，独立于计算机系统，完全不涉及信息在计算机中的表示，只是用来描述某个特定组织所关心的信息结构。概念模型是按用户的观点对数据建模的，是用户和数据设计人员之间进行交流的工具，主要用于数据库设计。例如，E-R 模型、扩充 E-R 模型属于这一类模型。

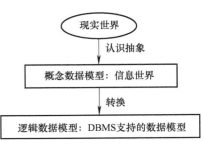

图 2.1　客观事物的抽象过程

2. 逻辑数据模型（又称数据模型）

数据模型是一种直接面向数据库系统的模型，主要用于 DBMS 的实现。例如，层次模型、网状模型、关系模型均属于这一类模型。这类模型有严格的形式化定义，以便在计算机系统中实现。

2.1.1　数据模型的基本组成

数据模型是现实世界中的事物及其之间联系的一种抽象表示，是一种形式化描述数据、数据间联系以及有关语义约束规则的方法。通常，一个数据库的数据模型由数据结构、数据操作和数据约束条件 3 个部分组成。

1. 数据结构

数据结构是对实体类型和实现间联系的表达。它是数据模型最基本的组织部分，规定了数据模型的静态特性。在数据库系统中，通常按照数据结构的类型来命名数据模型，例如，采用层次型数据结构、网状型数据结构、关系型数据结构的数据模型分别称为层次模型、网状模型和关系模型。

2. 数据操作

数据操作是指对数据库进行的检索和更新（包括插入、删除和修改）两类操作。它规定了数据模型的动态操作。

3. 数据约束条件

数据约束条件是一组完整性规则的集合，它定义了给定数据模型中的数据及其联系应具有的制约和依赖规则，以确保数据库中数据的正确性、有效性和相容性。

2.1.2 数据模型的发展

20 世纪 60 年代后期，在文件系统基础上发展起来了层次模型、网状模型和关系模型等传统数据模型，这些传统数据模型都在记录的基础上定义了各自数据的基本结构、操作和完整性约束条件以及不同类型记录间的联系。传统数据模型在数据库产生以来得到了广泛的应用，但随着数据库应用系统使用范围的不断扩大，传统数据模型的过于面向机器实现、模拟现实世界的能力不足、语义贫乏等弱点日益突出，促进了抽象级别更高、表达能力更强的新型数据模型（即非传统数据模型）的发展。例如，20 世纪 70 年代后期产生的 E-R 数据模型是一种概念模型，它提供了丰富的语义和直接模拟现实世界的能力，并且具有直观、自然、易于用户理解等优点。CAD/CAM、CASE 等专用概念数据模型也相继产生。

由于数据库的新应用领域不断扩大，因此对数据模型的要求也越来越多。随着新一代数据库研究工作的不断深入，20 世纪 80 年代以来又相继推出面向对象数据模型、基于逻辑的数据模型等新的模型。

下面几节将着重对概念模型、传统数据模型、面向对象数据模型进行介绍。

2.2 E-R 数据模型

概念模型是从现实世界到数据世界的一个中间层次，是数据库设计人员进行数据库设计的重要工具。长期以来，在数据库设计中广泛使用的概念模型是 E-R 数据模型。

2.2.1 基本概念

E-R 数据模型（Entity-Relationship Data Model，实体 – 联系数据模型）是 Peter Pin-Shan Chen 于 1976 年提出的一种语义数据模型。E-R 数据模型不同于传统数据模型，它不面向实现，而是面向现实世界。设计 E-R 数据模型的目标是有效和自然地模拟现实世界，而不是它在机器中如何实现，因此 E-R 数据模型只包含那些对描述现实世界有普遍意义的抽象概念。下面介绍 E-R 数据模型的 3 个抽象概念。

1. 实体（Entity）

实体是客观存在的且可以区别的事物。现实世界是由各种各样的实体组成的。实体可以是有生命的，也可以是无生命的；可以是具体的，也可以是抽象的；可以是物理上存在的，也可以是概念性的。例如，学生、教师、文化艺术、梦、兴趣等都是实体。所以凡是可以互相区别又可以被人们识别的事、物、概念等都抽象为实体。

在数据库设计中，人们常常关心的是具有相同性质的实体的集合。这种具有相同性质的一类实体的集合称为实体集。例如，全校学生的集合组成学生实体集。实体集中的各个实体是借助实体标识符（称关键字）加以区别的。在 E-R 数据模型中，也有型与值之分；实体集作为型来定义，而每一个实体是它的实例或值。

2. 联系（Relationship）

实体之间会有各种关系，例如，学生实体与课程实体之间可能有选课关系，教师实体与学生实体之间可能有讲授关系等。这种实体与实体间的关系抽象为联系。

在本书中，实体集有时简称为实体，联系集有时简称为联系。

根据参与联系的实体个数 n 的不同，通常将联系分为如下几类。

（1）二元联系

只有两个实体参与的联系称为二元联系，这是现实世界中大量存在的联系。在二元联系中，E-R 数据模型又把联系分为一对一（1:1）、一对多（1:n）和多对多（m:n）3种。

1）一对一（1:1）联系。若两个实体集 E_1、E_2 中的每一个实体至多和另一个实体集中的一个实体有联系，则称 E_1 和 E_2 是一对一的联系，记为 1:1。

例如，学校实体集与校长实体集间的联系是一对一联系，如图 2.2 所示。

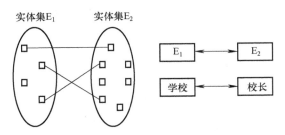

图 2.2　一对一（1:1）联系

2）一对多（1:n）联系。设两个实体集 E_1、E_2，若 E_1 中的每一个实体与 E_2 中的任意个实体（包括零个）相联系，而 E_2 中的每个实体至多和 E_1 中的一个实体有联系，则称 E_1 和 E_2 是一对多的联系，记为 1:n。

例如，学院实体集与教师实体集、班长与同学之间是一对多联系，如图 2.3 所示。

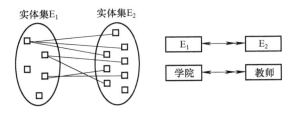

图 2.3　一对多（1:n）联系

3）多对多（m:n）联系。设两个实体集 E_1、E_2，若 E_1 中的每一个实体都和 E_2 中的任意个实体（包括零个）有联系，则称 E_1 和 E_2 是多对多的联系，记为 m:n。

例如，教师实体集与课程实体集之间是多对多联系，如图 2.4 所示。因为教师实体集中的某个教师可能讲授一门课程或几门课程，也可能不讲课；因为课程实体集中的一门课程可能由一个教师或几个教师讲授。再如，学生与课程、供应商与商品等都是 m:n 联系。

（2）多元联系

在 E-R 数据模型中，二元联系这种表示方法还可推广到多元联系，即参与联系的实体个数 $n \geq 3$。例如，三元联系也可区分 1:1:1、1:1:p、1:n:p、m:n:p 等联系。

（3）自反联系

自反联系表示同一个实体集两部分实体之间的联系，是一种特殊的二元联系。这两部分实体之间的联系也可以区分为 1∶1、1∶n 和 m∶n 这 3 种。例如，在"人"这个实体集中存在夫妻之间的 1∶1 联系；教师实体集中为了描述领导与被领导关系，可用 1∶n 联系描述；在课程实体集中存在一门课程与另外一门或几门课程之间的先行课联系。

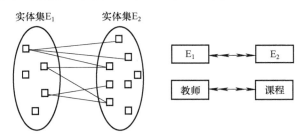

图 2.4　多对多（m∶n）联系

3. 属性（Attribute）

实体或联系所具有的特征称为属性。实体是由特征来表征和区分的，通常一个实体可以由多个属性来描述。例如，学生具有姓名、学号等属性。

1）一个实体可以有若干个属性，但在数据库设计中通常只选择部分数据管理需要的属性。

2）属性往往是不可再细分的原子属性，如姓名、性别等。

3）属性有型和值的区别。例如，学生实体中的学号、姓名等属性名是属性型，而"181231142""吴恒"等具体数据称为属性值。

4）每个属性值都有一定的变化范围，通常称属性取值的变化范围为属性值的域。例如，性别属性域是男、女。

5）能唯一标识实体集中某一实体的属性或属性组称为实体集的标识关键字或关键字。例如，学号就是学生实体集的关键字。

2.2.2　E-R 图

E-R 图是 E-R 数据模型的图形表示法，是一种直观表示现实世界的有力工具。目前，E-R 图已用于数据库的概念设计。

实体集名：用矩形框表示实体集，矩形框中是实体集名。

联系名：用菱形表示联系，菱形框中是联系名。与其相关的实体集之间用无向边连接，连线边上标明联系类型。

属性名：用椭圆表示属性，并用无向边连向与其相关的实体集或联系。

在 E-R 图，为了突出实体集之间的联系，通常采用略去实体集或联系属性的 E-R 简图来表示。上述提到的几种联系 E-R 简图如图 2.5、图 2.6 所示。

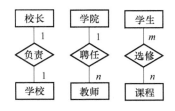

图 2.5　二元联系 E-R 简图

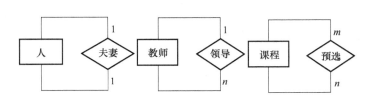

图 2.6　自反联系 E-R 简图

用无向边把属性框连向与其相关的实体集或联系。在 E-R 图中，有些属性连线上有短垂线，表示该属性是实体标识关键字或标识关键字的一部分。

例如，学生和课程实体集间存在选修课程联系，联系有"成绩"属性，则一个描述学生和课程实体集及其联系的 E-R 图如图 2.7 所示。

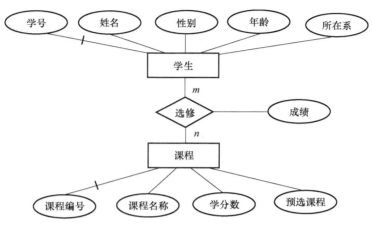

图 2.7 学生和课程实体集的 E-R 图

2.2.3 扩充 E-R 数据模型

上述以实体、联系和属性 3 个抽象概念为基础的 E-R 数据模型是基本 E-R 数据模型。为了适应新的应用，不断提出新需求和表达更丰富的语义，在基本 E-R 数据模型的基础上发展成扩充的 E-R 数据模型（EER 数据模型）。EER 数据模型引入了下列抽象概念。

1. 依赖联系和弱实体集

在现实世界中，某些实体集间还存在一种特殊的联系——依赖联系。例如，在人事管理数据库中存放的职工实体集及其家庭成员实体集，家庭成员实体集依赖于职工实体集。这种依赖另一个实体集的存在而存在的实体集称为弱实体集，它们与其他实体集间的联系称为依赖联系，如图 2.8 所示。

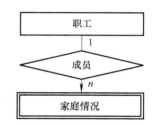

图 2.8 依赖联系和弱实体集

2. 子类和超类

在 EER 数据模型中，为了简化联系的描述，引入了子类这一抽象概念。有时，为了进一步描述一个实体集中某些实体的不同特征，从该实体集中取出一部分实体构成一个或多个新的实体集，称这个新实体集是原实体集的子类，而原实体集是新实体集的超类。

例如，一个系部的职工实体集，为区分他们不同的工作特点，可分为教师、教辅人员及管理人员 3 个子类实体集。这 3 个子类都继承了其超类职工实体集中的姓名、性别、年龄等所有共同属性，也可增加各自特殊的属性和联系等。其 EER 数据模型实例如图 2.9 所示。

3. 聚集

在基本 E-R 数据模型中，只有实体集参与联系，不允许联系本身参与联系，这在某种程度上限制了对现实世界更自然的描述。在 EER 数据模型中，将联系视为参与联系的实体集组合而成的新实体集，其属性为参与联系的实体的属性和联系的属性的并集。这种新实体集称为聚集。

这样联系也能以聚集的形式参与联系，图 2.10 是应用聚集的 EER 图。

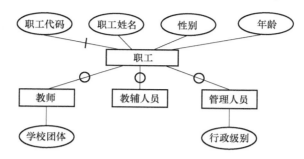

图 2.9　EER 数据模型实例

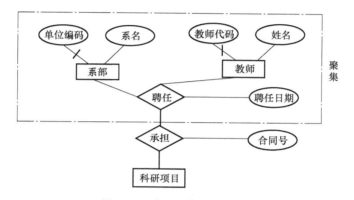

图 2.10　应用聚集的 EER 图

4. 范畴

在描述现实世界时，有时要用到不同类型的实体组成的实体集，然而这是基本 E-R 数据模型中实体集的概念所不允许的，因此引入了范畴这一抽象概念。设 E_1，E_2，$\cdots$，E_n 是 n 个不同类型的实体集，则范畴 T 可定义为：

$$T \subseteq E_1 \cup E_2 \cup \cdots \cup E_n$$

E_1，E_2，$\cdots$，E_n 称为 T 的超实体集。例如，"银行账户" 这个实体集的成员可能是单位，也可能是个人，这种由不同类型实体组成的实体集称为范畴。图 2.11 是应用范畴的 EER 图。

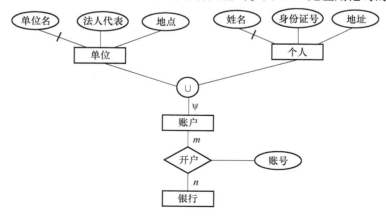

图 2.11　应用范畴的 EER 图

图中圆圈中的∪表示"并"操作，表示范畴是超实体集（如单位实体集、个人实体集）并的子集。范畴也继承了其超实体集的属性，但与子类有区别，子类是继承所有超实体集的属性，而范畴的继承是有选择性的。带有ψ符号的线段表示"特殊化"，如果账户是单位，则范畴——"账户"继承单位实体集的属性；如果账户是个人，则范畴——"账户"继承个人实体集的属性。

2.3 层次数据模型

在现实世界中，有很多事物是按层次组织起来的。例如，一个学校有若干系，一个系有若干班，一个班有若干学生。其他如单位组织机构、图书的书号等都是层次型的。

2.3.1 基本概念和结构

层次模型是按照层次结构的形式组织数据库数据的数据模型，即用树形结构表示实体集与实体集之间的联系。其中用节点表示实体集，节点之间联系的基本方式是$1:n$。层次模型是数据库中使用得较早的一种数据模型，例如，IMS 系统就是 IBM 公司推出的最有影响力的一种典型的层次模型数据库管理系统，也是一个曾经被广泛使用的数据库系统。下面介绍层次数据模型的基本概念和结构。

1. 记录和字段

记录是用来描述某个事物或事物间关系的命名的数据单位，也是存储的数据单位。它包含若干字段。每个字段也是命名的，字段只能是简单的数据类型，如整数、实数、字符串等。图 2.12 是一个名为系的记录。其中有 4 个字段，即系名、系号、系主任名、地点（都是字符串），这是记录的型的定义，即记录的数据模式。图 2.13 是其一个实例。

图 2.12　一个名为系的记录

图 2.13　记录的一个实例

2. 双亲子女关系

双亲子女关系（Parent-Child Relationship，PCR）是层次数据模型中最基本的数据关系。它代表了两个记录型之间的一对多关系（$1:n$）。例如，一个系有多个班，就构成了图 2.14 所示的双亲子女关系（即 PCR 型），在"1"方的记录型称为双亲记录，在"n"方的记录型称为子女记录。图 2.15 是一个 PCR 实例。

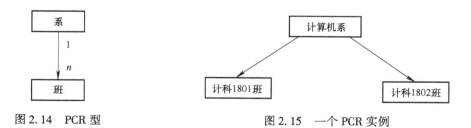

图 2.14　PCR 型

图 2.15　一个 PCR 实例

3. 层次数据模式

利用 PCR 可以构成层次数据模式。图 2.16 是一个层次数据模式的例子。

图中，每个方框代表一个记录型，每条连线（有向边）代表一个
PCR 型。层次数据模式是一棵树，其数据结构特点为：

1）在每棵树中有且仅有一个节点无双亲（即根节点）。

2）除根节点外的任何节点有且仅有一个双亲节点，但可以有任意个
子女节点。

3）树中无子女的节点称为叶节点。

一个层次数据模式可以有多个实例，图 2.17 是图 2.16 数据模式的
一个实例。

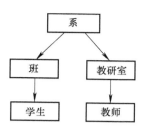

图 2.16　层次数据模式

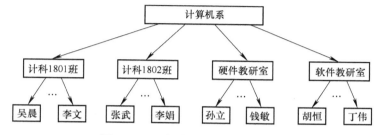

图 2.17　层次数据模式的一个实例

4. 层次序列和层次路径

（1）层次序列

由于存储器是线性的，因此层次数据必须变换成线性形式才能存储。层次数据模型采用树的
先序遍历的次序（即从上向下、自左到右）作为存储次序，这样所生成的序列称为层次序列。
图 2.17 中层次数据模式实例的层次序列如图 2.18 所示。

计算机系	计科1801班	吴晨	…	李文	计科1802班	张武	…	李娟	硬件教研室	孙立	…	钱敏	软件教研室	胡恒	…	丁伟

图 2.18　图 2.17 的层次序列

（2）层次路径

层次路径是用来指明从层次数据模式的根节点到目标节点的一条查询路径，通常用从根节点
到目标节点路径上每个记录值的排序关键字表示。

2.3.2　数据操作

数据库中的数据操作主要包括数据查询与更新两大类。

1. 数据查询

在层次数据模型中，若要查找一个记录，须从根节点开始，按给定条件沿一个层次路径查找
所需要的记录。下面介绍 3 个查询操作命令。

（1）GU（Get Unique）

格式如下：

```
GU <查询条件>
```

按给定查询条件，沿层次路径查询所需要的记录。该命令执行的结果是查找出满足条件的第

一个记录。

例如，以图 2.17 为例，执行一个 GU 查询操作的命令如下：

```
GU 系(系名 = '计算机系'),班(班名 = '计科1802'),学生;
```

该命令表示查找计算机系计科 1802 班的第一个学生，即名叫"张武"的学生记录。执行该命令后，张武这个学生记录就变成当前记录。

（2）GNP（Get Next within Parent）

在当前记录的双亲下，按层次序列查找下一个满足条件的记录。例如，查找计科 1802 班所有学生记录的查询操作命令如下：

```
GU 系(系名 = '计算机系'),班(班名 = '计科1802'),学生;/* 找到张武的记录* /
While not fail do GNP 学生;/* 找到当前记录张武的双亲计科1802 班的所有学生记录* /
```

（3）GN（Get Next）

从当前记录位置开始，按照层次序列，不受同一双亲的限制，查找当前记录的下一个满足条件的记录。例如，查找计科 1801 班和计科 1802 班的所有学生记录的查询操作命令如下：

```
GU 系(系名 = '计算机系'),班(班名 = '计科1801'),学生;
While not fail do GNP 学生;/* 找到计科1801 班的所有学生记录* /
GN 学生;                    /* 找到计科1802 班的第一个学生记录,即学生张武* /
While not fail do GNP 学生;/* 找到计科1802 班的所有学生记录* /
```

可以看出，GNP 和 GN 命令通常跟在 GU 命令后面使用，先由 GU 命令定位到层次模型中的某个记录，再用 GNP 和 GN 命令查询所需记录。

2. 更新操作

（1）数据插入（INSERT）

插入操作可先将插入数据写入系统 I/O 区，然后指定一个从根记录开始的插入层次路径，完成数据的插入操作。

（2）数据删除（DELETE）

删除操作是先用查询命令将待删除的记录定位为当前记录，再用 DELETE 命令完成删除任务。当删除一个记录时，则其所从属的所有子女记录都被删除。

（3）数据修改（REPLACE）

先用查询语句将要修改的记录定位为当前记录，并将该记录读到 I/O 区，在 I/O 区对数据进行修改，然后用 REPLACE 命令将修改后的记录值写回到数据库中。

2.3.3 数据约束

层次数据模型的数据约束主要是由层次结构的约束造成的。

1）除了根节点外，任何其他节点不能离开其双亲节点而孤立存在。

这条约束表明了在插入一个子女记录时，必须与一个约束双亲记录相联系，否则不能插入；在删除一个记录时，其子女记录也将自动被删除。这一约束为数据操作造成了不便。

2）层次数据模型所体现的记录之间的联系只限于二元 $1:n$ 或 $1:1$ 的联系，这约束了用层次模型描述现实世界的能力。

对于现实世界中存在的二元 $m:n$ 联系和多元 $m:n:p$ 等复杂联系，就不能用层次模型直接进行表达了。通常采用下列的分解法或虚拟记录法来解决这一问题。

例如，学生记录型和课程记录型是一个 $m:n$ 联系，无法用层次模型直接表达学生与课程之间的多对多联系。可以采用分解的方法，把一个二元 $m:n$ 联系分解成两个二元 $1:n$ 联系，如图 2.19 所示。

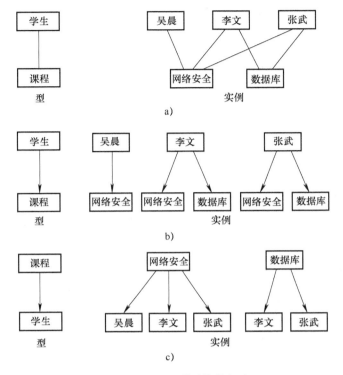

图 2.19　$m:n$ 联系的分解法

a) $m:n$ 联系的型与实例　b) 按学生进行分解的型与实例　c) 按课程进行分解的型与实例

由图 2.19 可以看出，这种分解法会导致大量的存储数据冗余。为了减少分解所带来的数据冗余，可以采用虚拟记录法，这也是 IMS 系统所采用的方法。

虚拟记录法：在数据库中，如果有一个记录 x 要在多处被引用，则只存储一份这样的记录，其他需要引用的地方用其指针代替。这种用指针代替的记录称为虚拟记录，记为 v. x。图 2.20 和图 2.21 表示学生和课程间的 $m:n$ 联系。

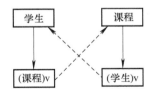

图 2.20　学生和课程间的 $m:n$ 联系的虚拟记录法

3）由于层次结构中的全部记录都是以有序树的形式组织起来的，当对某些层次结构进行修改时，不允许改变原数据库中记录类型之间的双亲子女联系，这使得数据库的适应能力受到限制。

4）虚拟记录的指针必须指向一个实际存在的记录。有虚拟记录指向的记录不得删除。

5）虚拟记录不能为根记录。

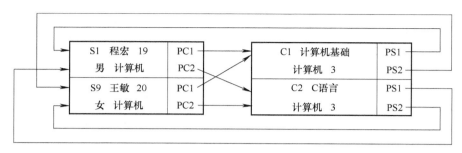

图 2.21　学生和课程间的 $m:n$ 联系的虚拟记录法实例

2.3.4　层次数据模型的优缺点

1. 层次数据模型的优点

1）层次数据模型结构简单、层次分明，便于用计算机实现。

2）在层次结构中，从根节点到树中任一节点均存在一条唯一的层次路径，这为有效地进行数据操纵提供了条件。

3）在层次结构中，除根节点外的所有节点有且只有一个双亲节点，故实体集之间的联系可用双亲节点唯一地表示，因此层次模型 DBMS 对层次结构的数据有较高的处理效率。

4）层次数据模型提供了良好的完整性支持。

2. 层次数据模型的缺点

1）层次数据模型缺乏直接表达现实世界中非层次型结构的复杂联系，如多对多联系。

2）对插入或删除操作有较多的限制。

3）查询子女节点必须通过双亲节点。

2.4　网状数据模型

在现实世界中，事物之间的联系更多的是非层次关系，用层次模型来表示这些非树形结构是很不直接的，网状模型则可以克服这一弊病。

2.4.1　基本概念和结构

1. 记录与数据项

与层次数据模型类似，在网状数据模型中，也以记录为数据的存储单位。记录包含若干数据项（Data Items），数据项相当于字段。但与层次数据模型中的字段不同，网状数据模型中的数据项不一定是简单的数据类型，也可以是多值的和复合的数据。简单的多值数据项为向量，例如，一个单位有多个电话号码，则其电话号码数据项是多值的，可用有序集合表示。复合的多值数据项为重复组，例如，一个单位有多个地址，而每个地址都是由省名、市名、街道名及号码、邮政编码等项组成的复合数据。

2. 系

在网状数据模型中，数据间的联系用系（Set）表示。系代表了两记录之间的 $1:n$ 联系，系用一条连线（有向边）表示，箭头指向"n"方。"1"方的记录称首记录，"n"方的记录称属记录。图 2.22

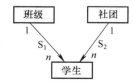

图 2.22　简单的网状结构

是简单的网状结构。

3. 系型

系也有型、值之分。系型主要有 3 种类型。

（1）单属系型

单属系型由主记录型和单一的属记录组成。例如，班级记录型和学生记录型组成的班级——学生系是单属系型，如图 2.23 所示。

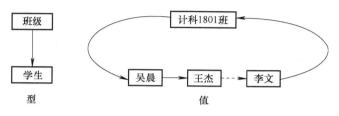

图 2.23　单属系型

（2）多属系型

该系型中包含 3 个以上记录型，其中一个为首记录型，其余为属记录型。例如，在学校中有教师和职工，他们有不同的记录结构，可形成两个记录类型。当建立一个学校——教职工系型时，可将教师记录型和职工记录型作为学校的两个属记录型，如图 2.24 所示。

图 2.24　多属系型

（3）奇异系型

这是一种只有属记录型而无首记录型的一种特殊系型。

4. 联系记录

系型是首记录型和若干相关属记录型的集合，表示首记录型和属记录型之间 $1:n$ 的联系。对于简单网状结构，可以用系直接实现。但对于二元 $m:n$ 联系、多元 $m:n:p$ 联系，不能直接用系来表示，而是采用联系记录这个辅助数据结构来将实体集间的 $m:n$ 联系转换成两个 $1:n$ 联系。

例如，学生记录与课程记录之间的 $m:n$ 联系可通过引入联系记录——学生选课记录，将其转换为两个 $1:n$ 联系，如图 2.25 所示。

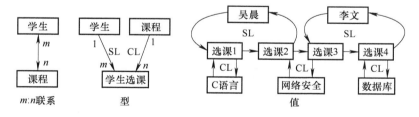

图 2.25　用联系记录表示 $m:n$ 联系

网状数据模型中规定，一个记录型不能在一个系中既作为系的首记录又作为系的属记录，即系不能直接用来表示一个记录型的自身联系。这种只有一个记录类型且记录间存在一定联系的结构称为环，是一种特殊的网状结构。通常可采用增加联系记录的方法来解决。例如，职工间的领导关系可以表示成一个环，如图 2.26a 所示，增加一个联系记录——领导记录，

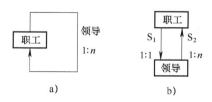

图 2.26　环结构的表示

a）职工间的领导关系　b）增加一个联系记录

该记录存放领导职务等信息，从而形成两个系类型 S_1、S_2，如图 2.26b 所示。

系 S_1 为职工—领导系，描述哪个职工为领导，职工与领导之间的联系是 $1:1$ 联系；系 S_2 为领导—职工系，表示某领导与多个被领导职工间的 $1:n$ 的联系。

2.4.2 数据操作

网状数据模型定义了对数据项、记录和系的操作，操作类型包括查询和更新两大部分。现简单介绍如下。

1. 查询操作

查询操作主要是通过查询语句 FIND 和取数语句 GET 配合使用实现的。FIND 语句主要查找定位数据库中满足条件的记录，并置为当前记录。GET 语句主要是将当前记录取出来供应用程序使用。

（1）利用关键字查询

根据记录中的一个或多个数据项来查询某个记录。其格式如下：

FIND 记录名 RECORD VIA 系名 SET USING 数据项

（2）导航式查询

根据记录间的逻辑联系查询记录，即根据系值环形链上的指针，沿着环形链一个记录值接一个记录值地进行查询，直至找到欲查询的记录。其格式如下：

FIND FIRST/LAST/NEXT/PRIOR/N 记录名 RECORD WITHIN 系名

（3）利用当前值查询

利用当前值查询可以快速地查出刚访问过的某个记录。其格式如下：

FIND CURRENT OF 记录名 RECORD 或 FIND CURRENT OF 系名 SET

2. 更新操作

网状数据模型的更新操作分为对记录的更新和对系的更新两类。

（1）对记录的更新

STORE（插入）：存储一个记录到数据库中，并按插入系籍的约束加入有关的系值中。

MODIFY（修改）：修改指定记录中的数据项。

ERASE（删除）：从数据库中删除指定记录。

（2）对系的更新

CONNECT（加入）：把属记录加入到相应的系值中。

RECONNECT（转接）：把属记录从原系值转移到另一个指定的系值中。

DISCONNECT（撤离）：把属记录从其所在的系值中撤离，但该记录仍保留在数据库中。

2.4.3 数据约束

网状数据模型的完整性约束条件如下。

1）一个记录值不能出现在同一个系型的多个系值中。例如，图 2.27a 表示的网络安全记录出现在同一个学生系型的吴晨和李文两个不同系值中，是错误的表示，正确的表示方法如图 2.27b 所示。

2）一个记录型不能同时为同一个系的首记录和属记录。

3）任一个系值有且仅有一个首记录值，但可以有任意个属记录值。

4）每个系型有且仅有一个首记录型，但可以有多个属记录型，且属记录型必须至少有一个。

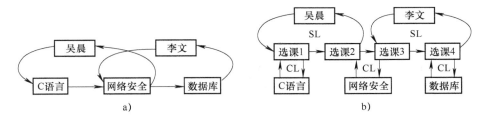

图 2.27 学生和课程记录值的表示

a）错误的表示　b）正确的表示

2.4.4 网状数据模型的优缺点

1. 网状数据模型的优点

1）能够更为直接地描述现实世界。

2）具有存取效率高等良好性能。

2. 网状数据模型的缺点

1）数据结构比较复杂，不便于终端用户掌握。

2）其数据定义语言（DDL）、数据操作语言（DML）较为复杂，用户掌握及使用较为困难。

3）数据独立性较差。

2.5 关系数据模型

关系数据模型是以集合论中的关系概念为基础发展起来的一种数据模型，它用二维表格表示现实世界实体集及实体集间的联系。自 20 世纪 80 年代以来，新推出的 DBMS 几乎都支持关系数据模型。下面先介绍关系数据模型的一些基本概念。

2.5.1 基本概念

1. 属性和域

在现实世界中，要描述一个事物，常常取其若干特征来表示。这些特征称为属性。例如，大学生可用姓名、学号、性别、系别等属性来描述。每个属性对应一个值的集合，作为其可以取值的范围，称为属性的域。例如，姓名的域是所有合法姓名的集合；性别的域是｛男，女｝等。

2. 关系和元组

一个对象可以用一个或多个关系来表示。关系就是定义在它的所有属性域上的多元关系。设为 R，它有属性 $A_1, A_2, \cdots, A_n$，其对应的域分别为 $D_1, D_2, \cdots, D_n$，则关系 R 可表示为：

$$R = (A_1/D_1, A_2/D_2, \cdots, A_n/D_n) \text{ 或 } R = (A_1, A_2, \cdots, A_n)$$

元组是关系中各个属性的一个取值的集合。

3. 键

关系中的某一属性或属性组的值唯一地决定其他所有属性的值，也就是唯一决定一个元组，而其任何真子集无此性质，则称这个属性或属性组为该关系的候选键，简称键。

2.5.2 关系数据模型的数据结构

在关系数据模型中，把二维表称为关系，表中的列称为属性，列中的值取自相应的域，域是属性所有可能取值的集合。表中的一行称为一个元组，元组用关键字标识。

1. 关系数据模型的描述功能

（1）用二维表格表示实体集及其属性

设实体集 R 有属性 A_1，A_2，$\cdots$，A_n，实体集的型可用一个二维表的框架表示，见表2.1。表中每一元组表示实体集的值，见表2.2。一个二维表实例——学生情况表见表2.3。

表 2.1　关系 R 的型

A_1	A_2	A_3	$\cdots$	A_n

表 2.2　关系 R 的值

A_1	A_2	A_3	$\cdots$	A_n
a_{11}	a_{12}	a_{13}	$\cdots$	a_{1n}
$\vdots$	$\vdots$	$\vdots$	$\vdots$	$\vdots$
a_{m1}	a_{m2}	a_{m3}	$\cdots$	a_{mn}

表 2.3　学生情况表

学号	姓名	年龄	性别	系号
S1	程宏	19	男	9
S2	王盟	20	女	9
S3	刘莎莎	18	女	8

（2）用二维表描述实体集间的联系

关系模型不仅可用二维表表示实体集，而且可用二维表描述实体集间的联系。

例如，在图书管理中经常用"借书人统计表"（见表2.4）和"图书登记表"（见表2.5）。

表 2.4　借书人统计表

姓名	借书证号	单位
吴晨	10001	计算机系
刘一	10002	自动化系
$\vdots$	$\vdots$	$\vdots$

表 2.5　图书登记表

总编号	分类号	书名	作者
200001	TP101	数据库系统教程	王能斌
400002	TP102	自动化系	周明德
$\vdots$	$\vdots$	$\vdots$	$\vdots$

由于借书人与图书之间是 $m:n$ 联系，因此用前面的层次模型或网状模型表示其联系是一项复杂的事情。在这里用二维表——"借书登记表"来表示借书人和图书两个实体集之间的联系则十分简便，见表2.6。

这个实体集间的联系通过在二维表——"借书登记表"中存放两个实体集"借书人"的键"借书证号"与实体集"图书"的键"总编号"来实现。这种方式给关系数据库的定义和数据操作带来了极大的方便。

表 2.6　借书登记表

借书证号	总编号	借阅日期
10001	200001	2018.9.1
10001	400002	2018.9.1
20001	400002	2018.10.9
$\vdots$	$\vdots$	$\vdots$

2. 关系的性质

关系是一个简单的二维表，其主要性质为：

1）关系是一个二维表，表中的每一行对应一个元组，表中的每一列有一个属性名且对应一个域。

2）列是同质的，即每一列的值来自同一域。

3）关系中的每一个属性是不可再分解的，即所有域都应是原子数据的集合。

4）关系中的任意两个元组不能完全相同。

5）关系中行的排列顺序、列的排列顺序是无关紧要的。

6）每个关系都由关键字的属性集唯一标识各个元组。

3. 关系模式

关系模式是关系中信息内容结构的描述。它包括关系名、属性名、每个属性列的取值集合、数据完整性约束条件以及各属性间固有的数据依赖关系等，可以表示为：

$$R(U,D,DOM,I,\Sigma)$$

其中，R 为关系名；U 为组成关系的全部属性的集合；D 是 U 中属性取值的值域；DOM 是属性列到域的映射，即 DOM：U→D；I 是一组完整性约束条件；∑是属性集间的一组数据依赖。

通常，可用 R（U）来简化地表示关系模式。例如，描述大学生的关系模式表示为：

STUDENT(姓名,学号,性别,出生年份,籍贯,系别,入学年份)

2.5.3 数据操作

在关系数据库中，对数据库的查询和更新操作都归结为对关系的运算，即以一个或多个关系为运算对象，对它们进行某些运算，形成一个新关系，提供用户所需的数据。

关系运算按其表达查询方式的不同可分为关系代数和关系演算两大类。

1. 关系代数

关系代数由一组以关系作为运算对象的特定的关系运算所组成，用户通过这组运算对一个或多个关系进行"组合"与"分割"，从而得到所需要的新关系。

关系代数又分为传统的集合运算和专门的关系运算。

（1）传统的集合运算

传统的集合运算主要包括并运算、差运算、交运算和笛卡儿乘积运算等。其中，并、差、交这 3 种运算要求两个关系具有相同的度，并且相对应的属性值取自同一域。

（2）专门的关系运算

专门的关系运算是根据数据库操作需要而定义的一组运算，主要包括选择运算、投影运算、连接运算、自然连接运算、半连接运算、自然半连接运算和除运算等。

在上述关系代数运算中，选择（σ）、投影（Π）、并（$\cup$）、差（$-$）、笛卡儿乘积（$\times$）5 种运算为关系代数的基本运算。关系代数操作集 $\{\sigma, \Pi, \cup, -, \times\}$ 是个完备的操作集，任何其他关系代数操作都可以用这 5 种操作来表示。

2. 关系演算

除了用关系代数表示关系操作外，还可以用谓词演算来表达关系的操作，称为关系演算。关系演算又可分为元组关系演算和域关系演算。

这里只给出了关系代数和关系演算的概念，具体操作运算功能将在第 4 章做详细讨论。

2.5.4 数据约束

关系数据模型的数据约束通常由域完整性约束、实体完整性约束、参照完整性约束这 3 类完整性约束提供支持，以保证对关系数据库进行操作时不破坏数据的一致性。

1. 域完整性约束

域完整性约束限定了属性值的取值范围，并由语义决定一个属性值是否允许为空值 NULL。NULL 用来说明属性值可能是未知的。

2. 实体完整性约束

在实体完整性约束中，每个关系应有一个主键，每个元组的主键的值应是唯一的。主键的值不能为 NULL，否则无法区分和识别元组。例如，表 2.7 所示的学生情况表中的学号不允许为空值或重复值。

表 2.7 学生情况表

学号	姓名	年龄	性别	系号
S1	程宏	19	男	9
S2	王盟	20	女	9
S3	刘莎莎	18	女	8

3. 参照完整性约束

在关系数据模型中，实体集及实体集间的联系都是用关系来描述的，从而使得关系与关系之间存在相互引用。

参照完整性约束是不同关系间的约束，当存在关系间的引用时，不能引用不存在的元组。

设关系 R 有一外键 FK，设 FK 引用关系 S 的主键，即 FK 是 S 的关键字，则关系 R 中的每个元组在属性组 FK 上的值要么是 NULL，要么是关系 S 中某个元组的关键字值。

例如，教师关系 TEACHER（教师代码，教师姓名，年龄，职称，系部号）见表 2.8，系部关系 DEPARTMENT（系部号，系名，系主任，地点）见表 2.9。系部号是关系 TEACHER 的外键，所以在关系 TEACHER 中每个元组在属性系部号上的值，只允许取 NULL，表示该教师尚未分配到具体系部，或关系 DEPARTMENT 中已存在的某个元组的系部号值，表示该教师只能分配一个已存在的系部中任教。表 2.8 中元组（T3，胡恒，38，男，11）的外键为 11 就引用了一个不存在的元组，违反了参照完整性约束。

表 2.8 教师关系 TEACHER

教师代码	教师姓名	年龄	职称	系部号
T1	孙立	39	男	9
T2	钱敏	40	女	10
T3	胡恒	38	男	11

表 2.9 系部关系 DEPARTMENT

系部号	系名	系主任	地点
9	计算机系	李远	科技大楼
10	电子系	张立	电子大楼

2.5.5 关系数据模型的优缺点

1. 关系数据模型的优点

1）关系模型有坚实的理论基础。在层次、网状、关系 3 种常用的数据模型中，关系模型是唯一可数据化的数据模型，对关系数据模型的定义与操作均建立在严格的数学理论基础上。

2）在关系模型中，二维表不仅能表示实体集，而且能方便地表示实体集间的联系，包括能直接描述层次模型、网状模型所不能直接描述的 $m:n$ 联系。

3）关系数据模型中数据的表示方法统一、简单，便于计算机实现，方便用户使用。

4）数据独立性高。关系数据模型的存取路径对用户透明，数据库中数据的存取方法采用按内容定址。

2. 关系数据模型的缺点

1）关系数据模型的主要缺点是查询效率常常不如非关系数据模型，这是因为存取路径对用户透明，查询优化处理依靠系统完成，加重了系统的负担。

2）关系数据模型等传统数据模型还存在不能以自然的方式表示实体集间的联系、语义信息不足、数据类型过少等弱点。因此自 20 世纪 80 年代后期以来，陆续出现了以面向对象数据模型为代表的新的数据模型。

2.6 面向对象数据模型

面向对象数据模型（Object-Oriented Data Model，OO 数据模型）是面向对象程序设计方法与数据库技术相结合的产物，用于支持非传统应用领域对数据模型提出的新需求。

在 OO 数据模型中，基本结构是对象而不是记录，一切事物、概念都可以看作对象。OO 数据模型是一种可扩充的数据模型，用户根据应用需要定义新的数据类型及相应的约束和操作，而且比传统数据模型有更丰富的语义。

下面介绍面向对象数据模型的一些基本概念。

2.6.1　对象和对象标识符

1. 对象

在面向对象数据模型中，所有现实世界中的实体都模拟为对象，小至一个整数、字符串，大至一个公司、一部电影，都可以看成对象。

2. 对象标识符

在 OO 数据模型中，每个对象都有一个系统内唯一不变的标识符，称为对象标识符（OID）。OID 一般由系统产生，用户不得修改。OID 是区别对象的唯一标志，与对象的属性值无关。如果两个对象的属性值和方法一样，但 OID 不同，则仍认为是两个"相等"而不同的对象。如果一个对象的属性值修改了，只要其标识符不变，则仍认为是同一对象。因此，OID 可看作对象的替身，以构造更复杂的对象。

2.6.2　属性和方法

每个对象都定义了一组属性和方法，用于描述对象的静态和动态特性。

1. 属性

每个对象都包含若干属性，用于描述对象的状态、组成和特性。属性也是对象，它又可能包含其他对象以作为其属性。这种递归引用对象的过程可以继续下去，从而组成各种复杂的对象。这种由简单对象组成复杂对象的过程称为聚集。

如图 2.28 所示的示例，CPU、主板都是对象，它们又都作为复杂对象——计算机的属性，则称计算机是 CPU、主板的聚集，用 A 表示"聚集"。

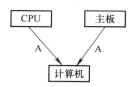

图 2.28　聚集对象

2. 方法

除了属性外，对象还包含若干方法，用于描述对象的行为特性。方法又称为操作，它可以改变对象的状态，对对象进行各种数据库操作。方法的定义与表示包含两个部分：一是方法的接口，说明方法的名称、参数和结果的类型；二是方法的实现部分，它是用程序设计语言编写的一个过程，以实现方法的功能。

一个对象一般由一组属性、一组方法及一个 OID 组成。

2.6.3　封装和消息传递

1. 封装

在 OO 数据模型中，系统把一个对象的属性和方法封装成一个整体。封装的目的是为了使对象的使用和实现分开，用户不必了解对象内部操作实现的细节，只需用发送消息的方法实现对对象的访问即可。对象的封装性体现在以下几个方面。

1）对象具有清晰的边界：对象的内部软件（数据结构及操作）的范围既定在这个边界之内。

2）对象具有统一的外部接口：对象的接口（消息）描述该对象与其他对象间的相互作用。

3）对象的内部实现是不公开的：对象的内部实现给出了对象提供的功能细节，外部对象不能访问这个功能细节。

2. 消息传递

对象是封装的，对象与外界、对象之间的通信一般只能借助于消息。消息传送给对象，调用对象的相应方法，进行相应的操作，再以消息形式返回操作的结果。这种通信机制称为消息传递。

通常，一个对象可以把消息传送给其他对象，也可接收由其他对象发来的消息；一个对象可以接收多种形式的消息，一种消息能发送给多个对象。

消息一般由接收者（消息所施加作用的对象）、操作者（给出消息的操作要求）、操作参数（消息操作时所需要的外部数据）3 个部分组成。对象、消息之间的关系如图 2.29 所示。

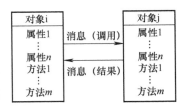

图 2.29　对象、消息之间的关系图

2.6.4　类和实例

1. 类

一个数据库一般包含大量的对象。如果每个对象都附有属性和方法的说明，则会造成大量的重复，常常把类似的对象归并为类来解决这一问题。

类是具有共同属性和方法的对象的集合，这些属性和方法可以在类中统一说明。因此，同类对象在数据结构和操作性质方面具有共性。例如，大学生、硕士生、博士生是一些有共同性质的对象，可以抽象为一个学生类。

2. 实例

类中的每个对象称为该类的一个实例。同一个类中，对象的属性名虽然是相同的，但这些属性的取值会因各个实例而异。

3. 元类

在一些 OO 数据模型中，把类看作对象，因此由类可以组成新的类。这种由类组成的类称为元类，元类的实例是类。

2.6.5　类层次结构和继承

1. 类层次结构

在 OO 数据模型中，类被组织成一个有根的有向无环图，称为类层次结构。在类层次结构中，一个类的下层可以是多个子类，一个类的上层也可以有多个超类。图 2.30 是一个类层次结构的例子。

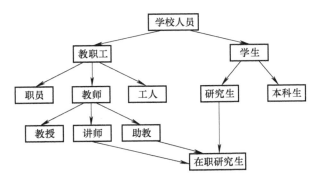

图 2.30　类层次结构的例子

由图 2.30 可知，教职工和学生是学校人员的子类，学校人员是超类，每个子类还可以有很多子类，例如，职员、教师、工人是教职工的子类。在职研究生这个子类有 3 个直接超类：研究生、助教、讲师。

2. 继承

类层次结构的一个重要特性是超类、子类及对象间的继承性，继承性避免了一些冗余信息。一个子类继承了其超类的所有性质，且这种继承具有传递性。

继承性又分为单重继承和多重继承。单重继承指每个子类有且仅有一个超类。如果子类有多个直接超类，则子类要从多个直接超类继承属性和方法，这种继承称为多重继承。

在类继承时，可能发生属性名和方法名的同名冲突问题，两类常见的冲突及其解决办法如下。

（1）各超类之间的冲突

如果在一个子类的几个直接超类中存在同名的属性和方法，一般解决方法是，在子类中规定超类的优先次序，首先继承优先级最高的那个超类的属性和方法。如果需要继承多个超类的同名属性和方法，则可以通过在子类中换名的方法来解决。

（2）子类与超类之间的冲突

如果子类与其超类发生同名冲突，一般都以子类定义的为准，用子类的定义取代其超类中的同名定义。

2.6.6　持久性和版本

1. 持久性

持久性是指对象的生成期超过所属程序的执行期，即当一个程序在执行过程中产生了一个持久性的对象，则在程序执行结束后，此对象依然存在。

持久性程序设计为面向对象数据库、计算机辅助软件工程（CASE）等提供支持。

2. 版本

由于每个对象都包含一组属性并具有相应的属性值，当为属性指定一组新值时，就建立了一个新的版本，因此，同一对象可产生多个不同的版本。

对象的版本概念为 CAD/CAM、工程数据库、OODB、多媒体数据库、CASE 技术提供重要支持。

2.6.7　面向对象数据模型与关系数据模型的比较

下面根据数据模型的数据结构、数据操作和数据约束条件 3 个要素对面向对象数据模型与关系数据模型进行简单的比较。

1）在关系数据模型中，基本数据结构是表，这相当于 OO 数据模型中的类；而关系中的数据元组相当于 OO 数据模型中的实例。

2）在关系数据模型中，对数据库的操作都归结为对关系的运算。而在 OO 数据模型中，对类层次结构的操作分为两部分：一是封装在类内的操作，即方法；二是类间相互沟通的操作，即消息。

3）关系数据模型中有域、实体和参照完整性约束，完整性约束条件可以用逻辑公式表示，称为完整性约束方法；在 OO 数据模型中，这些用于约束的公式可以用方法或消息表示，称为完整性约束消息。

第 3 章 数据库系统的体系结构

数据库系统是实现有组织、动态地存储大量相关的结构化数据，方便各类用户访问数据库的计算机软/硬件资源的集合。我们可以从不同的角度考察数据库体系结构。从数据库管理系统的角度看，数据库系统通常采用三级模式结构，这是数据库管理系统内部的系统结构；从数据库最终用户的角度看，数据库系统结构可分为集中式数据库结构、网络环境下的客户机/服务器结构、分布式数据库系统结构以及并行数据库系统结构等。本章将着重介绍数据库系统的三级模式结构、DBS 组成和全局结构、DBMS 工作模式、DBMS 主要功能和组成。

3.1 数据库的体系结构

3.1.1 三级模式结构

在数据模型中，有关数据结构及其相互间关系的描述称为数据模式（Data Schema）。

数据库的体系结构分为三级：外部模式（External Schema）、概念模式（Conceptual Schema）、内部模式（Internal Schema），这个结构称为"数据库的三级模式结构"，如图 3.1 所示。

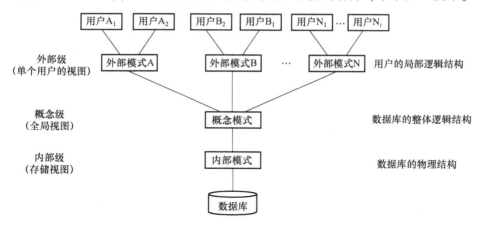

图 3.1 数据库的三级模式结构

这个结构是在 1971 年通过的 DBTG 报告中提出的，后来收集到 1975 年的 ANSI、X3、SPARC（美国国家标准局、计算机和信息处理委员会、标准规划和要求委员会）报告中。虽然现在 DBMS 的产品多种多样，在不同的操作系统（OS）支持下工作，但是大多数系统在总的体系结构上都具有三级结构的特征。

1. 外部模式（External Schema）

外部模式，也称子模式或用户模式，是用户观念下局部数据结构的逻辑描述，是数据库用户（包括应用程序员和最终用户）能够看见和使用的局部数据的逻辑结构和特征的描述。

外部模式是数据库用户的数据视图，也是用户与数据库之间的接口。一个数据库可以有多个外部模式，外部模式表示了用户所理解的实体、实体属性和实体间的联系。在一个外部模式中包含了相应用户的数据记录型、字段型、数据集的描述等。数据库中的某个用户一般只会用概念模式中的一部分记录型，有时甚至只需要某一记录类型中的若干个字段，而非整个记录型。所以，外部模式是概念模式的一个逻辑子集，因此外部模式也称子模式。

由于外部模式是各个用户的数据视图，如果不同的用户在应用需求、看待数据的方式、对数据保密的要求等方面存在差异，则外部模式可以与概念模式描述的内容有所不同。例如，在外部模式中可略去概念模式的某些记录类型、字段，还可以改变概念模式中的安全、完整约束条件等。

DBMS 提供的外部模式由外部模式描述语言（外部模式 DDL）来定义和描述。

2. 概念模式（Conceptual Schema）

概念模式，简称模式，也称逻辑模式，是对数据库全局逻辑结构的描述，是数据库所有用户的公共数据视图。

概念模式以某一种数据模型为基础，综合考虑了所有用户的需求，并将这些需求有机地集成为一个逻辑整体。一个数据库只有一个概念模式，它是数据库系统三级模式结构的中间层，既不涉及数据的物理存储、访问技术等细节，又与具体的应用程序及程序设计语言无关。只有这样，概念模式才能达到"数据独立性"。

概念模式由 DBMS 提供的模式描述语言（模式 DDL）来定义和描述。概念模式描述了所有实体、实体的属性和实体间的联系，数据的约束，数据的语义信息，安全性和完整性信息。

3. 内部模式（Internal Schema）

内部模式，也称存储模式，是对数据库中数据物理结构和存储方式的描述，是数据在数据库内部的表示形式，可定义所有内部记录类型、索引和文件的组织方式，以及所有数据控制方面的细节。

一个数据库只有一个内部模式。在内部模式中规定了数据项、记录、键、数据集、指针、索引和存取路径在内的所有数据的物理组织，以及优化性能、响应时间和存储空间需求等信息。它还规定了记录的位置、块的大小和溢出区等。此外，数据是否加密、是否压缩存储等内容也可以在内部模式中加以说明。

因此，内部模式是 DBMS 管理的最低层，它是物理存储设备上存储数据时的物理抽象。内部模式由 DBMS 提供的内部模式描述语言（内部模式 DDL）来定义和描述。内部模式主要用于数据和索引的存储空间分配、存储的记录描述（如数据项的存储大小）、记录放置、数据压缩和数据加密技术。

3.1.2 两级映像和两级数据独立性

数据库系统的三级模式是对数据进行三个级别的抽象，使用户能逻辑地、抽象地处理数据，而不必关心数据在机器中的具体表示方式和存储方式。为了提高数据库系统中的数据独立性，数据库系统在这三级模式间提供了两层映像：外部模式/概念模式映像和概念模式/内部模式映像。所谓映像，是一种对应规则，它指出了映像双方是如何进行转换的。数据库的三级结构是依靠映像来联系和互相转换的。正是这两层映像保证了数据库系统中的数据具有较高的数据逻辑独立性和数据物理独立性，如图 3.2 所示。

1. 两级映像

（1）外部模式/概念模式映像

外部模式/概念模式映像定义了各个外部模式与概念模式间的映像关系。

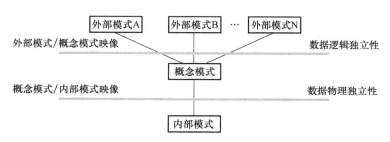

图 3.2　数据库模式间的两级映像与数据独立性

同一个概念模式可以有多个外部模式，对于每一个外部模式，数据库系统都有一个外部模式/概念模式映像，它定义了该外部模式与概念模式之间的对应关系。这些映像定义通常在各自的外部模式中加以描述。

（2）概念模式/内部模式映像

概念模式/内部模式映像定义了数据库全局逻辑结构与存储结构之间的对应关系。

由于这两级模式的数据结构可以不一致（如记录类型、字段类型的命名和组成可能不一样），因此需要概念模式/内部模式映像来说明概念记录和内部记录之间的对应性。这个映像定义通常在内部模式中加以描述。

2. 两级数据独立性

由于数据系统采用三级模式结构，因此系统具有数据独立性的特点。数据独立性是指应用程序和数据库的数据结构之间相互独立，不受影响。

数据独立性又分为数据逻辑独立性和数据物理独立性两个级别。

（1）数据逻辑独立性

数据逻辑独立性指的是外部模式不受概念模式变化的影响。

当需要改变概念模式时，如新实体、属性或者联系的添加或删除，属性的数据类型的改变，数据间的联系的改变等，只要对外部模式/概念模式映像做相应改变，即可保持外部模式不变，从而不必修改或重写应用程序，保证了数据与程序的逻辑独立性。

（2）数据物理独立性

数据物理独立性指的是概念模式不受内部模式变化的影响。

当为了某种需要改变内部模式时，例如，为了提高对某个文件的存取效率，选用了另一种存储结构，使用不同的存储设备，修改索引或散列算法等，可由数据库管理员对概念模式/内部模式映像做相应改变，使概念模式保持不变，从而不必修改或重写应用程序，保证了数据与程序的物理独立性。

由于数据库系统具有数据独立性，因而数据库系统把用户数据与物理数据完全分开，使用户摆脱了烦琐的物理存储细节，减少了应用程序维护的开销。

3.2　数据库系统（DBS）

本节主要介绍 DBS 的组成、DBS 的全局结构、DBS 结构的分类等。

3.2.1　DBS 的组成

数据库系统由数据库、数据库管理系统、应用开发工具软件和应用程序、数据库的软/硬件支撑环境、数据库管理员等部分构成。

1. 数据库

数据库（DB）是一个单位、组织需要管理的全部相关数据的集合，并以一定的组织形式存于存储介质上。它是数据库系统的基本成分，通常包括以下两部分内容。

一是应用数据的集合，称为物理数据库，它是数据库的主体。它是按一定的数据模型组织并实际存储的所有应用需要的工作数据，并存放在物理数据库中。

二是各级数据结构的描述，称为描述数据库。它们是存放在数据字典（Data Dictionary）中的各级模式的描述信息，主要包括所有数据的结构名、意义、描述定义、存储格式、完整性约束、使用权限等信息。关系数据库的数据字典主要包括对基表、视图的定义，以及对存取路径（索引、散列等）、访问权限和用于查询优化的统计数据等的描述。

数据字典是 DBMS 存取和管理数据的基本依据，主要由系统管理和使用。

2. 硬件

硬件主要包括 CPU、内存、外存、输入/输出设备等硬件设备。

硬件是存储数据库和运行数据库管理系统的物质基础。数据库系统对硬件的要求：有足够大的内存以存放操作系统、DBMS 例行程序、应用程序、数据库表等；有大容量的直接存取外存储器以存放数据和系统副本；有较强的数据通道能力以提高数据处理速度。有些数据库系统还要求提供网络环境。

3. 软件系统

这一部分主要包括 DBMS、OS、各种主语言和应用开发支撑软件等程序，主要包括以下内容。

（1）数据库管理系统（DBMS）

DBMS 是数据库系统的核心，用于数据库的建立、使用和维护。

（2）支持 DBMS 运行的操作系统（OS）

DBMS 向操作系统申请所需的软/硬件资源，并接受操作系统的控制和调度。操作系统是 DBMS 与硬件之间的接口。

（3）具有与数据库接口的高级语言及其编译系统

为了开发数据库应用系统，还需要有各种高级语言及其编译系统。这些高级语言应具有与数据库的接口，这需要扩充或修改原有的编译系统或研制新编译系统来识别和转换高级语言中存取数据库的语句，实现对数据库的访问。如 Microsoft 的开放数据库连接（Open Database Connectivity，ODBC）软件标准，使基于 Windows 的应用程序可方便地访问多种数据库系统中的数据。Microsoft的开放数据库连接标准不仅定义了 SQL 语法规则，而且还定义了 C 语言同 SQL 之间的程序设计接口。经过编译的 C 或 C++ 程序有可能对任何带有 ODBC 驱动程序的 DBMS 进行访问。

（4）以 DBMS 为核心的应用开发工具软件

应用开发工具软件是系统为应用开发人员和最终用户提供的功能强、效率高的应用生成器或第四代非过程语言等软件工具，如表格软件、图形系统、数据加载程序等。这些工具软件为数据库系统的开发和应用提供了有力支持。

（5）为某种应用环境开发的数据库应用程序

应用程序是数据库系统的批处理用户和终端用户借助应用程序、终端命令通过 DBMS 访问数据库的应用软件。

4. 数据库管理员

一个单位或组织要想成功地运转数据库，需要在数据处理部门（通常在信息中心）设有一个负责整个数据库系统的建立、管理、维护、协调工作的数据库管理员（Database Administrator，DBA）或小组。一个高水平的 DBA 小组通常由操作专家、系统分析和设计专家、应用专家、数据库管理专家、查询语言专家和数据库审计专家等组成。DBA 的主要职责如下。

（1）参与数据库系统的设计与建立

在设计和建立数据库时，DBA 参与系统分析和系统设计，决定整个数据库的内容。首先全面调查用户的需求，列出用户问题表，建立数据模式并写出数据库的概念模式；然后和用户一起建立外模式，根据应用要求决定数据库的存储结构和存取策略，建立数据库的内模式；最后将数据库各级源模式经过编译生成目标模式并装入系统，把数据装入数据库。

（2）对系统的运行实行监控

在数据库运行期间为了保证有效地使用 DBMS，要对用户的存取权限进行监督控制，并收集、统计数据库运行的有关状态信息，记录数据库数据的变化，在此基础上响应系统的某些变化，改善系统的"时空"性能，提高系统的执行效率。

（3）定义数据的安全性要求和完整性约束条件

DBA 负责确定用户对数据库的存取权限、数据的保密级别和完整性约束条件，以保证数据库数据的安全性和完整性。

（4）负责数据库性能的改进和数据库的重组及重构工作

1）DBA 负责在系统运行期间监视系统的空间利用率、处理效率等性能指标，对运行情况借助于监视和分析实用程序进行统计分析，并根据实际应用环境不断改进数据库的设计，提高数据库的性能。

2）在数据库运行过程中，由于数据的不断插入、删除、修改，时间一长会影响系统的性能，因此，DBA 要定期对数据库进行重组，以提高数据库的运行性能。

3）当用户对数据库的需求增加或修改时，DBA 还要对数据库模式进行必要的修改，以及由此引起的数据库的修改，即对数据库进行重构。

4）负责数据库的恢复。数据库在运行过程中，由于软/硬件故障会受到破坏，所以由 DBA 决定如何建立数据库的副本和恢复策略，负责恢复数据库中的数据。

3.2.2 DBS 的全局结构

DBS 的全局结构如图 3.3 所示。这个结构从用户、界面、DBMS 和磁盘存储器这 4 个层次考虑各模块功能之间的联系。实际上，在 DBMS 和磁盘存储器之间应有一个 OS 层次，OS 层次提供了 DBS 最基本的磁盘读写服务。这里主要考虑 DBMS 的功能，因此把 OS 略去了。

1. 数据库用户

按照与系统交互方式的不同，数据库用户可分为 4 类。

1）DBA：DBA 负责数据库三级结构的定义和修改，DBA 和 DBMS 之间的界面是数据库模式。

2）专业用户：指数据库设计中的系统分析员等。他们使用专用的数据库查询语言操作数据。专业用户和 DBMS 之间的界面是数据库查询。

3）应用程序员：指使用主语言和 DML 编写应用程序的计算机工作者。他们开发的程序称为应用程序。应用程序员和 DBMS 之间的界面是应用程序。

4）终端用户：指使用应用程序的非计算机人员，如银行的出纳员、商店里的售货员等，他们要使用终端完成记账、收款等工作。终端用户和 DBMS 的界面是应用程序的运行界面。

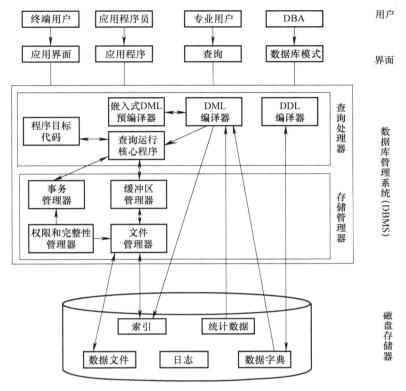

图 3.3　DBS 的全局结构

2. DBMS 的查询处理器

这一部分可分为以下 4 个部分。

1) DDL 编译器：编译或解释 DDL 语句，并把它记录在数据字典中。

2) DML 编译器：对 DML 语句进行优化并转换成查询运行核心程序能执行的低层指令。

3) 嵌入式 DML 预编译器：把嵌入在主语言中的 DML 语句处理成规范的过程调用形式。

4) 查询运行核心程序：执行由 DML 编译器产生的低层指令。

图 3.3 中的程序目标代码是由主语言编译程序和 DML 编译器对应用程序编译后产生的目标程序。

3. DBMS 的存储管理器

存储管理器提供存储在数据库中的低层数据和应用程序、查询之间的接口。存储管理器可分为以下 4 个部分。

1) 权限和完整性管理器：测试应用程序是否满足完整性约束，检查用户访问数据的合法性。

2) 事务管理器：DBS 的逻辑工作单元称为事务（Transaction），事务由对 DB 的操作序列组成。事务管理器用于确保 DB 一致性状态，保证并发操作正确执行。

3) 文件管理器：负责磁盘空间的合理分配，管理物理文件的存储结构和存取方式。

4) 缓冲区管理器：为应用程序开辟 DB 的系统缓冲区，负责将从磁盘中读出的数据送入内存的缓冲区，并决定哪些数据应进入高速缓冲存储器（Cache）。

4. 磁盘存储器中的数据结构

磁盘存储器中的数据结构有以下 5 种形式。

1）数据文件：存储数据库自身。数据库在磁盘上的基本组织形式是文件，这样可以充分利用 OS 管理外存的功能。

2）数据字典：存储三级结构的描述，一般称为元数据（Meta Data）。

3）索引：为提高查询速度而设置的逻辑排序手段。

4）统计数据：存储 DBS 运行时统计分析的数据。查询处理器可使用这些信息更有效地进行查询处理。

5）日志：存储 DBS 运行时对 DB 的操作情况，以备以后查阅数据库的使用情况时及数据库恢复时使用。

3.2.3 DBS 结构的分类

根据计算机的系统结构，DBS 可分成集中式、客户机/服务器式、分布式和并行式 4 种。

1. 集中式 DBS

如果 DBS 运行在单个计算机系统中，并与其他的计算机系统没有联系，这种 DBS 称为集中式 DBS。

集中式 DBS 在从微型计算机上的单用户 DBS 到大型计算机上的高性能 DBS 遍及，其结构如图 3.4 所示。这种系统的计算机只有一台即可。可由若干台设备控制器控制磁盘、打印机和磁带机等设备。计算机和设备控制器能够并发执行。

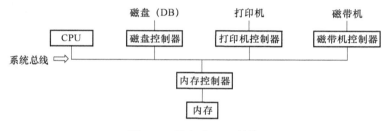

图 3.4　集中式 DBS 结构

计算机系统有单用户系统和多用户系统两种。微型计算机和工作站可归于单用户系统，一般只有一个 CPU。多用户系统有多台计算机，可以为大量的用户服务，因而多用户系统也称为服务器系统。

2. 客户机/服务器式 DBS

随着计算机网络技术的发展和微型计算机的广泛使用，客户机/服务器（Client/Server，C/S）式的系统结构得到了应用。C/S 结构的关键在于功能的分布，一些功能在前端机（即客户机）上执行，另一些功能在后端机（即服务器）上执行。功能的分布在于减少计算机系统的各种瓶颈口问题。C/S 系统的一般结构如图 3.5 所示。

1）前端部分：由一些应用程序构成，如格式

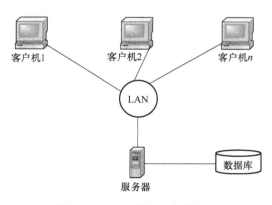

图 3.5　C/S 系统的一般结构

处理、报表输出、数据输入、图形界面等程序，用于实现前端处理和用户界面。

2）后端部分：包括存取结构、查询优化、并发控制、恢复等系统程序，用于完成事务处理和数据访问控制。

前端和后端间的界面是数据库查询语言或应用程序。前端部分由客户机完成，后端部分由服务器完成。功能分布的结果减轻了服务器的负担，从而使服务器有更多精力完成事务处理和数据访问控制，支持更多的用户，提高系统的功能。服务器的软件系统实际上就是一个 DBMS。

3. 分布式 DBS

分布式 DBS（Distributed DBS，DDBS）是一个用通信网络连接起来的场地（Site，也称为节点）的集合，每个场地都可以拥有集中式 DBS 的计算机系统。一个物理上分布、逻辑上集中的分布式 DBS 结构如图 3.6 所示。

DDBS 的数据具有"分布性"特点，数据在物理上分布在各个场地。这是 DDBS 与集中式 DBS 的最大区别。

DDBS 的数据具有"逻辑整体性"特点，分布在各地的数据在逻辑上是一个整体，用户使用起来如同一个集中式 DBS。这是 DDBS 与非分布式 DBS 的主要区别。

4. 并行式 DBS（Parallel DBS）

现在数据库的数据量急剧增加，巨型数据库的容量已达到"太拉"级（1 太拉为 10^{12}，记作 T），此时要求事务处理速度极快，每秒达数千个事务才

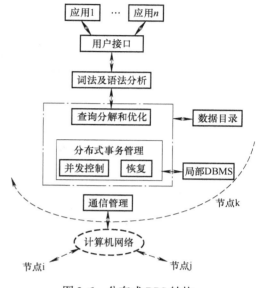

图 3.6　分布式 DBS 结构

能胜任系统运行。集中式和 C/S 式 DBS 都不能应付这种环境。并行计算机系统能解决这个问题。

并行系统使用多个 CPU 和多个磁盘进行并行操作，提高数据处理和 I/O 速度。并行处理时，许多操作同时进行，而不是采用分时的方法进行。在大规模并行系统中，CPU 不是几个，而是数千个。即使在商用并行系统中，CPU 也达数百个。

3.3　数据库管理系统（DBMS）

数据库管理系统是一个负责数据库的定义、建立、操作、管理和维护的软件系统。它是用户的应用程序和物理数据库之间的桥梁。

3.3.1　DBMS 的工作模式

DBMS 是指数据库系统中对数据进行管理的软件系统，它是数据库系统的核心组成部分。对 DB 的一切操作，包括定义、查询、更新及各种控制，都是通过 DBMS 进行的。DBMS 的工作模式如图 3.7 所示。

DBMS 的工作模式如下。

1）接收应用程序的数据请求和处理请求。

2）将用户的数据请求（高级指令）转换成复杂的机器代码（低层指令）。

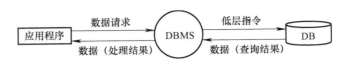

图 3.7　DBMS 的工作模式

3）实现对数据库的操作。

4）从对数据库的操作中接收查询结果。

5）对查询结果进行格式转换等处理。

6）将处理结果返回给用户。

DBMS 总是基于某种数据模型，因此可以把 DBMS 看成是某种数据模型在计算机系统上的具体实现。根据数据模型的不同，DBMS 可以分成层次型、网状型、关系型、面向对象型等。

在不同的计算机系统中，由于缺乏统一的标准，即使是同种数据模型的 DBMS，在用户接口、系统功能等方面也常常是不相同的。

用户对数据库进行操作，是由 DBMS 把操作从应用程序带到外部级、概念级，再导向内部级，进而通过 OS 操纵存储器中的数据。同时，DBMS 为应用程序在内存开辟一个 DB 的系统缓冲区，用于数据的传输和格式的转换。而三级结构定义存放在数据字典中。

图 3.8 是用户访问数据库的过程，从中可以看出 DBMS 所起的核心作用。DBMS 的主要目标是使数据作为一种可管理的资源来处理。

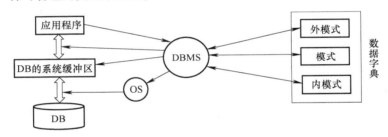

图 3.8　用户访问数据库的过程

3.3.2　DBMS 的主要功能

DBMS 是数据库软件的核心，它的功能与具体的数据库系统有关，一般应包括如下功能。

1. 数据库定义

数据库定义主要包括外部模式、概念模式、内部模式及模式间映像的定义，数据库完整性定义，安全性定义，存取路径定义等。这些定义存储在数据字典中，它是 DBMS 运行的基本依据。

DBMS 把数据描述语言所描述的各项内容从源模式转换成目标模式，并存放在数据库中供系统查阅。

2. 数据库管理功能

（1）实现数据库的控制功能

该功能主要指 DBMS 执行对访问数据库的安全性、完整性检查，以及对数据共享的并发控制，以保证数据库的可靠性和可用性。

（2）控制数据库的操作

DBMS 接收、分析和执行用户对数据库提出的各种操作请求，完成对数据库的查询、插入、删除和修改等操作。

3. 数据库的建立和维护功能

（1）数据库的建立功能

DBMS 根据数据库的定义，把实际的数据库数据存储到物理存储设备上，完成目标数据库的建立工作。

（2）数据库的维护功能

DBMS 提供如下维护功能。

1）数据库运行时记录工作日志，监视数据库的性能。DBMS 的数据库性能监视程序应当提供关于数据库服务的要求、所提供的服务、提供这种服务的资源消耗等情况。

2）DBMS 提供重组程序来重新整理零乱的数据库，以便回收已删除数据所占用的存储空间，并把记录从溢出区移到主数据区的自由空间中。重组数据库的主要工作是把旧的数据库复制到其他存储设备上，排除标有"删除"标志的记录，把有效记录重新组块并将其再次装入。重组数据库的一个副产品是提供了数据库的后援副本。

3）DBMS 提供重构程序以改善数据库的性能。在动态环境中，数据库运行一段时间后，数据库使用的模式与最初设计的模式有了改变，或原来构造的实体联系方法需要改变，或新的应用要求增加了新的数据类型。此时，数据库出现性能下降的趋势。为了改善数据库的性能，需对数据库进行重构。通常把在逻辑模式和内部模式上的改变称为"重构"。数据库的重组与重构是有区别的。重组一般不会影响现有的应用程序，而重构则可能对应用程序有所影响。

（3）数据库的恢复功能

由于硬件和软件的故障，或由于操作上的失误等导致数据库系统在运行过程中产生故障，致使数据库中的数据或某些程序失效。DBMS 的故障恢复功能，就可为这些情况提供最有效的措施和有力的工具，可以把故障造成的影响限制在最小的范围内，并让系统以最快的速度排除故障，恢复并重新启动数据库系统，使故障造成的损失降至最小。

4. 数据组织、存储和管理功能

DBMS 要分类组织、存储和管理数据库中的各种数据，包括用户数据、数据字典、存取路径等。要确定以何种文件结构和存取方式在存储设备上组织、存储这些数据，如何实现数据之间的联系，以提高存储空间利用率和存取效率。

5. 通信功能

DBMS 具有与操作系统的联机处理、分时系统及远程作业输入的相应接口，负责处理数据的传送。对网络环境下的数据库系统，还应包括 DBMS 与网络中其他软件系统的通信功能、数据库之间的互操作功能。

3.3.3　DBMS 的组成

DBMS 通常由系统运行程序组、语言处理程序组和服务性程序组 3 部分程序模块组成。

1. 系统运行程序组

（1）系统总控程序

它是 DBMS 程序的中枢，用于控制和协调各程序活动，保证数据库系统的正常运行。

（2）授权检查程序

它用于检查用户的存取请求是否合法，核对用户的标识符、口令，核对授权表的密码等，并决定是否执行用户要求的操作。当用户要求对数据库进行某种操作时，数据库系统首先检查用户键入的用户标识符是否正确。若正确，再进一步核对键入的口令与原先定义的是否一致，以便决定用户请求的合法性。

（3）并发控制程序

它用来协调各个应用程序对数据库的操作，保证数据库数据的一致性。在数据库系统中，有可能出现多个应用程序同时存取同一个数据记录的情况。为了保证各应用程序读写数据的正确性，并发控制程序通过管理访问队列和封锁表，控制被访问数据的封锁、建立和撤销，从而保证数据库数据的一致性。

（4）数据存取控制程序

它是直接与操作系统有关的接口程序，实施对数据库数据的查询、插入、修改和删除等操作。这组程序模块对用户的数据操作请求进行语法分析、语义检查、生成语法树等内部表示。对于查询语句，首先经查询优化模块进行优化，然后生成查询计划交查询执行模块执行，完成对数据库的查询操作。当对数据进行更新操作时，数据存取控制程序还要重新组织指针、排序等工作。

（5）数据存储管理程序

它包括文件读写与维护程序、存取路径管理与维护程序、缓冲区管理程序等。这些程序负责管理和维护数据库的数据和存取路径，提供有效的存取方法。

（6）数据完整性检查程序

该程序用来检查完整性约束条件，决定是否执行对数据库的操作。

（7）通信控制程序

它用来实现用户程序与DBMS之间的通信、DMBS与操作系统之间的通信。

2. 语言处理程序组

该程序组用于对定义、建立、操作和维护数据库的语言程序进行处理，有如下几类程序。

（1）数据库各级模式的语言处理程序

该程序通过执行数据描述语言的编译程序，将各级源模式编译成各级目标模式。

（2）数据操纵语言DML处理程序

它的作用是将应用程序中的DML语句转换成可执行的程序。通常有两种处理方式：一种方式是对DML语句进行预处理，将DML语句转换成主语言编译程序能处理的形式；另一种方式是扩展主语言编译程序的功能，使主语言编译程序能直接编译DML语句。

（3）终端查询语言解释程序

该程序用于解释终端查询语句的含义，并决定其操作的执行过程。

（4）数据库控制语言解释程序

该程序解释执行每个数据库控制命令。

3. 服务性程序组

服务性程序组也称为公用程序组，它由一组定义公用程序和维护公用程序组成，负责对数据库进行日常管理，包括下列程序。

（1）定义公用程序组

这组程序提供概念模式、外部模式及存储模式的定义功能，安全性定义功能，完整性定义功能以及信息格式定义功能等。这些DDL程序模块接收相应的定义，进行语法、语义检查，并把它们翻译为内部格式存储在数据字典中供系统使用。

（2）维护公用程序组

1）数据装入程序。根据内部模式规定的文件组织方式和数据库的定义，将用户的成批数据存入指定的存储设备上，实现将数据装入物理数据库，或是用新的数据取代原有数据库中的部分或全部数据。

2）数据库恢复程序。把因硬件、软件故障或由于误操作而引起的数据库的破坏恢复到可用状态。

3）数据库重构程序。当数据库性能下降而不能满足应用要求时，通常需要对数据库重新进行物理组织或采用新的数据结构。此时，可调用数据库重构程序实现数据库重构。

4）统计分析程序。用于监测数据库操作执行时间和存储空间的使用情况，对系统的性能进行统计分析，为数据库的重构提供依据。

5）工作日志程序。它负责记载对数据库的每一个更新操作，记录更新前后的数据变化。有的数据库系统还对用户名称、进入数据库系统的时间、进行的数据操作、操作数据对象、操作后数据的变化等内容记载下来，用于实现故障恢复。

6）转储程序。为防止数据库遭受意外的破坏，以及丢失有用数据，可用数据库管理系统中的转储程序定期将整个数据库或部分数据库的数据转储到磁带、磁盘阵列、光盘库等大容量辅存上。这样，若数据库受到破坏，可用转储磁带等辅存使数据库恢复到最近一次转储时的状态。

7）数据编辑、打印公用程序等。

第4章 关系数据库方法

关系模型是当前的主流数据模型,因而,关系模型系统是本书的重点之一。本章及后面的第5、6章将详细介绍关系模型系统。本章将主要介绍关系数据库的基本概念、关系运算和关系表达式的优化问题,其中,关系运算和关系表达式的优化问题是本书的重点内容之一。关系运算是关系数据模型的理论基础。

4.1 关系数据库的基本概念

4.1.1 关系的形式化定义

虽然用二维表形式表示关系非常直观,但在实际应用和理论研究中很不方便。可以用数学方法表示一个关系。一般来讲有两种数学方法,一种是代数方法,另一种是一阶谓词逻辑方法。

1. 关系的集合表示

一个关系由若干个不同元组组成,因此,可把关系视为元组的集合。此外,关系中的每个属性都有其相应的值域,简称域(Domain)。例如,学生性别的域是 {男,女},学生成绩的域是 0~100 的整数集合。

给定一组域 $D_1, D_2, \cdots, D_n$,则 $D_1, D_2, \cdots, D_n$ 上的笛卡儿积 $D_1 \times D_2 \times \cdots \times D_n$ 定义为集合:
$$D_1 \times D_2 \times \cdots \times D_n = \{(d_1, d_2, \cdots, d_n) \mid d_i \in D_i, i = 1, 2, \cdots, n\}$$
其中,每个元素 $(d_1, d_2, \cdots, d_n)$ 称为一个元组。

若 $D_i(i = 1, 2, \cdots, n)$ 为有限集,其基数为 $m_i(i = 1, 2, \cdots, n)$,则 $D_1 \times D_2 \times \cdots \times D_n$ 的基数为 $\prod_{i=1}^{n} m_i$。

例 4.1 设有两个域,教师名域 T = {胡恒,丁伟},课程名域 C = {C 语言,数据结构,计算机原理},由 T 和 C 的笛卡儿积定义集合:

T × C = { (胡恒,C 语言),(胡恒,数据结构),(胡恒,计算机原理),(丁伟,C 语言),(丁伟,数据结构),(丁伟,计算机原理)}

它表示教师名和课程名的所有可能组合,其中的每一个元素表示"某教师讲授某课程"。其中,(胡恒,C语言),(胡恒,数据结构),(胡恒,计算机原理)等都是元组。

该笛卡儿积的基数为 2 × 3 = 6,也就是说,T × C 一共有 2 × 3 = 6 个元组。如果取该笛卡儿积的这 6 个元素,并将它们放到一个名为 T_C 的二维表中,见表 4.1。

显然,这是一个关系。于是有下面的定义 4.1。

表 4.1 T_C

T	C
胡恒	C 语言
胡恒	数据结构
胡恒	计算机原理
丁伟	C 语言
丁伟	数据结构
丁伟	计算机原理

定义 4.1 域 $D_1, D_2, \cdots, D_n$ 上的关系(Relation)就是笛卡儿积 $D_1 \times D_2 \times \cdots \times D_n$ 的子集,用 R($D_1, D_2, \cdots, D_n$)表示,这里的 R 表示关系的名,n 是关系的目或度(Degree),有 R $\subseteq D_1 \times D_2 \times \cdots \times D_n$。关系

的成员为元组，即笛卡儿积的子集的元素（d₁，d₂，…，dₙ）。

当 $n=1$ 时，称关系为单元关系（Unary Relation）；当 $n=2$ 时，称关系为二元关系（Binary Relation）等。

例如，假设无同名教师存在，这里用教师名代替教师，用课程名代替课程，教师任教的课程用关系 TC（教师，课程）表示，它是教师名域和课程名域的笛卡儿积 T×C 的子集，任一学期教师任教的课程记录是这个关系的元组，如：

TC ＝ {（胡恒，C 语言），（丁伟，数据结构)} 表示本学期胡恒老师上 C 语言课程，丁伟老师上数据结构课程。

关系是一个元数为 k（$k\geq1$）的元组集合，即这个关系中有若干个元组，每个元组有 k 个属性值。把关系看成一个集合，集合中的元素是元组。更直观的理解，可将关系看成一个二维表格。例如，表 4.2 所示的职工表就是一个二维表格。

表 4.2　职工表

职工编号	姓　　名	部　　门	性　　别	年　　龄
123	张国华	技术部	男	25
462	李明	技术部	男	31
263	刘英明	市场部	男	30
068	王飞	市场部	男	45
323	王国洋	销售部	男	35

（1）关系的特点

从表 4.2 所示职工表的实例可以归纳出关系具有如下特点。

1）关系（表）可以看成由行和列（5 行和 5 列）交叉组成的二维表格。它表示的是一个实体集合。

2）表中一行称为一个元组，可用来表示实体集中的一个实体。

3）表中的列称为属性，给每一列命的名即属性名，表中的属性名不能相同。

4）列的取值范围称为域，同列具有相同的域，不同的列可有相同的域。例如，性别的取值范围是 {男，女}；年龄是整数域。

5）表中的任意两行（元组）不能相同。能唯一标识表中不同行的属性或属性组称为主键。

（2）关系的性质

尽管关系与二维表格传统的数据文件有类似之处，但它们又有区别，严格地说，关系是一种规范化了的二维表格，具有如下性质。

1）属性值是原子的，不可分解。

2）没有重复元组。

3）没有行序。

4）理论上没有列序，为方便，使用时有列序。

（3）键的种类

在关系数据库中，关键码（简称键）是关系模型的一个重要概念。键由一个或几个属性组成，通常有如下几种键。

1）超键：在一个关系中，能唯一标识元组的属性或属性集称为关系的超键。

2）候选键：如果一个属性集能唯一标识元组，且又不含有多余的属性，那么这个属性集称为关系的候选键。

3）主键：若一个关系中有多个候选键，则选其中的一个为关系的主键。

包含在任何一个候选键中的属性称为主属性，不包含在任何键中的属性称为非主属性。

例如，表4.2的关系中，设属性集 K ＝（职工编号，部门），虽然 K 能唯一标识职工，但 K 只能是关系的超键，还不能作为候选键使用。因为 K 中的"部门"是一个多余属性，只有"职工编号"能唯一标识职工。因而"职工编号"是一个候选键。另外，如果规定"不允许有同名同姓的职工"，那么"姓名"也可以是一个候选键。关系的候选键可以有多个，但不能同时使用，只能使用一个，譬如使用"职工编号"来标识职工，那么"职工编号"就是主键。

4）外键：若一个关系 R 中包含另一个关系 S 的主键所对应的属性集 F，则称 F 为 R 的外键，并称关系 S 为参照关系，关系 R 为依赖关系。

例如，职工关系和部门关系分别为

职工（<u>职工编号</u>，姓名，<u>部门编号</u>，性别，年龄）

部门（<u>部门编号</u>，部门名称，部门经理）

职工关系的主键为职工编号，部门关系的主键为部门编号，在职工关系中，部门编号是它的外键。更确切地说，部门编号是部门表的主键，将它作为外键放在职工表中，实现两个表之间的联系。在关系数据库中，表与表之间的联系就是通过公共属性实现的。我们约定，在主键的属性下面加下画线，在外键的属性下面加波浪线。

2. 关系的一阶谓词表示

关系模型不但可以用关系代数表示，还可以用一阶谓词演算表示。

定义 4.2 设有关系模式 R，其原子谓词表示形式为 P(t)。其中，P 是谓词，t 为个体变元，以元组为其表现形式。将关系 R（元组的集合）与谓词 P(t) 之间的联系描述为

$$R = \{t \mid P(t)\}$$

该描述表示所有使谓词 P 为真或满足谓词 P 的元组 t 都属于关系 R。

关系 R 与原子谓词 P 之间的关系：P(t) ＝ True，t 在 R 内；P(t) ＝ False，t 不在 R 内。

4.1.2 关系模式、关系子模式和存储模式

在关系模型中，概念模式是关系模式的集合，外模式是关系子模式的集合，内模式是存储模式的集合。

1. 关系模式

关系模式是对关系的描述，它包括模式名，组成该关系的诸属性名、值域名和模式的主键。具体的关系称为实例。一般形式是 $R(A_1, A_2, \cdots, A_n)$，其中 R 是关系名，$A_1, A_2, \cdots, A_n$ 是该关系的属性名，如关系模式 TC(T,C)。

例如，图4.1是一个教学模型的实体联系图。

实体类型"学生"的属性 SNO、SNAME、AGE、SEX、DNAME 分别表示学生的学号、姓名、年龄、性别和学生所在系。

实体类型"课程"的属性 CNO、CNAME、PRE_CNO 分别表示课程号、课程名和先行课程。

学生用 S 表示，课程用 C 表示。S 和 C 之间有 $m:n$ 的联系，即一个学生可选多门课程，一门课程可以被多个学生选修，联系类型 SC 的属性成绩用 SCORE 表示。图4.1所示的实体联系图（E-R 图）转换成的关系模式集如图4.2所示。E-R 图向关系模型的转换技术将在第7章中详细介绍。表4.3～表4.5是这个关系模式集的实例。

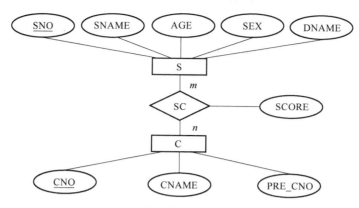

图 4.1　教学模型的实体联系图

学生关系模式S（SNO，SNAME，AGE，SEX，DNAME）
课程关系模式C（CNO，CNAME，PRE_CNO）
选课关系模式SC（SNO，CNO，SCORE）

图 4.2　关系模式集

表 4.3　学生关系 S

SNO	SNAME	AGE	SEX	DNAME
S1	程宏	19	男	计算机
S3	刘莎莎	18	女	电子
S4	李刚	20	男	自动化
S6	蒋天峰	19	男	电气
S9	王敏	20	女	计算机

表 4.5　课程关系 C

CNO	CNAME	PRE_CNO
C1	计算机基础	
C2	C 语言	C1
C3	电子学	
C4	数据结构	C2

表 4.4　选课关系 SC

SNO	CNO	SCORE
S3	C3	87
S4	C3	79
S1	C2	88
S9	C4	83
S1	C3	76
S6	C3	68
S1	C1	78
S6	C1	88
S3	C2	64
S1	C4	86
S9	C2	78

又如图 4.1 所示的学生关系的基本情况，相应的关系模式为

$$S(SNO,SNAME,AGE,SEX,DNAME)$$

这个关系模式描述了学生的数据结构，它是图 4.1 中学生关系（表格）的关系模式。

关系模式是用数据定义语言（DDL）定义的。关系模式的定义包括模式名、属性名、值域名以及模式的主键。由于不涉及物理存储方面的描述，因此关系模式仅仅是对数据本身特征的描述。

2. 关系子模式

有时，用户使用的数据不直接来自关系模式中的数据，而是从若干关系模式中抽取满足一定条件的数据。这种结构可用关系子模式实现。关系子模式是用户所需数据的结构的描述，其中包括这些数据来自哪些模式和应满足哪些条件。

例如，用户需要用到成绩子模式 G（SNO，SNAME，CNO，SCORE）。子模式 G 对应的数据来源于表 S 和表 SC，构造时应满足它们的 SNO 值相等。子模式 G 的构造过程如图 4.3 所示。

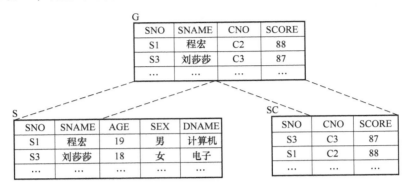

图 4.3　子模式 G 的构造过程

3. 存储模式

存储模式描述了关系是如何在物理存储设备上存储的。关系存储时的基本组织方式是文件。由于关系模式有键，因此存储一个关系可以用散列方法或索引方法实现。如果关系中的元组数目较少（100 以内），那么也可以用堆文件方式实现。此外，还可以对任意的属性集建立辅助索引。

4.1.3　关系模型的完整性规则

关系模型的完整性规则是对数据的约束。关系模型提供了实体完整性规则、参照完整性规则、用户定义的完整性规则 3 类完整性规则。其中，实体完整性规则和参照完整性规则是关系模型必须满足的完整性约束条件，称为关系完整性规则。

1. 实体完整性规则

图 4.4 给出了导师表和研究生表，其中，导师表的主键是导师编号，研究生表的主键是学号，这两个主键的值在表中是唯一的和确定的，这样才能有效地标识每一个导师和研究生。主键不能取空值（NULL），空值不是 0，也不是空字符串，是没有值，是不确定的值，所以空值无法标识表中的一行。为了保证每一个实体有唯一的标识符，主键不能取空值。

实体完整性规则：关系中元组的主键值不能为空。

例如，图 4.4 所示研究生表的主键是学号，不包含空的数据项；导师表的主键是导师编号，也不包含空的数据项，所以，这两个表都满足实体完整性规则。

2. 参照完整性规则

在关系数据库中，关系与关系之间的联系是通过公共属性实现的。这个公共属性是一个表的主键和另一个表的外键。外键必须是另一个表的主键的有效值，或者是一个"空值"。

例如，图 4.4 中研究生表与导师表之间的联系是通过导师编号实现的，导师编号是导师表的主键、研究生表的外键。研究生表中的导师编号必须是导师表中导师编号的有效值，或者"空值"，否则，就是非法的数据。从图 4.4 所示的研究生表中，看到学号为"S107"的研究生没有固定的导师，所以他的导师编号为"空值"；而学号为"S110"的研究生的导师编号为"328"，由于导师表中不存在导师编号"328"，所以这个值是非法的。

导师编号不允许是重复值和空值

导师

导师编号	导师姓名	性别	职称
301	丁伟	女	教授
308	孙立	男	副教授
316	程敏	女	副教授

研究生

学号	研究生姓名	性别	研究方向	导师编号
S104	李定	男	计算机	308
S106	刘英	女	电子	316
S107	韩伟海	男	自动化	
S110	赵山	男	计算机	328

允许为空值

这是一个错误值（引用了不存在的编码328）

图 4.4　完整性约束条件示例

参照完整性规则的形式定义如下。

如果属性集 K 是关系模式 R_1的主键，同时 K 又是关系模式 R_2的外键，那么在 R_2的关系中，K 的取值只有两种可能，或者为空值，或者等于 R_1关系中的某个主键值。

这条规则在使用时有以下 3 点需注意。

1）外键和相应的主键可以不同名，只要定义在相同值域上即可。

2）R_1和 R_2也可以是同一个关系模式，表示了同一个关系中不同元组之间的联系。

例如表示课程之间先修联系的模式 R(CNO,CNAME,PRE_CNO)，其属性表示课程号、课程名、先修课程的课程号，R 的主键是 CNO，而 PRE_CNO 就是一个外键，表示 PRE_CNO 值一定要在关系中存在某个 CNO 值。

3）外键值是否允许空，应视具体问题而定。在模式中，若外键是该模式主键中的成分，则外键值不允许空，否则允许空。

在上述形式定义中，R_1称为“参照关系”模式，R_2称为“依赖关系”模式。

实体完整性规则和参数完整性规则是关系模型必须满足的规则，应该由系统自动支持。

3. 用户定义的完整性规则

用户定义的完整性规则针对某一具体数据的约束条件，由应用环境决定。它反映某一具体应用所涉及的数据必须满足的语义要求。系统应提供定义和检验这类完整性的机制，以便用统一的系统方法处理它们，不再由应用程序承担这项工作。例如，学生成绩应该大于或等于零，职工的工龄应小于年龄等。

4.1.4　关系数据库模式

一个关系数据库是多个关系的集合，这些具体关系构成了关系数据库的实例。由于每个关系都有一个模式，所以，构成该关系数据库的所有关系模式的集合构成了关系数据库模式。例如，一个学生的选课数据库模式由下面 3 个关系模式构成：

S(<u>SNO</u>,SNAME,SEX,AGE,DNAME)

C(<u>CNO</u>,CNAME,PRE_CNO)

SC（<u>SNO，CNO</u>，SCORE）

关系数据库管理系统一般向用户提供以下 4 种基本数据操纵功能。

（1）数据检索

数据检索是指按照用户指定的条件查询一个关系内的数据或多个关系间的数据。对一个关系内数据的检索主要是选择一些指定的属性（列的指定）或选择满足某些逻辑条件的元组（行的选择）。而对多个关系间数据的检索可以分解为，首先将多个关系合并成一个大关系，然后检索合并后的关系。对多个关系的合并过程也是两两关系逐步进行的。

例如有 3 个关系 A、B 和 C，可以先将 A 与 B 合并成 D，然后合并 C 与 D。因此，数据检索可分解成以下 3 个基本步骤。

1）一个关系内属性的指定。

2）一个关系内元组的指定。

3）两个关系的合并。

（2）数据插入

通过数据插入可在关系内插入一些新的元组。

（3）数据删除

通过数据删除可在关系内删除一些元组。

（4）数据修改

该操作实际上可分解为两个更基本的操作：先删除要修改的元组，再将修改后的元组插入。这两个操作前面已有。可见，数据修改本身不是一个独立操作。

上述 4 类数据操作的对象都是关系，这样，对关系模型的数据操纵可进行如下描述。

1）操纵对象是关系。

2）基本操纵方式有以下 5 种。

① 属性指定。指定一个关系内的某些属性，确定二维表中的列。该方式主要用于检索或定位。

② 元组选择。用一个逻辑表达式给出一个关系中满足此条件的那些元组，确定二维表中的行。该方式主要用于检索或定位。

③ 关系合并。将两个关系合并成一个关系，用于合并多张表，从而实现多张表间的检索和定位。

④ 元组插入。在一个关系中添加一些元组，用于完成数据插入或修改。

⑤ 元组删除。先确定所要删除的元组，然后将它们删除，用于数据删除或修改。

4.2　关系代数

关系代数是以集合运算为基础发展起来的，它是以关系作为运算对象的。在关系代数中，用户对关系数据的所有查询操作都是通过关系代数表达式描述的，一个查询就是一个关系代数表达式。任何一个关系代数表达式都由运算符和作为运算分量的关系构成。关系运算分为两大类：一类是基本的操作，包括对关系进行水平分割（选择）、垂直分割（投影）等；另一类是由这些基本操作组合而成的一组合操作。

4.2.1　关系代数的 5 个基本操作

在关系代数运算中，选择（σ）、投影（Π）、并（∪）、差（-）、笛卡儿积（×）5 种运算为关系代数的基本运算。关系代数操作集 $\{\sigma, \Pi, \cup, -, \times\}$ 是一个完备的操作集，任何其他关系代数操作（如交、连接等）都可以用这 5 种操作来表示。

1. 并（Union）运算

设关系 R 和 S 具有相同的元数 n（即两关系都有 n 个属性），相应的属性取自同一个域，则关系 R 和关系 S 的并由属于 R 或属于 S 的元组组成，其结果仍然是一个 n 目关系，记为 $R \cup S$，形式定义如下：

$$R \cup S = \{t \mid t \in R \lor t \in S\}, t \text{ 是元组变量}$$

两个关系的并运算是将两个关系中的所有元组构成一个新关系。并运算要求两个关系属性的性质必须一致。全并运算的结果要消除重复的元组，并运算可用于完成元组插入操作。

例如，有库存和进货两个表（见表 4.6），要将两个表合并为一个表，可利用并运算来实现。

表 4.6 关系代数的并运算

库存关系			进货关系			并运算结果		
商品编号	品　名	数　量	商品编号	品　名	数　量	商品编号	品　名	数　量
2018230	冰箱	19	2018214	电熨斗	30	2018230	冰箱	19
2018234	彩电	50	2018310	微波炉	18	2018234	彩电	50
2018156	空调	20				2018156	空调	20
						2018214	电熨斗	30
						2018310	微波炉	18

2. 差（Difference）运算

设关系 R 和 S 具有相同的元数 n，相应的属性取自同一个域，则关系 R 和关系 S 的差由属于 R 但不属于 S 的元组的所有元组组成，其结果仍然是一个 n 目关系，记为 $R - S$，形式定义如下：

$$R - S = \{t \mid t \in R \land t \notin S\}, t \text{ 是元组变量}$$

例如，有成绩合格者考生名单和身体不合格考生名单两个关系，按录取条件在成绩合格且身体健康的考生中产生录取名单关系。这个任务可以用差运算来完成，见表 4.7。

表 4.7 关系代数的差运算

成绩合格考生号	身体不合格考生号	差运算结果
考　生　号	考　生　号	考　生　号
20183211	20181231	20183211
20181231	20188124	20187156
20187156		20183610
20188124		
20183610		

例 4.2　设有相容关系 WORKER 和 MANAGER，见表 4.8、表 4.9，对它们进行的并、差运算的结果见表 4.10、表 4.11。

表 4.8　WORKER（职工）

E#	NAME	SALARY	AGE	DEPT#
123	张国华	7800	25	1
462	李明	8500	31	1
263	刘英明	8100	30	2
068	王飞	8700	45	2

表 4.9　MANAGER（经理）

E#	NAME	SALARY	AGE	DEPT#
068	王飞	8700	45	2
059	曾富	9200	51	1

表 4.10　WORKER∪MANAGER

E#	NAME	SALARY	AGE	DEPT#
123	张国华	7800	25	1
462	李明	8500	31	1
263	刘英明	8100	30	2
068	王飞	8700	45	2
059	曾富	9200	51	1

表 4.11　WORKER – MANAGER

E#	NAME	SALARY	AGE	DEPT#
123	张国华	7800	25	1
462	李明	9500	31	1
263	刘英明	9100	30	2

3. 笛卡儿积（Cartesian Product）

设有关系 R 和 S，它们分别是 n 目和 m 目关系，即它们的元数据分别为 n 和 m，分别有 p 和 q 个元组，则关系 R、S 经笛卡儿积运算的结果 T 是一个 $n+m$ 目关系，共有 $p \times q$ 个元组，这些元组是由 R 与 S 的元组组合而成的。关系 R 与 S 的笛卡儿积记为 R × S，形式定义如下：

$$R \times S \equiv \{t \mid t = \langle t^n, t^m \rangle \wedge t^n \in R \wedge t^m \in S\}$$

其中，t^n、t^m 分别表示有 n 个分量和 m 个分量。

对于两个关系的合并操作，可用笛卡儿积运算实现。笛卡儿积运算可用于两个表的横向合并。

例 4.3　假定部门信息存放在表 DEPTINFO 中（见表 4.12），则表 MANAGER（表 4.9）与表 DEPTINFO 的笛卡儿积见表 4.13，其中，M 和 D 分别是关系 MANAGER 和 DEPINFO 的缩写，下同。

表 4.12　DEPTINFO（部门信息）

DEPT#	DNAME	DTASK
1	技术部	产品设计
2	市场部	产品销售

表 4.13　MANAGER × DEPTINFO

E#	NAME	SALARY	AGE	M. DEPT#	D. DEPT#	DNAME	DTASK
068	王飞	8700	45	2	1	技术部	产品设计
068	王飞	8700	45	2	2	市场部	产品销售
059	曾富	9200	51	1	1	技术部	产品设计
059	曾富	9200	51	1	2	市场部	产品销售

4. 选择（Selection）**运算**

选择运算是根据某些条件对关系做水平分割，即在一个关系内选择符合条件的元组称为选择运算。选择运算可表示为

$$\sigma_C(R) = \{t \mid t \in R \wedge C[t] = \text{True}\}$$

其中，σ 为选择运算符，$\sigma_C(R)$ 表示从 R 中挑选满足公式 C 的元组所构成的关系，C 表示逻辑条件表达式。

逻辑条件表达式按以下规则组成。

1）αθβ，其中 α、β 是属性名或常量，但 α、β 不能同为常量。θ 是比较运算符，它可以是 <、≤、>、≥、= 或 ≠。αθβ 被称为基本逻辑条件。

2）由若干基本逻辑条件经过逻辑运算与 ∧、或 ∨、非 ¬ 构成复合逻辑条件。

选择运算是一目运算。对一个关系按选择元组的逻辑条件进行选择运算的结果还是一个关系，这个关系由 R 中满足逻辑条件的那些元组组成。因此，选择运算给人们提供了一种从水平方向构造一个新关系的手段。

例 4.4 对例 4.2 中的表 WORKER 执行下列选择运算：

$$\sigma_{SALARY > 8200 \wedge AGE \leqslant 40}(WORKER)$$

其结果见表 4.14。

5. 投影（Project）**运算**

这个操作可对一个关系进行垂直分割，即对一个关系内属性的指定称为投影运算，它也是一目运算。对一个关系 R 实施投影运算（由该运算给出所指定的属性）的结果仍是一个关系，设它为 R'。R' 由 R 中投影运算所指出的那些属性及其值组成。投影运算提供了一种从垂直方向构造一个新关系的手段。设关系 R 有 n 个属性，即 $A_1, A_2, \cdots, A_n$，则对 R 上属性 $A_{i1}, A_{i2}, \cdots, A_{im}(A_{ij} \in \{A_1, A_2, \cdots, A_n\}$ 投影的结果记为

$$\prod_{A_{i1}, A_{i2}, \cdots, A_{im}}(R) \equiv \{t \mid t = <t_{i1}, t_{i2}, \cdots, t_{im}> \wedge <t_{i1}, t_{i2}, \cdots, t_{im}> \in R\}$$

表 4.14 $\sigma_{SALARY > 8200 \wedge AGE \leqslant 40}$（WORKER）

E#	NAME	SALARY	AGE	DEPT#
462	李明	8500	31	1

例 4.5 对例 4.2 中的表 WORKER 执行下列投影运算：

$$\prod_{NAME, AGE}(WORKER)$$

其结果见表 4.15。

表 4.15 $\prod_{NAME, AGE}$（WORKER）

NAME	AGE
张国华	25
李明	31
刘英明	30
王飞	45

执行投影运算时，若被投影属性中某些分量的值相同，则去掉重复值。

例 4.6 对例 4.2 中的表 WORKER 执行下列投影运算：

$$\prod_{DEPT\#}(WORKER)$$

其结果见表 4.16。

表 4.16 $\prod_{DEPT\#}$（WORKER）

DEPT#
1
2

注意：由于投影的结果消除了重复元组，所以结果只有两个元组。

有了选择和投影运算，就可以方便地对一个关系内任意行、列的数据进行查找了。

例 4.7 在表 WORKER 中查找年龄在 45 岁以下（不含 45 岁）的职员的姓名、工资及其年龄情况。查询表达式如下：

$$\prod_{NAME, SALARY, AGE}(\sigma_{AGE < 45}(WORKER))$$

其结果见表 4.17。

49

表 4.17 $\prod_{\text{NAME,SALARY,AGE}}(\sigma_{\text{AGE}<45}(\text{WORKER}))$

NAME	SALARY	AGE
张国华	7800	25
李明	8500	31
刘英明	8100	30

4.2.2 关系代数的组合操作

4.2.1 小节介绍的 5 个基本操作可组合成交、连接（条件连接、自然连接、半连接）、除等组合操作，下面分别进行介绍。

1. 交（Intersection）运算

设关系 R 和 S 具有相同的元数 n，相应的属性取自同一个域，则关系 R 和 S 的交记为 $R \cap S$，由既属于 R 又属于 S 的元组组成，其结果仍然是一个 n 元关系。形式定义如下：

$$R \cap S = \{t \mid t \in R \wedge t \in S\},\ t\ \text{是元组变量}$$

关系的交可以由关系的差来表示，即

$$R \cap S = R - (R - S)\ \text{或}\ R \cap S = S - (S - R)$$

例如，以例 4.2 中的 WORKER 和 MANAGER 为例，其值见表 4.8 和表 4.9，其交运算（WORKER ∩ MANAGER）的结果见表 4.18。可以按差运算 WORKER － (WORKER － MANAGER) 来计算，其结果分别见表 4.19、表 4.20。

表 4.18 WORKER ∩ MANAGER

E#	NAME	SALARY	AGE	DEPT#
068	王飞	8700	45	2

表 4.19 WORKER － MANAGER

E#	NAME	SALARY	AGE	DEPT#
123	张国华	7800	25	1
462	李明	8500	31	1
263	刘英明	8100	30	2

表 4.20 WORKER － (WORKER － MANAGER)

E#	NAME	SALARY	AGE	DEPT#
068	王飞	8700	45	2

2. 连接（Join）运算

用笛卡儿积运算建立两个关系之间的连接，往往产生一个比较庞大的关系。同时，在关系模型中，建立两个关系的连接时大都满足一些条件，这些条件可能是两个关系之间有公共属性，或者可以通过属性值的相等性（或大于、小于、不等于、不大于、不小于）进行连接。这主要是由于在关系模型中，实体（集）和实体（集）联系均用关系表示，而实体间的联系一般是通过在两个关系间设置公共属性以及利用公共属性值的相等性来实现的。因此，有必要对笛卡儿积做适当限制，以适应关系模型的实际需要，于是引出了连接运算，它又分为条件连接、自然连接（Natural Join）以及半连接（SemiJoin）3 种。

（1）条件连接

条件连接运算又可称 θ 连接，这是一个二目运算，通过它将两个关系合并成一个关系。设有关系 S、n 目关系 R 以及比较表达式 $i\theta j$，其中 i 是 R 中的属性，j 是 S 的属性，θ 含义同前（比较运算符）。其形式定义为

$$R \underset{i\theta j}{\bowtie} S = \sigma_{i\theta(n+j)}(R \times S)$$

就是说，连接操作是笛卡儿积和选择操作的组合。这里的 n 是 R 的元数，该式表示 θ 连接是

在关系 R 和 S 的笛卡儿积中挑选第 i 个分量（属性的值）和第（n+j）个分量来满足 θ 运算的元组。显然，这有可能减少结果关系中的元组数量。

例 4.8　设关系 EMP（表 4.21）表示职工的年龄和工龄情况，关系 ELIT（表 4.22）表示一个职工工作年限和可以享受的福利级别。使用 θ 连接，如下所示。

$$EMP \underset{3 \geqslant 1}{\bowtie} ELIT = \sigma_{3 \geqslant 4}(EMP \times ELIT)$$

可以找出每个职工享有的全部福利，见表 4.23，它是进行 EMP × ELIT（表 4.24）操作后通过选择得到的。

表 4.21　关系 EMP

NAME	AGE	YEARS
李亚当	26	2
王明	30	3
赵亮	34	9
陈宾	43	18

表 4.22　关系 ELIT

YEARS	LEVEL
1	A
3	B
5	C
10	D

表 4.23　每个职工享有的全部福利

NAME	AGE	EMP. YEARS	ELIT. YEARS	LEVEL
李亚当	26	2	1	A
王明	30	3	1	A
王明	30	3	3	B
赵亮	34	9	1	A
赵亮	34	9	3	B
赵亮	34	9	5	C
陈宾	43	18	1	A
陈宾	43	18	3	B
陈宾	43	18	5	C
陈宾	43	18	10	D

表 4.24　EMP × ELIT

NAME	AGE	EMP. YEARS	ELIT. YEARS	LEVEL
李亚当	26	2	1	A
李亚当	26	2	3	B
李亚当	26	2	5	C
李亚当	26	2	10	D
王明	30	3	1	A
王明	30	3	3	B
王明	30	3	5	C
王明	30	3	10	D

（续）

NAME	AGE	EMP. YEARS	ELIT. YEARS	LEVEL
赵亮	34	9	1	A
赵亮	34	9	3	B
赵亮	34	9	5	C
赵亮	34	9	10	D
陈宾	43	18	1	A
陈宾	43	18	3	B
陈宾	43	18	5	C
陈宾	43	18	10	D

（2）自然连接（Natural Join）

人们最常用的是 θ 连接的一种特例，称为自然连接，记为 R ⋈ S。R ⋈ S 计算的具体过程如下。

1）计算 R × S。

2）设 R 和 S 的公共属性是 $B_1, B_2, \cdots, B_n$，挑选 R × S 中满足 $R.B_1 = S.B_1, \cdots, R.B_n = S.B_n$ 的那些元组。

3）去掉 $S.B_1, \cdots, S.B_n$ 这些列（保留 $R.B_1, \cdots, R.B_n$）。

因此 R ⋈ S 可以定义为

$$R \bowtie S = \prod\nolimits_{i_1, \cdots, i_m} (\sigma_{R.B_1 = S.B_1 \wedge \cdots \wedge R.B_n = S.B_n} (R \times S))$$

两个关系进行自然连接运算的首要条件是它们必须有公共属性，且值域相同。连接的方法是将公共属性值相同的两个元组联成一个元组。具体地说，设有满足自然连接条件的 k_1 目关系 R 和 k_2 目关系 S，它们有属性名 $B_1, B_2, \cdots, B_n$，这些属性在 R 中的列号为 $i_1, i_2, \cdots, i_n$，在 S 中的列号为 $j_1, j_2, \cdots j_n$，则自然连接运算的方法是：用 R 的第 k 个元组的 $i_1, i_2, \cdots, i_n$ 列的分量依次与 S 的第 m 个元组的 $j_1, j_2, \cdots, j_n$ 列的 n 个分量比较，如果都相等，则从 S 的第 m 个元组中去掉被比较的 n 个分量，并把剩下的分量依原次序接在 R 的第 k 个元组的右边，这样构成的一行即为自然连接的一个元组；若这 n 个比较中至少有一个不相等，则不能进行这样的连接。按照这种连接办法，若使 k、m 扫描关系 R 和 S 的每个元组，就可以得到自然连接的全部元组，构成 $k_1 + (k_2 - n)$ 元新关系。

例 4.9 查询各部门经理及他们所在部门的信息，见表 4.25。该查询可用一个自然连接运算实现：

MANAGER ⋈ DEPTINFO

其查询结果见表 4.26。

表 4.25　MANAGER × DEPTINFO

E#	NAME	SALARY	AGE	M. DEPT#	D. DEPT#	DNAME	DTASK
068	王飞	8700	45	2	1	技术部	产品设计
068	王飞	8700	45	2	2	市场部	产品销售
059	曾富	9200	51	1	1	技术部	产品设计
059	曾富	9200	51	1	2	市场部	产品销售

表 4.26 MANAGER ⋈ DEPTINFO

E#	NAME	SALARY	AGE	DEPT#	DNAME	DTASK
068	王飞	8700	45	2	市场部	产品销售
059	曾富	9200	51	1	技术部	产品设计

（3）半连接（SemiJoin）

还有一个半连接运算，它在分布式数据查询中非常有用。将两个关系 R 和 S 的半连接运算定义为

$$R \underset{R.A=S.B}{\ltimes} S = \prod_R (R \underset{R.A=S.B}{\bowtie} S)$$

关系 R 和 S 允许分布在不同地点上。

例如，使用例 4.8 中的关系 EMP 和 ELIT 进行半连接运算，其结果见表 4.27。

$$R \ltimes S$$

表 4.27 R.A = S.B

NAME	AGE	YEARS
王明	30	3

3. 除法（Division）运算

这是一个非传统的集合运算，它在关系运算中很重要，但较难理解。

设有关系 R 和 S，R 能被 S 除的条件有两个：一是 R 中的属性包含 S 中的属性；二是 R 中的某些属性不出现在 S 中。R 除以 S 表示为 R/S 或 R÷S。它也是一个关系，称为商（Quotient）。结果 T 的属性由 R 中的那些不出现在 S 中的属性组成，其元组值则是 S 中的所有元组在 R 中对应值相同的那些元组值。

例 4.10 假设用关系 SC（表 4.28）表示学生选修课程的情况，关系 C（表 4.29）给出了所有课程号，试找出修读了全部课程的学生的学号。

这个问题可用除法解决，即 SC÷C，结果见表 4.30。

表 4.28 SC

S#	C#
S1	C1
S1	C2
S2	C1
S2	C2
S2	C3
S3	C2

表 4.29 C

C#
C1
C2
C3

表 4.30 SC÷C

S#
S2

除法运算不是基本运算，它可由其他基本运算推出。

设关系 R 和 S 的元数分别为 r 和 s，则 R÷S 是一个（$r-s$）元的元组集合，结合例 4.10，其计算过程如下。

1）$T = \prod_{1,2,\cdots,r-s}(R)$，结果见表 4.31。

2）$W = (T \times S) - R$，结果见表 4.32。

3）$V = \prod_{1,2,\cdots,r-s}(W)$，结果见表 4.33。

4）$R \div S = T - V$，结果见表 4.34。

即 $R \div S = \prod_{1,2,\cdots,r-s}(R) - \prod_{1,2,\cdots,r-s}((T \times S) - R)$

表 4.31 $T = \prod_{1,2,\cdots,r-s}(R)$

S#
S1
S2
S3

表 4.32 $W = (T \times C) - R$

S#	C#
S1	C3
S3	C1
S3	C3

表 4.33 $V = \prod_{1,2,\cdots,r-s}(W)$

S#
S1
S3

表 4.34 $R \div S = T - V$

S#
S2

4.2.3 关系代数表达式应用举例

关于学生成绩数据库的关系模式如下：

S(SNO,SNAME,AGE,SEX,DNAME)

C(CNO,CNAME,PRE_CNO, TEACHER)

SC (SNO, CNO, SCORE)

其中，S 表示学生，它的各属性依次为学号、姓名、年龄、性别和所在系；C 表示课程，它的各属性依次为课程号、课程名、先行课程号、任课教师；SC 表示成绩，它的各属性依次为学号、课程号和分数。

试用关系代数表达式表示下列查询语句：

1）检索"陈军"老师所授课程的课程号（CNO）和课程名（CNAME）。

$$\prod_{CNO, SNAME}(\sigma_{TEACHER = ',陈军,}(C))$$

2）检索年龄大于 21 的男学生学号（SNO）和姓名（SNAME）。

$$\prod_{SNO,SNAME}(\sigma_{AGE > 21 \wedge SEX = ',男,}(S))$$

3）检索至少选修"陈军"老师所授全部课程的学生姓名（SNAME）。

$$\prod_{SNAME}(S \bowtie (\prod_{SNO, CNO}(SC) \div \prod_{CNO}(\sigma_{TEACHER = ',陈军,}(C))))$$

4）检索"李强"同学不学课程的课程号（CNO）。

$$\prod_{CNO}(C) - \prod_{CNO}(\sigma_{SNAME = ',李强,}(S) \bowtie SC)$$

5）检索至少选修两门课程的学生学号（SNO）。

$$\prod_{SNO}(\sigma_{1 = 4 \wedge 2 \neq 5}(SC \times SC))$$

6）检索全部学生都选修的课程的课程号（CNO）和课程名（CNAME）。

$$\prod_{CNO, CNAME}(C \bowtie (\prod_{SNO, CNO}(SC) \div \prod_{SNO}(S)))$$

7）检索选修课程包含"陈军"老师所授课程之一的学生学号（SNO）。

$$\prod_{SNO}(SC \bowtie \prod_{CNO}(\sigma_{TEACHER = ',陈军,}(C)))$$

8）检索选修课程号为 k1 和 k5 的学生学号（SNO）。

$$\prod_{SNO, CNO}(SC) \div \prod_{CNO}(\sigma_{CNO = ',k1, \vee CNO = ',k5,}(C))$$

9）检索选修全部课程的学生姓名（SNAME）。

$$\prod_{SNAME}(S \bowtie (\prod_{SNO,CNO}(SC) \div \prod_{CNO}(C)))$$

10）检索选修课程包含学号为 S2 的学生所修课程的学生学号（SNO）。

$$\prod_{SNO,CNO}(SC) \div \prod_{CNO}(\sigma_{SNO='S2'}(SC))$$

11）检索选修课程名为"C 语言"的学生学号（SNO）和姓名（SNAME）。

$$\prod_{SNO,SNAME}(S \bowtie (\prod_{SNO}(SC \bowtie (\sigma_{CNAME='C语言'}(C)))))$$

12）从关系 SC 中删除课程号为"C2"的课程成绩。

$$DELETETUPLE = \sigma_{CNO='C2'}(SC)$$

$$SC = SC - DELETETUPLE$$

13）将元组 < C6，数据库原理及应用，C4，胡拓 > 插入课程关系 C 中。

$$NEWTUPLE = <C6,数据库原理及应用,C4,胡拓>$$

$$C = C \cup NEWTUPLE$$

4.3 关系演算

除了用关系代数表达式表示关系之间的运算外，还可以用数理逻辑中的一阶谓词演算表示，即关系演算。关系演算运算以数理逻辑中的谓词演算为基础，用公式表示关系运算的条件。关系演算按谓词所用到的变量（又称变元）的不同，分为元组关系演算和域关系演算。本节首先介绍元组关系演算，然后介绍域关系演算。

4.3.1 元组关系演算

关系模型一般提供元组插入、元组删除、元组指定、属性指定和关系合并 5 种基本操作，对应着关系代数中的并、差、选择、投影和笛卡儿积 5 种基本运算。这 5 种运算都可以用一阶谓词演算中的公式表示出来。

设 r 目关系 R 和 s 目关系 S 的谓词分别为 R（u）和 S（v），用它们表示并、差、选择、投影和笛卡儿积如下。

并：$R \cup S = \{t | R(t) \lor S(t)\}$。

差：$R - S = \{t | R(t) \land \neg S(t)\}$。

选择：$\sigma_F(R) = \{t | R(t) \land F'\}$，其中 F'是条件表达式 F 在谓词演算中的表示形式。

投影：$\prod_{i_1,i_2,\cdots,i_k}(R) = \{t^{(k)} | (\exists u)(R(u) \land t[1] = u[i_1] \land \cdots \land t[k] = u[i_k])\}$。

其中，$t^{(k)}$ 表示元组 t 有 k 个分量，而 $t[i]$ 表示元组 t 的第 i 个分量，$u[j]$ 表示元组 u 的第 j 个分量。

笛卡儿积：$R \times S = \{t^{(r+s)} | (\exists u^{(r)})(\exists v^{(s)})(R(u) \land S(v) \land t[1] = u[1] \land \cdots \land t[r] = u[r] \land t[r+1] = v[1]) \land \cdots \land t[r+s] = v[s]\}$。

由此可见，关系数据查询可以用一阶谓词演算公式来表示。当然，这里的谓词演算仅是一般谓词演算的特殊情况，即谓词仅仅表示关系，所以称之为关系演算。

下面首先介绍关系演算的原子公式定义，然后介绍关系演算公式定义。

定义 4.3 关系演算的原子公式（简称原子公式）定义如下：

1）原子谓词 R(u)是原子公式，其中 u 为元组。

2）$u[i]\theta v[j]$ 是原子公式，其中 u 和 v 为元组，θ 是比较运算符。

3）$u[i]\theta a$ 是原子公式，其中 a 是常量。

原子公式仅有上面 3 种定义方式。

定义 4.4 关系演算公式（简称公式）递归定义如下：

1）每个原子公式都是一个公式。

2）如果 φ_1、φ_2 是公式，则 $\varphi_1 \wedge \varphi_2$、$\varphi_1 \vee \varphi_2$、$\neg \varphi_1$ 也是公式。

3）如果 φ 是公式，φ 中有元组变量 t，则 $(\exists t)(\varphi)$、$(\forall t)(\varphi)$ 均为公式。

公式仅由上面 3 种定义方式。

在公式中，运算符的优先次序为：比较运算符最高，量词 $\exists$、$\forall$ 次之，否定符 $\neg$ 再次之，最后是 $\wedge$、$\vee$（与、或）运算。加括号时，括号中的运算优先。

有了公式后，就可以以公式作为特性构造集合，称之为元组演算表达式，其形式为 $\{t \mid \varphi(t)\}$，其中，t 是元组变量，φ 是公式，公式由原子公式组合而成。$\{t \mid \varphi(t)\}$ 表示使 φ 为真的元组的集合。

设有关系模式 S（SNO, SNAME, SEX, AGE, DNAME），下面是用元组关系演算表达查询的几个例子。

例 4.11 列出计算机科学系 CS 的所有学生：

$$S_{CS} = \{t \mid S(t) \wedge t[5] = 'CS'\}$$

例 4.12 列出所有年龄大于或等于 20 的学生：

$$S_{20} = \{t \mid S(t) \wedge t[4] \geqslant 20\}$$

例 4.13 求学生姓名及所在的系：

$$S_{SNAME,DNAME} = \{t^{(2)} \mid (\exists u)S(u) \wedge t[1] = u[2] \wedge t[2] = u[5]\}$$

例 4.14 设有关系模式 R（A, B, C）和 S（D, E），用元组关系演算表示连接运算：

$$R \underset{3<2}{\bowtie} S = \{t^{(5)} \mid (\exists u^{(3)})(\exists v^{(2)})(R(u) \wedge S(v) \wedge t(1) = u(1) \wedge t(2) = u(2) \wedge t(3)$$
$$= u(3) \wedge t(4) = v(1) \wedge t(5) = v(2) \wedge u(3) < v(2))\}$$

4.3.2 域关系演算

域关系演算的运算符基本上与元组关系演算相同，主要区别是，公式中的变元不再是元组而是元组分量的域，简称域变量。

域关系演算表达式的形式是：

$$\{X_1, X_2, \cdots, X_k \mid \Phi(X_1, X_2, \cdots, X_k)\}$$

其中，X_1, X_2, $\cdots$, X_k 是域变量，Φ 是由原子公式和运算符组成的公式。

原子公式有以下 3 类：

1）R（X_1, X_2, $\cdots$, X_k）。R 是 K 元关系，X_i 是域变量或常量。R（X_1, X_2, $\cdots$, X_k）表示由分量 X_1, X_2, $\cdots$, X_k 组成的元组属于 R。

2）$X\theta Y$。X、Y 是域变量，θ 是算术比较符，$X\theta Y$ 表示 X 与 Y 满足比较关系 θ。

3）$X\theta c$ 或 $c\theta X$。这里的 c 为常数，表示域变量 X 与常数 c 之间满足比较关系 θ。

域关系演算和元组关系演算具有相同的运算符，也具有"自由"和"约束"域变量的概念和相同的公式递归定义，这里就不重复了。

下面是使用域关系演算表达式进行数据查询的例子。

例 4.15 已知关系 R、S、W，见表 4.35 ~ 表 4.37，计算下面域关系演算表达式：

$$R_1 = \{xyz \mid R(xyz) \wedge x < 5 \wedge y > 3\}$$

$$R_2 = \{ xyz \mid R(xyz) \vee (S(xyz) \wedge y = 4) \}$$
$$R_3 = \{ xyz \mid (\exists u)(\exists v)(R(zxu) \wedge W(yv) \wedge u > v) \}$$

结果见表 4.38 ~ 表 4.40。

表 4.35 R		
A	B	C
1	2	3
4	5	6
7	8	9

表 4.36 S		
A	B	C
1	2	3
3	4	6
5	6	9

表 4.37 W	
D	E
7	5
4	8

表 4.38 R_1		
A	B	C
4	5	6

表 4.39 R_2		
A	B	C
1	2	3
4	5	6
7	8	9
3	4	6

表 4.40 R_3		
B	D	A
5	7	4
8	7	7
8	4	7

4.4　关系查询优化

查询是数据库的最基本、最常用、最复杂的操作。数据库的查询一般都以查询语言表示，如用 SQL 表示。从查询语句出发，直到获得查询结果，需要一个处理过程，这个过程称为查询处理。关系数据库的查询语言一般是非过程语言，仅表达查询的要求，而不说明查询的过程。也就是说，用户不必关心查询语言的具体执行过程，而由 DBMS 确定合理的、有效的执行策略，DBMS 在这方面的作用称为查询优化。

查询优化不仅可以使用户在不必考虑如何最好地表达查询的情况下获得较好的效率，而且系统的自动优化可以比用户程序做得更好。因为，系统的查询优化器可以充分利用数据字典中的信息，还可以利用机器的高速度对各种优化策略进行比较选择等，所有这些，都是用户程序很难做到的。

图 4.5 给出了响应用户查询的一般过程。用户输入的查询通常由句法分析程序（Parser）进行语法正确性检查，并将查询转换成某种内部表示，然后由优化程序（Optimizer）根据优化策略和算法，构造高效率的查询执行步骤，最后执行这些步骤，将查询结果报告给用户。

查询优化的目标：选择有效的优化策略，并根据这种策略求得给定关系表达式的值。

下面先介绍查询优化的一般策略，然后介绍常用的几种优化技术。

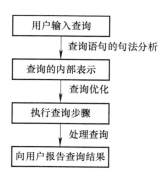

图 4.5　响应用户查询的一般过程

数据库原理及应用

4.4.1 查询优化的一般策略

查询优化有多种技术途径。一种是关系代数优化，主要是对查询表达式进行代数变换，从而改变基本查询操作的次序，提高查询语句的执行效率。这种优化方法仅涉及查询语句本身，不涉及关系的存储结构和存取路径。另一种是物理优化，主要是根据系统提供的存取路径选择合适的存储策略，如运用关键字和索引这些特点进行查询等，这种方法依赖于存取路径的优化。还有的方法除根据一些基本规则外，还对可供选择的执行策略进行代价估算，从中选用代价最小的执行策略，这称为代价估算优化。这些技术和方法在实用中都是可行的，许多关系数据库系统往往综合运用上述几种方法，以便得到更好的优化效果。

上面提到的几种优化途径所采用的策略不外乎有以下几种。

1）尽可能早地执行选择、投影等一目运算。这是因为它们可分别从水平方向和垂直方向减少关系的大小，而连接、并等二元操作，不但操作本身开销大，而且产生大量的中间结果，可以以元组为单位减小中间结果，从而使执行时间成数量级地减少。

2）把先进行笛卡儿积后进行选择结合起来，使之成为一个连接运算。通过前面的内容可知，连接运算要比笛卡儿运算的效率高很多。当要对笛卡儿积 R×S 的结果做选择时，并且这个选择是对 R 和 S 的属性进行比较，在这样的条件下，这个笛卡儿积和选择等价于一个连接。

3）同时计算一串选择和一串投影运算，以免分开运算造成多次扫描文件，从而节省了操作时间。

4）找出表达式里的公共子表达式。预先统一计算这个公共子表达式，以避免重复计算。

5）适当地预处理。预处理包括对文件的分类排序和建立临时索引等，这样做有时会使两个关系连接更有效。

6）把投影同其前面的双目运算结合起来，没有必要为了去掉某一个或某几个属性而扫描一遍关系。

4.4.2 关系代数优化

上面的优化策略大多数关系到代数表达式的变换，所以研究优化的最好的出发点是，搜集一些应用在关系代数运算上的代数规则。想象中的查询处理器，就是从建立代数表达式语法分析树开始的。在这些情况下，查询分析器能产生一棵树。在这棵树上，某些节点表示关系代数运算，其他的节点表示对这语言的特殊运算。

如果查询语言是关系演算语言，就要把这类演算表达式转换到代数表达式。

无论是把一般的关系代数表达式转换为优化的查询表达式，或者是为了优化而把关系演算表达式变换为关系代数表达式，其前提是这种变换必须是等价的。

1. 表达式的求值

两个表达式怎样才算等价？要讨论这点，必须弄清楚关系的两种定义，并且它们之间具有某些不同的数学性质。

第一种定义：关系是一个 k – 元组（k-tuples）的集合，其中 k 是固定的。两个关系相等，当且仅当有相同的元组集合。

第二种定义：关系是从属性名到其值域的映射的集合；按这种定义，如果两个关系有相同的映射集，则它们是相等的。

第一种定义下的关系可通过对每列提供属性名转换为第二种定义下的关系；也可以在固定属性次序后，把第二种定义下的关系转换为第一种定义下的关系。

这里暂用第二种定义。因为现有的各种关系查询语言完全允许甚至要求对关系的各列命名。更重要的是，在关系的应用中，一旦每个列标以属性名称后，列的次序就无关重要了。

两个关系代数表达式 E_1 和 E_2 等价，记为 $E_1 = E_2$，就是说，当两个表达式中的同名变量代入相同关系后产生相同结果。基于这一定义，可得到许多代数表达式的等价转换规则。

2. 关系代数等价变换规则

（1）连接和笛卡儿积的交换律

设 E_1 和 E_2 是两个关系表达式，F 为连接条件。那么下列式子成立：

$$E_1 \underset{F}{\bowtie} E_2 = E_2 \underset{F}{\bowtie} E_1$$
$$E_1 \bowtie E_2 = E_2 \bowtie E_1$$
$$E_1 \times E_2 = E_2 \times E_1$$

（2）连接和笛卡儿积的结合律

如果 E_1、E_2 和 E_3 是关系表达式，且 F_1 和 F_2 是连接条件，且 F_1 只涉及 E_1 和 E_2 的属性，F_2 只涉及 E_2 和 E_3 的属性，那么下列式子成立：

$$(E_1 \underset{F_1}{\bowtie} E_2) \underset{F_2}{\bowtie} E_3 = E_1 \underset{F_1}{\bowtie} (E_2 \underset{F_2}{\bowtie} E_3)$$
$$(E_1 \bowtie E_2) \bowtie E_3 = E_1 \bowtie (E_2 \bowtie E_3)$$
$$(E_1 \times E_2) \times E_3 = E_1 \times (E_2 \times E_3)$$

（3）投影的串接

设 L1，L2，…，Ln 为属性集，并且 L1 $\subseteq$ L2 $\subseteq \cdots \subseteq$ Ln，则下式成立：

$$\prod_{L1}(\prod_{L2}(\cdots(\prod_{Ln}(E))\cdots)) = \prod_{L1}(E)$$

（4）选择的串接

$$\sigma_{F_1}(\sigma_{F_2}(E)) = \sigma_{F_1 \wedge F_2}(E)$$

也就是说，两个选择可以合并为一个一次查找所有条件的选择。

由于 $F_1 \wedge F_2 = F_2 \wedge F_1$，因此选择的交换律也成立：

$$\sigma_{F_1}(\sigma_{F_2}(E)) = \sigma_{F_2}(\sigma_{F_1}(E))$$

（5）选择和投影的交换

如果条件 F 仅仅涉及属性 A_1，…，A_n，那么

$$\prod_{A_1,\cdots,A_n}(\sigma_F(E)) = \sigma_F(\prod_{A_1,\cdots,A_n}(E))$$

更一般的，如果条件 F 涉及不在 A_1，…，A_n 中出现的 B_1，…，B_m，那么：

$$\prod_{A_1,\cdots,A_n}(\sigma_F(E)) = \prod_{A_1,\cdots,A_n}(\sigma_F(\prod_{A_1,\cdots,A_n,B_1,\cdots B_m}(E)))$$

（6）选择移入笛卡儿积

如果 F 中所涉及的属性都在 E_1 中，那么，

$$\sigma_F(E_1 \times E_2) = \sigma_F(E_1) \times E_2$$

作为一个有用的推论，如果 F 是 $F_1 \wedge F_2$ 形式，并且 F_1 只涉及 E_1 中的属性，F_2 只涉及 E_2 的属性，根据前面的"连接和笛卡儿积的交换律""选择的串接""选择移入笛卡儿积"规则可得到：

$$\sigma_F(E_1 \times E_2) = \sigma_{F_1}(E_1) \times \sigma_{F_2}(E_2)$$

更一般的，如果 F_1 只涉及 E_1 中的属性，而 F_2 涉及 E_1 和 E_2 两者的属性，下式仍然成立：

$$\sigma_F(E_1 \times E_2) = \sigma_{F_2}(\sigma_{F_1}(E_1) \times E_2)$$

也就是把选择放在笛卡儿积前进行。

（7）选择与并运算交换

如果有表达式 $E = E_1 \cup E_2$，设在 E_1 中出现的属性名与在 E_2 中出现的属性名相同，或者至少给出了这种对应关系，那么得到：

$$\sigma_F(E_1 \cup E_2) = \sigma_F(E_1) \cup \sigma_F(E_2)$$

（8）选择与差运算交换

E_1 与 E_2 有相同的属性名，则：

$$\sigma_F(E_1 - E_2) = \sigma_F(E_1) - \sigma_F(E_2)$$

（9）投影移入笛卡儿积

把投影移到笛卡儿积内进行运算，类似于规则（6）、（7）。

设 E_1 和 E_2 是两个关系表达式，又设 $A_1, \cdots, A_n$ 是 E_1 的属性中出现的，$B_1, \cdots, B_m$ 是 E_2 的属性，那么：

$$\prod_{A_1,\cdots,A_n,B_1,\cdots B_m}(E_1 \times E_2) = \prod_{A_1,\cdots,A_n}(E_1) \times \prod_{B_1,\cdots,B_m}(E_2)$$

（10）投影移入并运算

$$\prod_{A_1,\cdots,A_n}(E_1 \cup E_2) = \prod_{A_1,\cdots,A_n}(E_1) \cup \prod_{A_1,\cdots,A_n}(E_2)$$

3. 代数优化的算法

代数优化是利用上面的等价变换规则，对关系表达式进行优化，以减少执行时的开销。虽然它们不能保证在任何时候表达式变换都是最优的，但在多数情况下能使表达式更好些。鉴于选择、投影等一目操作能够分别从水平方向和垂直方向减少关系的大小，连接、并等二目运算不但本身操作的开销比较大，而且往往产生大的中间结果，因此，在变换查询时，总是移动选择和投影，使其能尽早地执行。通过先做选择后做投影来串接这些运算，使选择和投影优先于二目运算执行。特别是连接和笛卡儿积，若它们前面加有选择与投影，则应先做选择和投影，并将结果存放在临时文件中，再用临时文件做笛卡儿积，这样可提高效率。即使在直接执行连接操作时，也是先做小关系之间的连接，再做大关系之间的连接。

由于任何关系演算表达式都可以写成关系代数表达式，关系代数表达式又可以按执行步骤表示为一棵语法分析树，所以算法是基于树的优化的。其算法见算法 4.1。

算法 4.1   关系表达式的优化。

输入：表示关系代数表达式的语法分析树。

输出：计算这个表达式的程序。

方法：

1）使用规则（4）（选择的串接）把形式为 $\sigma_{F_1 \wedge F_2 \wedge \cdots \wedge F_n}(E)$ 的选择变成选择串接的形式：

$$\sigma_{F_1}(\sigma_{F_2}(\cdots\sigma_{F_n}(E)\cdots))$$

2）对每个选择用规则（4）~（8），尽可能地将选择向树的叶端移动。

3）对每个投影，利用规则（3）、（9）、（10）和一般化规则（5），将投影尽可能地向树的叶端移动。

注意，规则（3）可以去掉某些投影，而一般化的规则（5）可把一个投影分为两个，其中某一个有可能向树的叶端移动。还有，如果一个表达式投影到全部属性上，就消除了这个投影。

4）利用规则（3）~（5）把串接的选择和投影组合为一个选择、一个投影或带投影的选择。

注意，这样做可能违反"尽早地做投影"的原则。这暂时有点不合算，但可以更有效地做以后的所有选择和投影。

5）把所得到的树的内部节点划分成组。

例如，将每个二目运算节点（×，∩，－）和它的直接祖先的一目运算节点（σ，∏）放在一组。如果其后代节点为一串一目运算节点，并且树叶为终点，就把这一串一目运算节点放在一组。但是，如果二目运算是笛卡儿积，而且后面不能与它组合成等连接的选择，则不能将选择与这个二目运算组成同一组。

6）产生一个程序，上述每一组是这个程序的一步，且先执行后代节点组。

例 4.16　考虑下面的学生成绩管理数据库，其关系如下：

　　　　S（SNO，SNAME，AGE，SEX，DNAME）

　　　　C（CNO，CNAME，PRE_CNO）

　　　　SC（SNO，CNO，SCORE）

其中，S 表示学生，它的各属性依次为学号、姓名、年龄、性别和所在系；C 表示课程，它的各属性依次为课程号、课程名、先行课程号；SC 表示成绩，它的各属性依次为学号、课程号和分数。

为了解学生成绩情况，定义一个关系 SC_VIEW 存放学生成绩信息。SC_VIEW 是关系 S、C 和 SC 的自然连接，即：

$$SC\_VIEW = \prod_V (\sigma_F (S \times SC \times C))$$

其中，F 是条件表达式：S. SNO = SC. SNO $\wedge$ C. CNO = SC. CNO。

V 是投影表达式：SNO，SNAME，AGE，SEX，DNAME，CNO，CNAME，PRE_CNO，SCORE。

假设需要列出计算机系的所有学生的姓名及其所选修的课程，即：

$$\prod_{SNAME, CNAME} \sigma_{DNAME = '计算机系'} (SC\_VIEW)$$

首先将该表达式等价地转换成只含 5 种基本关系代数运算的表达式，得到图 4.6 所示的语法树。

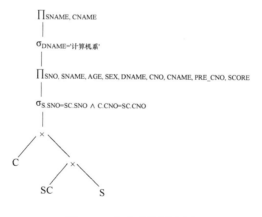

图 4.6　表达式的语法树

然后应用前述算法对该语法树进行优化：

1）将选择运算 $\sigma_{S. SNO = SC. SNO \wedge C. CNO = SC. CNO}$ 分解成 $\sigma_{S. SNO = SC. SNO}$ 和 $\sigma_{C. CNO = SC. CNO}$ 两个选择运算。

2）将 3 个选择尽可能向树叶端移动。根据规则 "选择的串接"、"选择和投影的交换"，把选择 $\sigma_{DNAME = '计算机系'}$ 运算移到投影和另外两个选择的下面。这个选择运算中只含有属性 DNAME，它只涉及关系 S，故

$$\sigma_{DNAME = \,'计算机系'}(C \times (SC \times S)) = C \times (\sigma_{DNAME = \,'计算机系'}(SC \times S))$$
$$= C \times (SC \times \sigma_{DNAME = \,'计算机系'}(S))$$

类似的，选择运算 $\sigma_{S.SNO = SC.SNO}$ 也可以向下移动，使之作用到 $SC \times \sigma_{DNAME = \,'计算机系'}(S)$ 上。

3）使用规则"投影的串接"将该语法树中的两个投影合并为一个投影运算，即 $\prod_{SNAME,CNAME}$。

经过上述 3 步优化后，图 4.6 所示的语法树转换成图 4.7 所示的语法树。

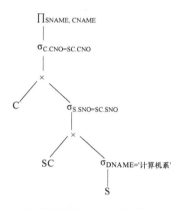

图 4.7　选择下移并且合并投影后的语法树

由图 4.7 可以看到，树最上面的投影和选择运算只用到 4 个属性，因而可以把紧挨着这两个运算的笛卡儿积运算投影到 4 个属性上，即在该乘积之下增加一个投影运算：

$$\prod_{SNAME,CNAME,C.CNO,SC.CNO}$$

再应用规则"投影移入笛卡儿积"，将图 4.7 中的投影替换分解成两个投影。一个作用在 C 上：

$$\prod_{CNAME,\ C.CNO}$$

另一个作用在笛卡儿积右边：

$$\prod_{SNAME,\ SC.CNO}$$

从而得到图 4.8 所示的语法树。

在图 4.8 所示的语法树中，最下面的笛卡儿积运算也仅用到 4 个属性：SNAME、SC.CNO、S.SNO、SC.SNO，因而可以在执行该笛卡儿积运算前增加两个投影运算：

$$\prod_{SNAME,S.SNO}$$

$$\prod_{SC.SNO,\ SC.CNO}$$

把这两个投影插入图 4.8 中，得到图 4.9 所示的最后的语法树。

4）按照分组原则，对最后的语法树进行分组，得到图 4.9 中用点画线包围的两个组。

5）先写出低级组的程序，再写出高级组的程序。前者产生的临时关系（中间结果）将作为高级组程序的运算对象之一，这样，每组程序对各个关系只进行一遍扫描，就能同时完成该组内的所有运算。

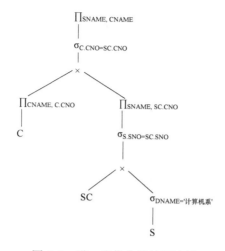

图4.8 进一步优化后的语法树

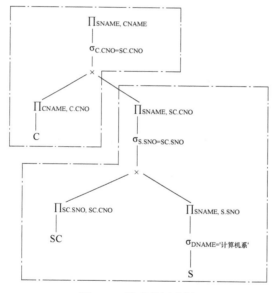

图4.9 最后的语法树

4.4.3 基于存取路径的规则优化

　　代数优化不涉及存取路径，只是根据一些启发式规则对操作的次序和组合做一些变换和调整。因此，单靠代数优化是比较粗糙的，优化效果也是很有限的。实践证明，在访问数据时考虑有关记录的顺序搜索、索引、散列等存取路径，将直接影响数据访问的速度，例如，一般来说，索引结构能够极大地提高数据检索的速度。合理选择和充分利用存取路径的查询优化方法，能够得到比较显著的优化效果，应成为优化的重点。不同的基本操作具有不同的执行策略及存取路径选择原则，本小节结合存取路径的分析，讨论这些基本操作的执行策略及其存取路径选择的原则。

1. 选择操作的实现和优化

选择操作的执行策略与选择条件、可用的存取路径以及选取的元组数量在整个关系中所占的比例有关。

选择条件分为等值、范围和集合 3 种。

1）等值条件表示为属性等于某个给定值。

2）范围条件是指属性值限制在给定的范围内，通常用 > 、≥ 、< 、≤ 等比较运算符构成。

3）集合条件表示集合之间的关系，如 IN、EXISTS 或 NOT EXISTS 等。此外，还可以通过 AND、OR 运算符把简单条件连接成复合条件。

如果选择的元组较多或关系本身规模很小，则可以简单地用顺序扫描关系的方法实现选择操作，这时无须特殊存取路径的支持。但是，对于大的关系，顺序扫描非常费时，这时可要求 DBMS 提供各种存取路径，供数据库设计者选用，以提高选择操作的执行速度。

目前，用得最多的是各种索引，近年来也有些 DBMS 支持动态散列及其变种。散列技术对于散列属性上的等值查询是很有效的，但对于散列属性上的范围查找、整个关系上的顺序查找或非散列属性上的查询，速度都比较慢，而且不能充分利用存储空间，因此，除非特殊情况，一般不采用散列技术。

这样，索引就成为使用最广泛的一种存取路径。从数据访问的观点来看，索引可分为无序索引和排序索引。

无序索引建立在堆文件上，具有相同索引值的元组分散存放在堆文件中，因此，每取一个元组都要访问一个物理块。如果仅查询一个关系中的少量元组，那么这种索引比起顺序扫描要有效得多。但如果要查询一个关系中较多的元组，则可能要访问这个关系的大部分物理块，再加上索引本身的 I/O 操作，很可能还不如顺序扫描有效，换句话说，在这种情况下，不一定要选用无序索引存取路径。

排序索引将具有相同索引值的元组簇集存放，所以，如果按此索引属性查询，簇集存放在同一物理块中的元组可通过一次 I/O 操作取出。如果索引属性是主关键字，则关系按主关键字顺序存放，同一物理块中的元组的主关键字值依次邻接，这非常有利于对主关键字的范围查找，因为每访问一个物理块，可以得到多个所需元组，大大减少了 I/O 次数。当查询语句要求查询结果按主关键字排序时，也可以省去结果的排序操作。

排序和簇集虽然对某些查询有利，但在插入新元组时，因为要移动其他元组以及要相应地修改该关系上的所有索引，就十分费时了。这就是说，关系只能按一个属性排序或簇集，也只对这个属性上的查询有利，对其他属性上的查询没有什么好处，还要额外地增加索引维护的开销。然而，现在大多数 DBMS 都支持多属性索引，这在特定的应用中是非常有效的。

根据以上分析，对于选择操作，可按以下启发式规则选择存取路径。

1）如果是小关系，则直接使用顺序扫描，不考虑其他存取路径。

2）如果无索引或散列等存取路径可用，或估计查询结果中的元组数占整个关系元组数量的较大比例（如 20% 以上），而且在有关属性上无簇集索引，则也使用顺序扫描。

3）对于主关键字等值查找，如果最多只有一个元组中选，则优先采用主关键字上的索引或散列。

4）对于非主属性等值查找，要估计中选的元组数量在关系中所占的比例。若比例较小（如小于 20%），可以使用无序索引，否则，只能用簇集索引或顺序扫描。

5）对于范围查找，可以先通过索引找到范围的边界，再沿索引顺序集搜索。

例如，假定查找条件是 AGE≥20，可先找到 AGE = 20 的顺序集节点，再沿该顺序集向大于

20 的方向搜索。若中选的元组数量较大，且无有关属性的簇集索引可利用，则宜采用顺序扫描。

6）对于用 AND 连接的合取条件，最好使用相应的多属性索引，否则检查合取条件中有无多个可用的二次索引，若有，则用预查找方法处理，即通过二次索引找出满足各合取条件的 tid（元组标识符）集合，再求这些集合的交集，然后取出交集中 tid 所对应的元组，同时用合取条件中的其他条件进行检查，若满足这些条件，即为所选元组。

如果上述方法行不通，但合取条件中有个别条件具有规则"投影的串接""选择的串接""选择和投影的交换"中的存取路径，则可用它们选择满足条件的元组，再对这些元组用合取条件中的其他条件筛选。最坏的情况是，在众多合取条件中没有一个合适的存取路径，则只好使用顺序扫描了。

7）对于用 OR 连接的析取条件表达式，目前尚未找到一个好的优化方法，只能按各个子条件分别选出相应的元组集合，然后计算这些元组集的并。但是，进行并运算的开销是很大的，而且只要析取条件表达式中有一个条件无合适的存取路径，就不得不采用顺序扫描处理这种查询。可见，在查询语句中应尽量避免析取条件表达式。

8）因为采用索引结构能够提高检索速度，所以只要有可能，应优先使用索引查找。

2. 连接操作的实现和优化

连接是一种开销很大的操作，历来是查询优化研究的重点。这里主要讨论二元连接，因为这是最基本、用得最多的连接操作。多元连接也是以二元连接为基础的。

实现连接操作一般有下列 4 种方法。

（1）嵌套循环（Nested Loop）法

假定对具有 n 个元组的关系 R 和具有 m 个元组的关系 S 进行连接操作，即进行 R ⋈ S 操作，其公共属性为 A。

最原始、简单的方法就是取 R 的一个元组，与 S 的所有元组比较，若满足连接条件，就将这两个元组连接起来并作为结果输出；再取 R 的下一个元组，与 S 的所有元组比较，直至 R 的所有元组与 S 的所有元组比较完为止，实现时可用嵌套循环算法，见算法 4.2。

算法 4.2 嵌套循环算法。

```
/* 设R有n个元组,S有m个元组 */
{i←1,j←1
 while (i≤n)
 do{while (j≤m)
    do{if R(i)[A] = S(j)[A]
        then 输出 <R(i),S(j)> 至 T;
        j←j+1}
    j←1,i←i+1;
 }}/* T为R、S连接的结果 */
```

其中，R(i) 表示 R 的第 i 个元组，<R(i)，S(j)> 表示 R 的第 i 个元组和 S 的第 j 个元组因符合连接条件而组成的连接元组。对于 R 的每个元组，S 要顺序扫描一次。

在整个连接过程中，R 只要扫描一次，S 要扫描 n 次。从程序设计的观点来看，R 的扫描相当于程序的外循环，而 S 的扫描相当于程序的内循环，因此 R 称为外关系，S 称为内关系，当然也可以把 S 当作外关系，把 R 当作内关系。以何种方案为主，取决于两者扫描的 I/O 代价，这在后面还要讨论。

事实上，对关系数据的 I/O 操作不是以元组为单位的，而是以物理块为单位从磁盘取到内存。设系统分别为 R、S 各提供一个缓冲块，P_R 为 R 的块因子，即每块中所含的元组数，则 R 每次进行 I/O 操作不是取一个元组，而是 P_R 个元组，即 S 扫描一次可与 R 中的 P_R 个元组比较。因此，S 的扫描次数不应是 R 的元组数 n，而应是 R 的物理块数 $b_R = n/P_R$。由此可以得到一个启发，如果为 R 增加缓冲块，每次可取多块 R，那岂不是可以进一步减少 S 的扫描次数吗？总而言之，如果缓冲区大得足以容纳整个 R，则 S 只要扫描一次就可以与 R 的每个元组进行比较。

设 b_R、b_S 分别为分配给 R 和 S 的物理块数，n_B 为可供连接用的缓冲块数，其中的 $(n_B - 1)$ 块作为外关系的缓冲，一块作为内关系的缓冲，则：

以 R 为外关系，以 S 为内关系，用嵌套循环法进行连接时所需访问的物理块数为

$$b_R + \lceil b_R/(n_B - 1) \rceil \times b_S$$

若以 S 为外关系，以 R 为内关系，则所需访问的物理块数为

$$b_S + \lceil b_S/(n_B - 1) \rceil \times b_R$$

比较上面两式可知，应将物理块少的关系作为外关系。

（2）利用索引或散列寻找匹配元组法

在嵌套循环法中，通过内关系多次顺序扫描寻找匹配元组。

如果内关系有合适的存取路径，如索引或散列，则可以考虑使用这些存取路径取代顺序扫描，以减少 I/O 次数，尤其当连接属性上有簇集索引或散列时，最为有利。

如果连接属性中只有无序索引，在一般情况下要比嵌套循环法好，但不如簇集索引和散列那样效果显著。尤其当可供连接用的缓冲块增多时，内关系的扫描次数将减少，每次循环从内关系所选的匹配元组数将增大，当每次循环所选的匹配元组数在内关系中占较大比例（如20%）时，用无序索引还不如顺序扫描。

（3）排序归并法

如果 R、S 按连接属性排序，则可以按序比较 R.A 和 S.A，找出所有匹配的元组。在此法中，R 和 S 都只需扫描一次。

图 4.10 是排序归并法的示意图，图中假定 A 属性的域为正整数，在比较时首先检查 R.A、S.A 中的小者，如 S.A 中的1，看看有无匹配对象。若有，就组合成连接元组；如果没有，就跳过它。如果 A 不是主关键字，则 R.A 和 S.A 中可能有相同的属性值，例如图 4.10 中的3。按照连接运算的要求，R.A = 3 的一个元组必须与 S.A = 3 的所有元组匹配。

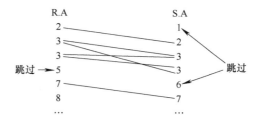

图 4.10　排序归并法的示意图

R 按属性 A 排序/＊设 R 有 n 个元组＊/
S 按属性 A 排序/＊设 S 有 m 个元组＊/

排序归并算法见算法4.3。

算法 4.3　排序归并算法。

```
 |i←1,j←1;
  while(i≤n) and (j≤m)
  do|if R(i)[A] > S(j)[A]
          then j←j +1;
      else if R(i)[A] < S(j)[A]
          then i←i +1;
      else|/ * R(i)[A] = S(j)[A],输出连接元组 * /
          输出 <(R(i),S(j) > 至 T;
       / * 输出 R(i)与 S 中除 S(j)外的其他元组所组成的连接元组 * /
          p←j +1
       while(p≤m) and (R(i)[A] = S(p)[A])
              do|输出 <R(i),S(p) > 至 T;
                 p←p +1; |
       / * 输出 S(j)与 R 中除 R(i)外的其他元组所组成的连接元组 * /
          k←i +1;
          while (k≤n) and (R(k)[A] = S(j)[A])
              do|输出 <R(k),S(j) > 至 T;
                  k←k +1; |
              i←i +1,j←j +1;|
      | |
```

如果 R、S 已经事先排序，则排序归并法是很有效的；如果 R、S 没有事先排序，则在做连接操作前必须事先进行排序。由于排序是开销很大的操作，在此情况下是否值得采用排序归并法，需要权衡利弊。

（4）散列连接（Hash Join）法

当连接属性 R.A 和 S.A 具有相同的域时，可以用 A 作为 R、S 的散列键，并用相同的散列函数把 R 和 S 散列到同一散列文件中。符合连接条件的 R 和 S 的元组必然位于同一桶中，但同一桶中的 R 和 S 的元组未必都满足连接条件。因为如果 R.A = S.A，则 h(R.A)必等于h(S.A)；反之，若h(R.A) = h(S.A)，R.A 未必等于 S.A。只要把桶中所有匹配的元组取出，就可以获得连接的结果。由于桶中的元组一般不会很多，在匹配时可用嵌套循环法。

散列连接法的关键是要建立一个供连接用的散列文件。在建立这种散列文件时，R、S 虽然只扫描一次，但散列时需要较多的 I/O 操作。在建立散列文件时，R、S 一般不会对连接属性簇集，一个桶的元组不可能集中地写入，而是按其在 R、S 中出现的次序逐个填入。每填入一个元组到桶中，均需一次 I/O。尽管如此，如果这种连接操作经常要做，还是值得建立散列文件的。建立散列文件时，也可以在桶中不填入 R、S 的实际元组，而代之以它们的元组标识 tid。这样可大大缩小散列文件，有可能在内存中建立，而所付的 I/O 代价仅仅是 R、S 各扫描一次，在扫描 R、S 时，可取出$\prod_A(R)$和$\prod_A(S)$附在相应的 tid 后。在连接时，以桶为单位，按$\prod_A(R) = \prod_A(S)$条件找出匹配的 tid 对，如果一个桶中只有 R 或 S 的元组，就不必进行匹配。在得到匹配的 tid 对后，可按 tid 对中的 tid 取出元组进行连接。为减少 I/O 次数，使每个物理块在连接时至多被访问一次，可以将各桶中匹配的内容按块分类，一次集中取出同一块中所需的所有元组。但是，这需要较多的内存开销。

下面是选用连接方法的启发式规则。

1）如果两个关系都已按连接属性排序，则优先用排序归并法。如果两个关系中已有一个关系按连接属性排序，另一个关系很小，方可考虑对此未排序的关系按连接属性排序，再用排序归并法连接。

2）如果两个关系中有一个关系在连接属性上有索引，特别是簇集索引或散列，则可令另一关系为外关系，顺序扫描，并利用内关系上的索引或散列寻找其匹配元组，以代替多遍扫描。

3）如果应用上述两规则的条件都不具备，且两个关系都比较小，可以用嵌套循环法。

4）如果1）、2）、3）规则都不适用，可用散列连接法。

以上启发式规则，仅在一般情况下可以选取合理的连接方法，若要获得好的优化效果，必须进行代价比较。

3. 投影操作的实现

投影操作一般与选择、连接等操作同时进行，不需要附加的 I/O 开销。如果在投影的属性集合中没有主关键字，则投影结果中可能出现重复元组。消除重复元组是比较费时的操作，一般要将投影结果按其属性排序，使重复元组连续存放，以便发现和消除。散列也是消除重复元组的一种可行方法。将投影结果按某一属性或多个属性散列成一个文件，当一个元组被散列到一个桶中时，可以检查是否与桶中的已有元组重复。如果重复，则将它舍弃。如果投影结果不太大，则这种散列可在内存中进行，省去散列的 I/O 开销。

算法 4.4 用排序法消除重复元组的投影算法。

```
{对关系 R 的每个元组 t,生成 t[(投影属性集)],并存于 T'中
/ * T'是未消除重复元组的投影结果,有 n 个元组 * /
if(投影属性集)含有 R 的主关键字
        then T←T';
        else{T'按所有属性排序;
            i←1,j←2;
            while i≤n
            do{输出元组 T'(i)至 T;
                while T(i) = T'(j)do j←j +1,
                / * 消除重复元组 * /
                i←j,j←i +1;}
                }
/ * T 中为消除重复元组后的投影结果 * /
```

4. 集合操作的实现

在数据库系统中，常用的集合操作有并、交、差等几种。如果将两个关系的元组无条件地互相拼接，一般用嵌套循环法实现，很费时，并且结果要比参与运算的关系大得多，因此应尽量不用。

并、交、差 3 种操作要求参与操作的关系相容，设有关系 R、S 并兼容，在计算 R∪S、R∩S、R−S 时，可先将 R、S 按同一属性（一般选用主关键字）排序，然后扫描两个关系，选出所需的元组。算法 4.5、算法 4.6 和算法 4.7 分别是并、交、差 3 种操作的算法。

算法 4.5 并操作算法。

```
{将 R、S 按主关键字升序排序;
 i←1,j←1;
 while (i≤n) and (j≤m)
 do{(if R(i) >S(j)
```

```
        /* 指 R(i)的关键字大于 S(j)的关键字,下同 */
            then{输出 S(i)至 T;
                j←j+1;   }
            else if R(i)<S(j)
                then{输出 R(i)至 T;
                    i←i+1;  }
            else j←j+1;/* 跳过一个重复元组 */  }
    if(i≤n)then 把 R(i)至 R(n)的元组输出至 T;
    if(j≤m)then 把 S(j)至 S(m)的元组输出至 T;
            /* T 中的结果为 R∪S */}
```

算法 4.6　交操作算法。

```
{ 将按 R、S 主关键字升序排序;
 i←1,j←1;
 while (i≤n) and (j≤m)
 do{if R(i)>S(j)
    /* 指 R(i)的主关键字大于 S(j)的主关键字,下同 */
    then j←j+1;
    else if R(i)<S(j)
        then i←i+1
    else{ 输出 R(i)至 T;  /* R(i)=S(j),输出一元组 */
        i←i+1,j←j+1;
    }
    /* T 中结果为 R∩S */}
```

算法 4.7　差操作算法。

```
{ 将按 R、S 主关键字升序排序;
 i←1,j←1;
 while(i≤n) and (j≤m)
 do{ if R(i)>S(j)
    /* 指 R(i)的主关键字大于 S(j)的主关键字,下同 */
    then j←j+1;
    else if R(i)<S(j)
        then{输出 R(i)至 T;
            i←i+1;  }
    else i←i+1,j←j+1;
 if(i≤n)then 将 R(i)至 R(n)的元组输出至 T;
        /* T 中的结果为 R-S */}
```

上述 3 种操作的关键是发现 R、S 的共同元组,排序是一种可行的方法,散列是另一种可行的方法,即将 R 先按主关键字散列到一散列文件中,再将 S 也按主关键字和同一散列函数散列到同一散列文件中。每散列一个 S 的元组到一桶中,可检查桶中有无与之重复的元组。对于并操作,不再插入重复的元组;对于交操作,选取重复的元组;对于差操作,从桶中取消与 S 重复的元组。

5. 组合操作

一个查询中往往包含多个操作,如果各个操作孤立地执行,势必要为每个操作创建一个存放中间结果的临时文件，作为下一操作的输入。这在时间和空间上都不经济。因此，在处理查询时，应尽可能把其中的操作组合起来同时进行。

例如，投影与选择操作可以组合起来执行，当然，投影后的消除重复元组操作必须单独进行。实际上还可以在更大的范围内把多个操作组合起来执行，图 4.11 是一个例子。

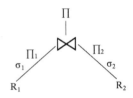

图 4.11　组合操作的例子

R_1、R_2 经选择、投影后，不会再有索引等存取路径。设连接用嵌套循环法执行，R_1 为外关系，R_2 为内关系。R_1 的选择、投影操作可在 R_1 扫描时执行，R_2 的选择、投影操作可在 R_2 扫描时执行。但 R_2 要扫描多次，每次扫描都要重复执行选择、投影一次，多花了一些 CPU 时间。若要避免这种重复操作，可在 R_2 首次扫描后，将选择、投影的结果存入临时文件，以后只扫描临时文件。由于选择、投影后的结果要比 R_2 小，这样做不但可以节省 CPU 时间，也可以减少 I/O 开销，唯一不足的是需要建立一个临时文件。最后一个投影操作可以与生成连接结果的操作同时进行。

如果 R_1、R_2 已按连接属性排序，可用排序归并法连接，选择、投影操作仍可在 R_1、R_2 扫描时同时进行。按组合操作执行，不必创建多个临时文件，因而省去了许多 I/O 操作。

第 5 章　关系数据库的结构化查询语言

目前大部分的 MIS/ERP 系统都建立在关系数据库基础上，用户可对数据库中的数据进行读写操作。用户主要通过结构化查询语言（Structured Query Language，SQL）对数据库进行各种各样的操作，例如查询、增加、删除、修改数据，定义和修改数据模式等。

SQL 是一个通用的功能极强的关系数据库标准语言，目前，SQL 已经被确定为关系数据库系统的国际标准，已被绝大多数商品化的关系数据库系统采用。

5.1　SQL 概述

1. SQL 的发展历程

在 20 世纪 70 年代，IBM 公司研制了一个关系 DBMS 原型系统 System R，并采用一种非过程关系数据库语言（Structured English Query Language，SEQUEL）在 System R 上实现。1981 年，在 System R 的基础上，IBM 公司推出商品化的关系 DBMS SQL/DS，并用 SQL 取代 SEQUEL。自此以后，SQL 广泛地用于 IBM 的 DB2、Oracle、Sybase、Microsoft SQL Server 等。SQL 之所以取得成功，除了商业上的原因外，还由于语言本身具有功能丰富、使用方便灵活、语言简洁易学等突出的优点。

1982 年开始，美国国家标准局（ANSI）着手 SQL 的标准化工作。1986 年 10 月，经美国国家标准局（ANSI）的数据库委员会批准了 SQL 作为关系数据库语言的美国标准，同年公布了第一个 SQL 标准。1987 年 6 月，国际标准化组织（ISO）将其采纳为国际标准，这个标准被称为"SQL86"。之后，SQL 标准化工作不断地进行着，相继出现了"SQL89""SQL2（SQL92）""SQL3"（1999）。SQL3 扩充了 SQL2，具有 SQL2 所没有的新特点，引入了递归、触发器和对象等概念和机制。

SQL 已成为关系数据库领域中的一个主流语言，对关系数据库技术的发展和推广应用产生了非常深远的影响。

首先，各个数据库产品厂家纷纷推出了自己的支持 SQL 的软件或与 SQL 接口的软件。而且发展趋势是：各种计算机（不管是微机、小型机或是大型机）上的数据库系统，都采用 SQL 作为共同的数据存取语言和标准接口。

其次，SQL 在数据库以外的其他领域也受到了重视。不少软件产品将 SQL 的数据检索功能与面向对象技术、图形技术、软件工程工具、软件开发工具、人工智能语言等相结合，开发出功能更强的软件产品。

2. SQL 数据库的体系结构

SQL 数据库的体系结构基本上也是三级模式结构，如图 5.1 所示。

由 SQL 数据库的体系结构可以看出，在 SQL 中，视图对应于关系模型的外模式，基本表对应于关系模型的模式，存储文件对应于关系模型的内模式。下面对基本表、视图、存储文件等 SQL 数据库中的基本概念进行简单的介绍。

1）基本表（Base Table）。又称数据表，是数据库中实际存在的关系。

2）视图。SQL 用视图（View）概念支持非标准的外模式概念。视图是从一个或几个基本表导出的表，虽然它也是关系形式，但它本身不实际存储在数据库中，只存放对视图的定义信息，没有对应的数据。因此，视图是一个虚表（Virtual Table）或虚关系，而基本表是一种实关系（Practical Relation）。

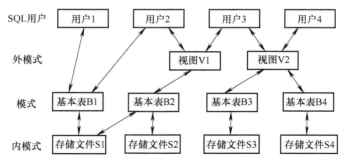

图 5.1　SQL 数据库的体系结构

3）存储文件。每个基本表对应一个存储文件，一个基本表还可以带一个或几个索引，存储文件和索引一起构成了关系数据库的内模式。

SQL 数据库的体系结构具有如下特征。

1）一个 SQL 模式是表和约束的集合。

2）一个表（Table）是行的集合。每行是列的序列，每列对应一个数据项。

3）一个表可以是一个基本表，也可以是一个视图。基本表是实际存储在数据库中的表，视图是从基本表或其他视图中导出的表。视图是一个虚表，它存储在数据库中的只是其定义，而不存放视图的数据，视图中的数据仍存放在导出该视图的基本表中。

4）一个基本表可以跨一个或多个存储文件，一个存储文件也可存储一个或多个基本表。

5）用户可以用 SQL 语句对视图和基本表进行查询等操作。

6）SQL 用户可以是应用程序，也可以是终端用户。

3. SQL 的组成

SQL 从功能上可以分为数据定义、数据操纵、数据查询和数据控制 4 个部分。

1）数据定义语言（Data Definition Language，DDL）：用于定义 SQL 模式、基本表、视图和索引。

2）数据操纵语言（Data Manipulation Language，DML）：用于数据的增加、删除、修改。

3）数据查询语言（Data Query Language，DQL）：用于数据查询。

4）数据控制语言（Data Control Language，DCL）：用于数据访问权限的控制。

5.2　SQL 的数据定义语言

5.2.1　数据类型

所有的关系属性都用一个数据类型加以描述，定义基本表时必须明确说明每个属性的数据类型。SQL 提供的基本数据类型有定长或变长字符串型、定长或变长位串型、整数型、浮点数型、日期型和时间型等，见表 5.1。

表 5.1　数据类型

数据类型	说明符	备　　注
定长字符串型	CHAR（n）	按固定长度 n 存储字符串，如果实际字符串长度小于 n，后面填空格符；如果实际字符串长大于 n，则报错
变长字符串型	VARCHAR（n）	按实际字符串长度存储，但字符串长度不得超过 n，否则报错
整数型	INT	常见的长整数，字长 32 位
短整数型	SMALLINT	字长 16 位
十进制数型	DECIMAL（n, d）	n 为十进制数总位数（不包括小数点），d 为小数据点后的十进制位数
浮点数型	FLOAT	一般指双精度浮点数，即字长 64 位
定长位串型	BIT（n）	二进制位串，长度为 n，n 的默认值为 1
变长位串型	BITVARING（n）	按实际二进制位串存储，但最长不得超过 n 位，否则报错
日期型	DATE	格式为 "yyyymmdd"，yyyy 表示年份，范围为 0001～9999；mm 表示月份，范围为 1～12；dd 表示日，范围为 1～31
时间型	TIME	格式为 "hhmmss"，hh 表示小时，范围为 0～24；mm 为分钟，ss 表示秒，范围都是 0～59
时标型	TIMESTAMP	格式为 "yyyymmddhhmmssnnnnnn"，其中 "nnnnnn" 表示微秒，范围为 0～999999，其他符号的意义同上

5.2.2　数据库模式的定义

创建一个新数据库及存储该数据库的文件，或从先前创建的数据库的文件中附加下列语法。

```
CREATE DATABASE database_name
[ ON
  ( NAME = logical_file_name,
    FILENAME = 'os_file_name'
    [, SIZE = size ]
    [, MAXSIZE = { max_size | UNLIMITED } ]
    [, FILEGROWTH = growth_increment ])]
[ LOG ON
  ( NAME = file_name,
    FILENAME = 'os_file_name'
    [, SIZE = size ]
    [, MAXSIZE = { max_size | UNLIMITED } ]
    [, FILEGROWTH = growth_increment ])]
```

其中，参数介绍如下。

database_name：新数据库的名称。数据库名称在服务器中必须唯一，并且符合标识符的规则。database_name 最多可以包含 128 个字符，除非没有为日志指定逻辑名。如果没有指定日志文件的逻辑名，则 Microsoft ® SQL Serverr™ 会通过向 database_name 追加后缀来生成逻辑名。

ON：指定显式定义用来存储数据库数据部分的磁盘文件，即数据文件。

LOG ON：指定显式定义用来存储数据库日志的磁盘文件，即日志文件。

logical_file_name：用来在创建数据库后执行的 Transact-SQL 语句中引用文件的名称。logical_file_name 在数据库中必须唯一，并且符合标识符的规则。

FILENAME：为 ＜filespec＞ 定义的文件指定操作系统文件名。

'os_file_name'：os_file_name 中的路径必须指定 SQL Server 实例上的目录。

SIZE：指定 ＜filespec＞ 中定义的文件的大小。如果次要文件或日志文件中没有指定 SIZE 参数，则 SQL Server 将使文件大小为 1MB。

size：＜filespec＞中定义的文件的初始大小。

MAXSIZE：指定＜filespec＞中定义的文件可以增长到的最大大小。

max_size：＜filespec＞中定义的文件可以增长到的最大大小值。

UNLIMITED：指定＜filespec＞中定义的文件将增长到磁盘变满为止。

FILEGROWTH：指定＜filespec＞中定义的文件的增长增量。文件的 FILEGROWTH 设置不能超过 MAXSIZE 设置。

growth_increment：每次需要新的空间时为文件添加的空间大小。指定一个整数，不要包含小数位。0 值表示不增长。该值可以 MB、KB、GB、TB 或百分比（%）为单位指定。如果未在数量后面指定单位，则默认值为 MB。

事例：

```
CREATE DATABASE studb ON
   (NAME = 'studb_dat',
    FILENAME = 'd:\studb.mdf',
    SIZE = 4,
    MAXSIZE = 10,
    FILEGROWTH = 1)
LOG ON
   (NAME = 'studb_log',
    FILENAME = 'd:\studb_log.LDF',
    SIZE = 1,
    FILEGROWTH = 10 %);
```

5.2.3　基本表、主关键字、外部关键字的定义

1. 定义基本表

定义基本表的语句格式为

```
CREATE TABLE <表名> (<属性名 1> <类型 1> [NOT NULL] [UNIQUE]
        [, <属性名 2> <类型 2] [NOT NULL] [UNIQUE] ]…) [其他参数];
```

其中，带有任选项 "NOT NULL" 的属性的值不允许为空值，而任选项 "UNIQUE" 表示该属性上的值不得重复；"其他参数" 是与物理存储有关的参数，因具体系统而异。

例 5.1　学生成绩数据库含有以下 3 个表。

学生关系：S（SNO, SNAME, SEX, AGE, DNAME）

课程关系：C（CNO, CNAME, CREDIT, PRE_CNO）

选课关系：SC（SNO, CNO, SCORE）

可用下列 SQL 语句来实现上面的 3 个表：

```
CREATE TABLE S
        ( SNO CHAR(6) PRIMARY KEY,
          SNAME CHAR(8) NOT NULL,
          AGE SMALLINT,
```

```
                SEX CHAR(1),
                DNAME VARCHAR(12));
CREATE TABLE C
        ( CNO CHAR(2) NOT NULL,
          CNAME VARCHAR(24) NOT NULL,
          CREDIT SMALLINT,
          PRE_CNO CHAR(2),
          PRIMARY KEY(CNO));
CREATE TABLE SC
        ( SNO CHAR(6) NOT NULL,
          CNO CHAR(2) NOT NULL,
          SCORE SMALLINT,
          PRIMARY KEY(SNO,CNO),
          FOREIGN KEY(SNO)
            REFERENCES S(SNO) ON DELETE CASCADE,
          FOREIGN KEY(CNO)
            REFERENCES C(CNO) ON DELETE RESTRICT);
```

该语句执行后，就在数据库中建立 3 个新的空表 S、C、SC，并将关于该表的定义信息存放在数据字典中。

注意 SQL 中空值的概念。空值是一种不知道或不能引用的值，既不是空字符串，也不是数值零。任何属性都可以有空值，除非像例 5.1 中的 SNO 和 SNAME 那样，被说明为 NOT NULL。

2. 定义主关键字

关键字是关系数据库中最为重要的约束。在 CREATE TABLE 中声明一个主关键字的方法有两种：一是使用保留字 PRIMARY KEY，另一种是使用保留字 UNIQUE。

在一个表中只有一个 PRIMARY KEY，但可能有几个 UNIQUE。

一个关系的主关键字由一个或几个属性构成，在 CREATE TABLE 中声明主关键字的方法是：

1）在列出关系模式的属性时，在属性及其类型后加上保留字 PRIMARY KEY，表示该属性是主关键字。

2）在列出关系模式的所有属性后，再附加一个声明：

```
PRIMARY KEY( <属性 1 > [, <属性 2 > …])
```

如果关键字由多个属性构成，则必须使用第二种方法。

例 5.2　把例 5.1 中的课程关系用第二种方法来创建。

如果使用保留字 UNIQUE 来说明关键字，则它可以出现在 PRIMARY KEY 出现的任何地方，不同的是，它可以在同一个关系模式中出现多次。例如，在不出现同名同姓的情况下也可以将上面的定义改写为：

```
CREATE TABLE S
    ( SNO CHAR(6) UNIQUE,
      SNAME CHAR(8) UNIQUE,
      AGE SMALLINT,
      SEX CHAR(1),
      DNAME VARCHAR(12));
```

3. 定义外部关键字

参照完整性是关系模式的另一种重要约束。根据参照完整性的概念，当主关系/主表的某个或某几个属性被说明为外部关键字的时候，要引用被参照关系的某个或某几个属性。这意味着：

1）被参照属性必须是该关系的主关键字。

2）对于主关系中外部关键字的任何值，也必须出现在被参照关系的相应属性上，即参照完整性约束把这两个属性或属性集联系起来了。

在 SQL 中，有两种方法用于说明一个外部关键字。

第一种方法：如果外部关键字只有一个属性，可以在它的属性名和类型后面直接用"REFERENCES"说明它参照了某个表的某些属性（必须是主关键字），其格式为

```
REFERENCES <表名>(<属性>)
```

第二种方法：在 CREATE TABLE 语句的属性列表后面增加一个或几个外部关键字进行说明，其格式为

```
FOREIGN KEY <属性> REFERENCES <表名>(<属性>)
```

其中，第一个"属性"是外部关键字，第二个"属性"是被参照的属性。

例如，例 5.1 中的选课关系 SC 就是采用后一种方法创建的。

定义基本表的语句格式如图 5.2 所示。

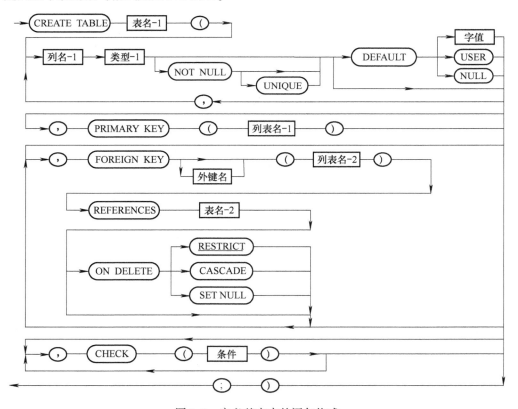

图 5.2　定义基本表的语句格式

图 5.2 中，椭圆形框中的内容是关键字，方框中的内容是非终结符，圆圈中的内容是终结符。

对于表的每一个列，除了说明列名和类型外，还有两个选项：

（1） NOT NULL

NOT NULL 是可选项。加上此选项后，则此列不得设置为 NULL，在 NOT NULL 后可加UNIQUE选项，表示该列值不得重复。

（2） DEFAULT

加上 DEFAULT 选项后，当此列的值空缺时，填以默认值。默认值有 3 种。

1） 一种是事先定义的字值，例如，类型为数值的列置为 0 等。

2） 另一种是用户标识符，这在某些应用中很有用处，例如，银行储蓄时常常在其账目上加本储蓄所名，有了这种默认值后，可以在输入时避免多次重复输入本储蓄所名，而由系统按默认规则自动填补。

3） 最后一种是置为 NULL。当然在此情况下，前面不能再加 NOT NULL 任选项。

在定义基本表时，可以定义一个主键和多个外键，这也是任选项。在定义外键时，要用关键字 REFERENCES 定义外键来自的表名，即主表名；还可以加引用完整性任选项 ON DELETE，即当主表中被引用的主键删除时，为了不破坏引用完整性约束，提供了 3 种可能的处理办法。

1） 用 RESTRICT 选项，凡是被基本表所引用的主健，不得删除。

2） 用 CASCADE 选项，如果主表中删除了某一主键，则加此选项的基本表中引用此主键的行也随之被删除。

3） 用 SET NULL 选项，当然，该列应无 NOT NULL 说明。

其中，RESTRICT 为其默认选项。

在基本表定义中，还加了一个可选的 CHECK 子句。利用此子句，可以说明各列的值应满足的限制条件，如年龄不得为负数、工龄不得大于年龄等。

5.2.4　基本表的修改和删除

在基本表建立后，可以根据实际需要对基本表的结构进行修改，即增加新的属性和删除原有的属性。

1. 增加新的属性

增加新的属性的语句为

```
ALTER TABLE [<表的创建者名.>] <表名>
         ADD <属性名> <类型>;
```

例 5.3　在表 S 中增加属性 "BIRTHDATE" "HOSTADDR" 和 "COMMADDR"。

```
ALTER TABLE S ADD BIRTFIDATE DATE;
ALTER TABLE S ADD HOSTADDR VARCHAR(32);
ALTER TABLE S ADD COMMADDR VARCHAR(32);
```

2. 删除原有属性

删除原有属性的语句为

```
ALTER TABLE <表名>  DROP  <属性名> [CASCADE|RESTRICT];
```

此外，CASCADE 方式表示在基本表中删除某属性时，所有引用到该属性的视图和约束也要一起自动删除。而 RESTRICT 方式表示在没有视图或约束引用属性时，才能在基本表中删除该属性，否则拒绝删除操作。

注意，若一个属性被说明为 NOT NULL，则不允许修改或删除。

例 5.4 在表 S 中删除 "AGE"。

```
ALTER TABLE S DROP AGE;
```

3. 基本表的删除

在 SQL 中删除一个无用表的操作是非常简单的，其语句格式为

```
DROP TABLE <表名>;
```

执行该语句后，将把一个基本表的定义信息连同表中的所有记录、该表的所有索引以及根据该表导出的所有视图一并删除，并释放相应的存储空间。

4. 补充定义主键

SQL 并不要求每个表都定义主键，在需要时可以通过补充定义主键命令来定义主键。

```
ALTER TABLE <表名> ADD PRIMARY KEY( <属性名表>);
```

5. 撤销主键定义

如果定义了主键，系统一般在主键自动建立索引，并在插入新行时进行主键唯一性检查。这在插入大批数据行时会严重地影响系统的性能，可以利用下列的主键撤销命令来暂时撤销主键定义。

```
ALTER TABLE <表名> DROP PRIMARY KEY;
```

6. 补充定义外键

补充定义外键的语句格式为

```
ALTER TABLE <表名>
    ADD  FOREIGN KEY( <属性>) REFERENCES  <表名>( <属性>)
    [ON DELETE { RESTRICT | CASCADE | SET NULL}];
```

7. 撤销外键定义

撤销外键定义的语句格式为

```
ALTER TABLE <表名> DROP FOREIGN KEY <外键名>
```

5.2.5 索引的建立和删除

在关系数据库中，为了提高检索数据库基本表的效率和速度，往往采用索引技术。借助于索引结构，可以迅速查找到某个属性 A 中具有指定值的那些元组。对于一个基本表，可以按需要建立若干个索引，以便提供多种存取路径。

例如，在表 S 中可以根据 SNO、SNAME 等单个属性分别建立相应的索引，还可以把 SNAME、SEX、AGE 等属性组合起来建立组合索引。索引的建立和删除必须是 DBA 或表的主人，而存取路径的选择则由系统自动进行。

建立索引的语句格式为

```
CREATE[UNIQUE] INDEX <索引名>
  ON 基本表名( <属性名 1> [ASC |DESC] [, <属性名 2> [ ASC |DESC]…]);
```

其中，ASC 表示升序，DESC 表示降序，默认值为 ASC；任选项 "UNIQUE" 表示若表中有多个记录的索引关键字的值相同，则只有排在最前面的那个关键字值进入索引，这时，每一个索引项只对应唯一的数据记录。若省略任选项 "UNIQUE"，则所有记录的索引关键字值全部进入索引文件。

例如，对表 S 建立以下索引：

```
CREATE UNIQUE INDEX SNO_INDEX ON S(SNO);
CREATE UNIQUE INDEX SNAME_ADDR_INDEX
              ON S(SNAME ASC,HOSTADDR DESC);
```

当需要删除一个索引的时候，可使用下面的语句：

```
DROP INDEX <索引名>;
```

执行该语句后，在删除索引的同时，也把有关索引的描述信息从数据字典中删除了。

5.3 SQL 数据更新

为了更新数据库中的数据，SQL 提供了增（INSERT）、删（DELETE）、改（UPDATE）语句来完成数据库中元组的插入、删除和修改。

5.3.1 元组插入

INSERT 语句的格式如图 5.3 所示。

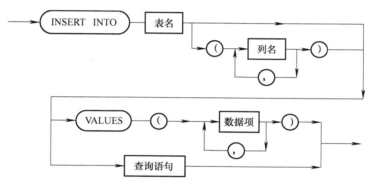

图 5.3　INSERT 语句的格式

也可用元组插入的 SQL 语句格式表示：

```
INSERT INTO <表名> [(<属性名1> [,<属性名2>,…])]
VALUES(<常量1> [,<常量2>,…]);
```

或者

```
INSERINTO <表名> [(<属性名1> [,<属性名2>,…])]
    <子查询>;
```

其中，用 SQL 语句表示的第一种格式用于把一个新记录插入指定的表中，第二种格式用于把子查询的结果插入指定的表中。但要注意：

1）在第一种格式中，VALUES 子句中列出的常量的次序要与列出的属性名的次序相一致。

2）若表中的某些属性在插入语句中没有出现，则这些属性取默认值，最常见的是空值NULL。但是，对于在表的定义中说明为 NOT NULL 的属性，则不能取 NULL 值。

3）若插入语句中没有列出属性名，则新记录必须在每个分量上均有值，且这些值的排列次序应与关系中属性的本来次序严格一致。

例 5.5　往关系 S 中插入记录（'S10'，'李四'）。

```
INSERT INTO S(SNO,SNAME) VALUES('S10','李四');
```

例5.6 往关系 SC 中插入选课记录（'S10'，'C4'，80）。

```
INSERT INTO SC(SNO,CNO,SCORE) VALUES('S10','C4',80);
```

元组插入可能破坏数据的完整性。例如在例 5.6 中，若 S10 在表 S 中不存在，或者 C4 在表 C 中不存在，则破坏了参照完整性，从而要求关系模型系统能够自动地检查出这种破坏数据完整性的操作，并拒绝执行。

例 5.5 和例 5.6 是两个简单插入的例子，它们一次插入一个元组。

但也可以通过子查询一次插入多个元组，这时，子查询代替了 INSERT 语句中的 VALUES 子句。这种插入方式称为带子查询的插入，见例 5.7。

例5.7 把到目前为止还没有选修课程的学生的学号插入关系 SC 中。

```
INSERT INTO SC(SNO)
SELECT SNO
FROM S
WHERE SNO NOT IN
        ( SELECT DISTINCT SNO
          FROM SC);
```

5.3.2 元组删除

DELETE 语句的格式如图 5.4 所示。

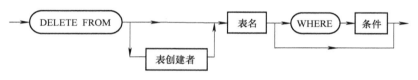

图 5.4　DELETE 语句的格式

也可用删除元组的 SQL 语句格式表示：

```
DELETE
FROM <表名>
[WHERE <条件>];
```

执行该语句的结果是，从指定表中删除满足条件的那些元组。如果没有 WHERE 子句，则删除表的所有元组，但表仍作为一个空表存在。

```
DELETE
FROM S
WHERE SNO = 'S9';
```

元组删除操作也可能破坏数据完整性。如本例中，若把学生 S9 删除了，但成绩表 SC 中还存在该学生的选课信息，这就破坏了参照完整性。

WHERE 子句后面的条件还可以由子查询产生，从而批量删除记录。

例5.8 删除计算机系全体学生的选课记录。

```
DELETE
FROM SC
```

```
WHERE '计算机' =
        ( SELECT DNAME
          FROM S
          WHERE S.SNO = SC.SNO);
```

该删除语句首先执行子查询，在表 S 中找出计算机系的学生，然后在表 SC 中执行删除操作。

5.3.3　元组修改

UPDATE 语句的格式如图 5.5 所示。

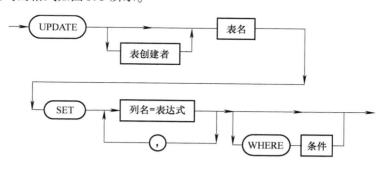

图 5.5　UPDATE 语句的格式

SQL 中的数据修改（UPDATE）能够改变数据库中一个或多个元组的分量的值。其 SQL 语句格式为

```
UPDATE <表名>
SET <属性1> = <表达式1>[,<属性2> = <表达式2>,…]
[WHERE <条件>];
```

该语句首先找出指定表中满足条件的那些元组，然后按 SET 子句中的表达式修改相应的元组分量。

例 5.9　把所有学生的年龄加 1。

```
UPDATE S
SET AGE = AGE +1;
```

例 5.10　将计算机系所有学生的成绩置零。

```
UPDATE SC
SET SCORE = 0
WHERE '计算机' =
            ( SELECT DNAME
              FROM S
              WHERE SC.SNO = S.SNO);
```

如果修改操作涉及多个表，则可能破坏参照完整性。

例 5.11　把学号 S9 改为 S2。

```
UPDATE S
SET SNO = 'S2'
```

```
WHERE SNO = 'S9';
UPDATE SC
SET SNO = 'S2'
WHERE SNO = 'S9';
```

在执行了第一个修改操作后，数据库已处于不一致状态，因为 S 表中原来为 S2 的那个学生的学号，现在与表 SC 不一致了，从而破坏了关系模型的参照完整性。只有当执行了第二个修改语句后，数据库才重新处于一致状态。

为了解决这个问题，唯一的办法是保证这些修改操作作为一个整体，或者全部完成，或者全部不执行。许多数据库引入事务（Transaction）概念来解决这个问题。

5.4 SQL 数据查询

5.4.1 SQL 查询语句格式

SQL 查询语句的基本部分是一个 SELECT-FROM-WHERE 查询块：

```
SELECT <属性列表>
FROM <基本表>（或视图）
[WHERE <条件表达式>];
```

根据 WHERE 子句中的条件表达式，从基本表中找出满足条件的元组，并按 SELECT 子句中指出的属性选出元组中的分量，形成结果表。实际上，SELECT 子句所完成的功能类似于关系代数中的投影运算，而 WHERE 子句的功能类似于关系代数中的选择运算。

下面回顾一下在第 4 章中已介绍过的关系代数中最常用的一个表达式：

$$\prod_{A_1,\cdots,A_n}(\sigma_F(R_1 \times \cdots \times R_m))$$

这里的 $R_1,\cdots,R_m$ 为关系；F 是公式，$A_1,\cdots,A_n$ 为属性。

针对上述表达式，SQL 为此设计了 SELECT-FROM-WHERE 句型：

```
SELECT  A_1,\cdots,A_n
FROM  R_1,\cdots,R_m
WHERE  F
```

可见 SELECT-FROM-WHERE 这个句型是从关系代数表达式演变而来的，但 WHERE 子句中的条件表达式 F 要比关系代数中的公式更加灵活。

在 WHERE 子句的条件表达式 F 中可使用下列运算符。

1）算术比较运算符：<、<=、>、>=、=、<>或！=。

2）逻辑运算符：AND、OR、NOT。

3）集合运算符：IN、NOT IN。

4）谓词：EXISTS（存在量词）、ALL、SOME、UNIQUE。

5）聚合函数：AVG、MIN、MAX、SUM、COUNT。

6）F 中的运算对象还可以是另一个 SELECT 语句，即 SELECT 语句可以嵌套。

SQL 中的 SELECT 语句的格式为

```
SELECT [DISTINCT] <属性列表>
FROM <基本表>（或视图）
```

```
[ WHERE <条件表达式>];
[ GROUP BY <分组属性列表> [HAVING <组合条件表达式>]]
[ ORDER BY 排序属性列 1 [ASC |DESC],…]
```

SELECT 语句包括 SELECT 子句、FROM 子句两个基本子句，还包括 WHERE 子句、GROUP BY 子句（分组子句）、HAVING 子句（组条件子句）、ORDER BY 子句（排序子句）等可选子句。

整个 SELECT 语句的执行过程如下：

1）读取 FROM 子句中基本表、视图的数据，执行笛卡儿积操作。

2）选取满足 WHERE 子句中给出的条件表达式的元组。

3）按 GROUP BY 子句中指定的属性列的值分组，同时提取满足 HAVING 子句中组合条件表达式的那些元组。

4）按 SELECT 子句中给出的属性列或列表达式求值输出。

5）ORDER BY 子句对输出的结果进行排序，按 ASC 升序排列或按 DESC 降序排列。

5.4.2 简单查询

最简单的 SQL 查询只涉及一个关系，类似于关系代数中的选择运算。

例如，关系代数中的选择运算 $\sigma_{DNAME = '计算机'}(S)$ 的 SQL 查询语句，见例 5.12。

例 5.12 在表 S 中找出计算机系学生的学号、姓名等信息。

```
SELECT SNO,SNAME,AGE,SEX,DNAME
FROM S
WHERE DNAME = '计算机';
```

例如，学生关系表的数据见表 5.2，查询结果见表 5.3。

表 5.2 学生关系表

SNO	SNAME	AGE	SEX	DNAME
S1	程宏	19	M	计算机
S3	刘莎莎	18	F	电子
S4	李刚	20	M	自动化
S6	蒋天峰	19	M	电气
S9	王敏	20	F	计算机

表 5.3 例 5.12 的查询结果

SNO	SNAME	AGE	SEX	DNAME
S1	程宏	19	M	计算机
S9	王敏	20	F	计算机

本例中用 WHERE 子句给出限定条件，用 SELECT 子句指定结果表中的属性。但是，这种一一列出所有属性名的方法太烦琐了，可用通配符 " * " 简化表示。

例 5.13 求计算机系学生的详细信息。

```
SELECT *
FROM S
WHERE DNAME = '计算机';
```

1. SQL 中的投影

利用 SELECT 子句指定属性的功能，从而完成关系代数中的投影运算。

例 5.14 在表 S 中找出计算机系学生的学号和姓名。

```
SELECT SNO,SNAME
FROM S
WHERE DNAME = '计算机';
```

有时候，用户希望结果表中的某些属性名不同于基本表中的属性名，这时可以在 SELECT 子句中增加保留字"AS"和相应的别名。

例 5.15 将例 5.14 结果表中的 SNO 改为学号，将 SNAME 改为姓名。

```
SELECT SNO AS 学号,SNAME AS 姓名
FROM S
WHERE DNAME = '计算机';
```

SELECT 子句中可以出现计算表达式，从而可以查询经过计算的值。

例 5.16 求学生的学号和出生年份。

```
SELECT SNO,2019 - AGE
FROM S;
```

SELECT 后面可以是属性名，也可以是属性名与常数组成的算术表达式，还可以是字符串。

例 5.17 将例 5.16 改为：

```
SELECT SNO,'BIRTH_ YEAR:',2019 - AGE
FROM S;
```

2. SQL 中的选择运算

通过在 WHERE 子句中指定相应的条件表达式，完成关系代数中的选择运算。WHERE 中的条件表达式 F 在 5.4.1 小节已介绍过。

例 5.18 列出表 S 中计算机系年龄小于 20 岁的学生的情况。

```
SELECT *
FROM S
WHERE DNAME = '计算机' AND AGE <20;
```

3. 字符串的比较

SQL 允许说明不同类型的字符串，如定长字符串或变长字符串，它们的实际存储方式依赖于具体系统。通过比较运算符可以对字符串进行比较。比较时按照字典序进行。例如，设有字符串 $A = a_1a_2 \cdots a_n$ 和 $B = b_1b_2 \cdots b_m$，如果 $a_1 < b_1$，或者 $a_1 = b_1$，且 $a_2 < b_2$ 等，则 $A < B$。

SQL 还提供了根据模式匹配原理比较字符串的功能，其格式是 s LIKE p。

其中，s 是字符串，p 是一个模式。模式 p 中可以出现两个特殊的字符："%"和"_"。

如果 p 中不出现这两个特殊字符，则 p 中的字符只与 s 中相应位置上的字符匹配。当 p 中含有 % 时，它可以与 s 中任何序列的 0 个或多个字符进行匹配；而当 p 中出现符号"_"时，它可以与 s 中的任何一个字符匹配。当且仅当字符串 s 与模式 p 相匹配时，表达式 s LIKE p 的值才为真。反之，当且仅当字符串 s 不与模式 p 匹配时，表达式 s NOT LIKE p 的值才为真。

在 MIS/ERP 系统中大都是采用这种模式匹配功能来实现模糊查询的。

例 5.19 在表 S 中找出其姓名中含有"李"的学生。

```
SELECT *
FROM S
WHERE SNAME LIKE '%李%';
```

SQL 查询语句的格式如图 5.6 所示。

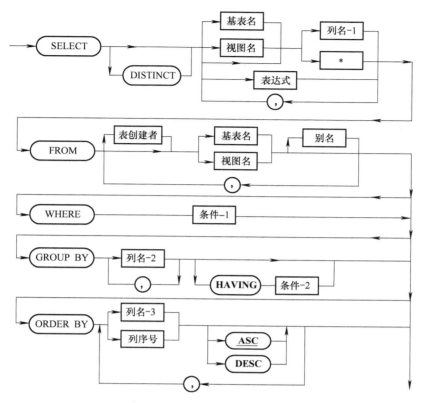

图 5.6　SQL 查询语句的格式

5.4.3　复杂查询

SQL 可以表达复杂的查询条件，进行多表连接的复杂查询运算。SQL 的查询条件格式如图 5.7 所示。

下面列举一些特例来描述 SQL 复杂查询运算。

1. SQL 中连接运算

SQL 在一个查询中建立几个关系之间联系的方法非常简单，只要在 FROM 子句中列出这些关系就可以了，然后 SELECT 和 WHERE 子句就可以引用这些关系中的任何属性。为了避免几个关系中具有相同的属性名而引起的混淆，引用时可以采用 < 关系名 >. < 属性名或 * > 的方式。

例 5.20　查询所有学生的情况以及他们选修课程的课程号和得分。

```
SELECT S. * ,SC. CNO,SC. SCORE
FROM S,SC
WHERE S. SNO = SC. SNO;
```

其中，WHERE 后面的条件称为连接条件或连接谓词。

例 5.21　自然连接查询。

```
SELECT S. SNO,S. SNAME,C. CNAME,SC. SCORE
FROM S,C,SC
WHERE S. SNO = SC. SNO AND C. CNO = SC. CNO;
```

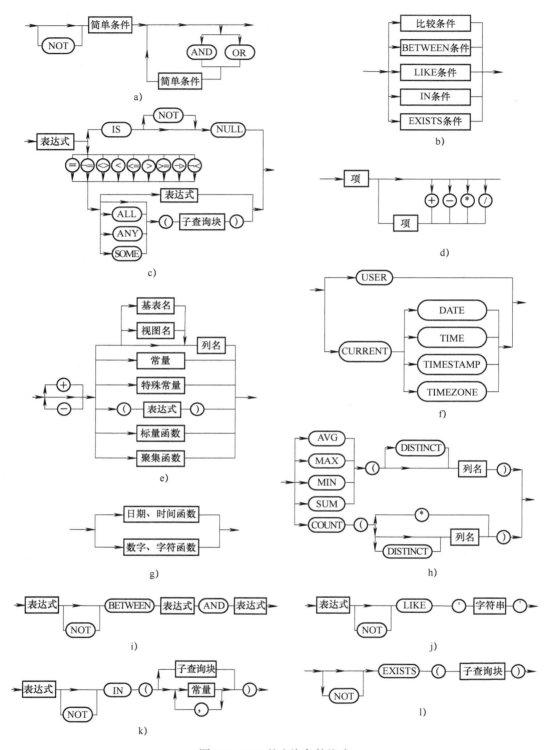

图 5.7　SQL 的查询条件格式
a) 条件　b) 简单条件　c) 比较条件　d) 表达式　e) 项　f) 特殊常量　g) 标量函数
h) 聚集函数　i) BETWEEN 条件　j) LIKE 条件　k) IN 条件　l) EXISTS 条件

以前面已列举的例子来说明本例自然连接查询的结果。学生关系 S 表见表 5.4，课程关系 C 表见表 5.5，选课关系 SC 表见表 5.6，自然连接查询的结果表见表 5.7。

表 5.4 学生关系 S

SNO	SNAME	AGE	SEX	DNAME
S1	程宏	19	M	计算机
S3	刘莎莎	18	F	电子
S4	李刚	20	M	自动化
S6	蒋天峰	19	M	电气
S9	王敏	20	F	计算机

表 5.6 选课关系 SC

SNO	CNO	SCORE
S1	C1	78
S1	C2	88
S1	C3	76
S1	C4	86
S3	C2	64
S3	C3	87
S4	C3	79
S6	C1	88
S6	C3	68
S9	C2	78
S9	C4	83

表 5.5 课程关系 C

CNO	CNAME	CREDIT	PRE_CNO
C1	计算机基础	3	
C2	C 语言	3	C1
C3	电子学	4	C1
C4	数据结构	4	C2

表 5.7 自然连接查询的结果表

S. SNO	S. SNAME	C. CNAME	SC. SCORE
S1	程宏	计算机基础	78
S1	程宏	C 语言	88
S1	程宏	电子学	76
S1	程宏	数据结构	86
S3	刘莎莎	C 语言	64
S3	刘莎莎	电子学	87
S4	李刚	电子学	79
S6	蒋天峰	计算机基础	88
S6	蒋天峰	电子学	68
S9	王敏	C 语言	78
S9	王敏	数据结构	83

2. 元组变量

连接查询可以是两个或更多个表的连接，也可以是一个表的自身连接。在后一种情况下，查询涉及同一个关系 R 的两个甚至更多个元组，这时需要一种方法指定 R 的每一个出现值。

SQL 采用的方法是在 FROM 子句中为 R 的每一个出现值指定一个别名（Alias），称为元组变量（Tuple Variable），其格式是：

```
FROM <表名> AS <别名>
```

然后就可以在 SELECT 和 WHERE 子句中使用该别名指定属性。

例 5.22 在表 C 中求每一门课程的间接先行课。

```
SELECT FIRST. CNO,SECOND. PRE_CNO
FROM C AS FIRST,C AS SECOND
WHERE FIRST. PRE_CNO = SECOND. CNO;
```

以例 5.22 的课程关系 C 为例来说明其查询过程和结果，见表 5.8 ~ 表 5.10。

表 5.8　FIRST

CNO	PRE_CNO
C1	—
C2	C1
C3	C1
C4	C2

表 5.9　SECOND

CNO	PRE_CNO
C1	—
C2	C1
C3	C1
C4	C2

表 5.10　结果表

CNO	PRE_CNO
C4	C1

本例中的查询实际上是一种推理，即若用谓词 PC(x,y) 表示 y 是 x 的先行课程，谓词 PPC(x,z) 表示 z 是 x 的间接先行课，则上述查询完成的推理可表示为

$$\forall x \forall y \forall z(PC(x,y) \wedge PC(y,z)) \Rightarrow PPC(x,z)$$

3. SQL 查询中的并、交、差集合运算

SQL 通常还包含一些集合运算，一般都有并（UNION）运算，有些 SQL 版本还有交（INTERSECT）或差运算（EXCEPT）。

（1）并运算的 SQL 查询语句

例 5.23　求选修了课程 C2 或 C4 的学生的学号和姓名。

```
SELECT S. SNO,S. SNAME
  FROM S,SC
  WHERE S. SNO = SC. SNO AND CNO = 'C2'
UNION
  SELECT S. SNO,S. SNAME
  FROM S,SC
  WHERE S. SNO = SC. SNO AND CNO = 'C4';
```

（2）交运算的 SQL 查询语句

例 5.24　求选修了课程 C2 和 C4 的学生的学号和姓名。

```
  ( SELECT S. SNO,S. SNAME
    FROM S,SC
    WHERE S. SNO = SC. SNO AND CNO = 'C2')
INTERSECT
  ( SELECT S. SNO,S. SNAME
    FROM S,SC
    WHERE S. SNO = SC. SNO AND CNO = 'C4');
```

（3）差运算的 SQL 查询语句

例 5.25　求选修了课程 C2 但没有选修课程 C4 的学生的学号和姓名。

```
( SELECT S. SNO,S. SNAME
  FROM S,SC
  WHERE S. SNO = SC. SNO AND CNO = 'C2')
```

```
EXCEPT
  ( SELECT S. SNO, S. SNAME
    FROM S, SC
    WHERE S. SNO = SC. SNO AND CNO = 'C4');
```

4. 子查询

在前面的 SQL 查询中，都是用标量数据（整型数、实型数、字符串、日期型数据和时间型数据等）来构成 WHERE 子句中的条件表达式的，实际上，被比较的对象还可以是元组，甚至是整个关系，这些元组或关系是通过出现在条件表达式中的子查询获得的。一个子查询就是对某个关系求值的表达式，例如，一个 SELECT-FROM-WHERE 查询块就是一个子查询，这种子查询可以嵌入另一个查询块中，所以又称嵌套查询。

（1）产生标量值的子查询

一般来说，子查询的结果是一个关系，但用户可能只对其中某个属性的单个值感兴趣，故用一个用圆括号括起来的子查询产生这样的值。这个子查询可以出现在 WHERE 子句中任何希望有一个常量或属性值的地方，例如，把子查询的结果与某个常量或属性值进行比较。

例 5.26　求选修了学生 S3 所选修的课程的那些学生的学号。

```
SELECT SNO
FROM SC
WHERE CNO =
        ( SELECT CNO
          FROM SC
          WHERE SNO = 'S3');
```

以例 5.21 为例，本例先执行括号里面的 SELECT 语句，即查出学生 S3 所选修的课程是 C2 和 C3，再查找出选修了课程 C2 和 C3 的学生，这里只有 S1。

（2）包含几个关系的条件

一般来说，SELECT-FROM-WHERE 子查询的结果是一个关系 R，可用于这个关系的 SQL 运算符有 IN、ALL、ANY 等，并产生一个布尔值。这些运算符也涉及标量值 s。

1）EXISTS R 是一个条件，当且仅当 R 非空时，该条件为真。EXISTS 相当于离散数学中的存在量词。

2）s IN R 为真，当且仅当 s 等于 R 中的一个值。类似的，s NOT IN R 为真，当且仅当 s 不等于 R 中的值。IN 的含义相当于集合论中的"属于"（∈）。类似的，s NOT IN R 表示 s 不属于 R。

运算 1）、2）要求 SELECT-FROM-WHERE 子查询 R 是单元关系。对于 R 是二元关系的情况，其运算参见 3）、4）。

3）s > ALL R 为真，当且仅当 s 大于二元关系 R 中的每一个值。同样，可以使用其他 5 个比较运算符（>=、=、<、<=、<>）。例如，s <> ALL R 表示 s NOT IN R。

4）s > ANY R 为真，当且仅当 s 至少大于二元关系 R 中的一个值。同样，可以使用其他 5 个比较运算符（>=、=、<、<=、<>）。例如，s = ANY R 表示 s IN R。

下面列举几个例子来说明这几个包含多关系条件的 SQL 查询语句运算。

例 5.27　使用运算符 IN 求选修了"数据结构"课程的学生的学号和姓名。

```
SELECT SNO, SNAME
FROM S
WHERE SNO IN
```

```
        ( SELECT SNO
          FROM SC
          WHERE CNO IN
                  (SELECT CNO
                    FROM C
                    WHERE CNAME = '数据结构'));
```

该例是一个典型的子查询嵌套，执行时自里（Ⅲ层）向外逐层处理，每一个子查询在上一级查询处理之前先求解，这样，外层子查询就可以利用内层子查询的结果。

以例 5.27 为例来分析其执行过程，见表 5.11 ～ 表 5.13。

1）先执行最里层（Ⅲ层）的 SELECT 语句，从课程关系中查出 CNAME = '数据结构'的课程号 CNO 是 C4。

2）再执行次里层（Ⅱ层），从选课关系表中查找出选修课程 C4 的学生学号，满足条件的有 S1、S9。

3）最后执行外层，从学生关系表中查找出 S1、S9 的姓名为王敏、程宏。

表 5.11 执行最里层（Ⅲ层）
C. CNO
C4

表 5.12 执行次里层（Ⅱ层）
SC. SNO
S1
S9

表 5.13	结果表
S. SNO	S. SNAME
S1	程宏
S9	王敏

由例 5.27 可以看到，嵌套子查询具有结构化程序设计的优点。

例 5.28 使用存在量词 EXISTS 求选修了 C2 课程的学生的姓名。

```
SELECT SNAME
FROM S
WHERE EXISTS
         ( SELECT *
           FROM SC
           WHERE S. SNO = SC. SNO AND CNO = 'C2');
```

本例中，若内层子查询非空，则外层查询中 WHERE 后面的条件为真，否则为假。

还应指出，与例 5.27 不同，本例中的内层查询不是只执行一次，因为内层查询还和条件 S. SNO 有关。外层查询中，表 S 的不同行具有不同的 SNO，对应每一个 SNO，都要处理一次内层查询。把这种内层子查询中查询条件依赖于外层查询中某个值的嵌套查询，称为相关子查询（Correlated Subquery）。

如果在含有 EXISTS、ALL、ANY 运算符的整个表达式的前面加上 NOT，就可以对它们进行否定运算。从而有：

1）NOT EXISTS R 为真，当且仅当 R 为空关系。

2）NOT s > ALL R 为真，当且仅当 s 不是 R 中的最大值。

3）NOT s > ANY R 为真，当且仅当 s 是 R 中的最小值。

例 5.29 用 NOT EXISTS 求没有选修 C3 课程的学生的姓名。

```
SELECT SNAME
FROM S
```

```
WHERE NOT EXISTS
        (SELECT *
         FROM SC
         WHERE S. SNO = SNO AND CNO = 'C3');
```

（3）关于全称量词和逻辑蕴含

在 SQL 中，通常将带有全称量词的谓词转换为带有存在量词的谓词：

$$(\forall x)p(x) \equiv \neg (\exists x(\neg p(x)))$$

利用 SQL 中 WHERE 子句的条件表达式中的 EXISTS 和 NOT EXISTS 即可实现该运算。

SQL 中也没有蕴含（Implication）逻辑运算，可以利用下面的等价公式把蕴含运算转换为非或运算：

$$p(x) \rightarrow q(x) \equiv \neg p(x) \vee q(x)$$

例 5.30 求至少选修了学生 S2 所选修的全部课程的学生的学号。

设 Cy 是学生 S2 选修课程的集合。这个查询可用逻辑蕴含表达为：S2 选修的课程集合为 Cy，若 Sx 也选修了课程 Cy，则 Sx 就是所要找的学号。如果用 p 表示谓词"学生 S2 选修课程 Cy"，用 q 表示谓词"学生 Sx 选修课程 Cy"，则查询问题可表述为

$$(\forall Cy)p \rightarrow q \equiv \neg (\exists Cy(\neg (p \rightarrow q))) \equiv \neg (\exists Cy(\neg (\neg p \vee q))) \equiv \neg ((\exists Cy)p \wedge \neg q)$$

即不存在这样的课程 Cy，学生 S2 选修了，但学生 Sx 没有选修。用 SQL 表示为

```
SELECT DISTINCT SNO
FROM SC AS SC_A
WHERE NOT EXISTS
        ( SELECT   *
          FROM SC AS SC_B
          WHERE SC_B. SNO = 'S2' AND NOT EXISTS
                ( SELECT *
                  FROM SC AS SC_C
                  WHERE SC_C. SNO = SC_A. SNO AND SC_C. CNO = SC_B. CNO));
```

其中，"DISTINCT"用于去掉重复的学号。

例 5.31 检索全部学生都选修的课程的课程号与课程名。

```
SELECT CNO,CNAME
FROM C
WHERE NOT EXISTS
        ( SELECT *
          FROM S
          WHERE NOT EXISTS
                ( SELECT *
                  FROM SC
                  WHERE SNO = S. SNO AND CNO = C. CNO))
```

5.5 SQL 聚集函数

聚集（Aggregation）函数是涉及整个关系的另一类运算操作。通过聚集函数，可以把某一列中的值形成单个值。SQL 不仅允许聚集属性上的值，而且可以按照某个准则将关系中的元组分组。

5.5.1 聚集函数的运算符

SQL 提供了下列的聚集函数：

1）SUM（属性列），求某列上值的总和，此列上的数据必须是数值。

2）AVG（属性列），求某列上值的平均值，此列上的数据必须是数值。

3）MIN（属性列），求某列值中的最小值。

4）MAX（属性列），求某列值中的最大值。

5）COUNT（＊），计算元组的个数。

6）COUNT（属性列），计算某列值中的个数。注意，除非使用 DISTINCT，否则，重复元组的个数也计算在内。

上述这些聚集函数运算符一般都用在 SELECT 子句中，下面举例说明。

例 5.32 求学生总人数。

```
SELECT COUNT(*)
FROM S;
```

例 5.33 求选修了课程学生的人数。

```
SELECT COUNT(DISTINCT SNO)
FROM SC;
```

例 5.34 求平均分数。

```
SELECT AVG(SCORE)
FROM SC;
```

5.5.2 数据分组

5.5.1 小节中的 3 个例子完成的是对关系中所有查询的元组的聚集运算，但实际应用中，经常需要将查询结果进行分组，然后对每个分组进行统计，SQL 语言提供了 GROUP BY 子句和 HAVING 子句来实现分组统计。

1. GROUP BY 子句

GROUP BY 子句将表按列值进行分组，列值相同的分在一组。为了对一个关系中的元组进行分组，在 WHERE 子句后增加 GROUP BY＜属性名表＞子句。其中，"属性名表"列出了对元组分组时所依据的属性，允许有多个属性。

如果 GROUP BY 后有多个列名，则先按第一列分组，再按第二列在组中分组，可以一直分下去，直到 GROUP BY 子句所指的属性列具有相同值的基本组。GROUP BY 子句通常与聚集函数联用，此时聚集函数以 GROUP BY 分组的基本组为计算对象。

例 5.35 求课程号及选修了该课程的学生的人数。

```
SELECT CNO,COUNT(SNO)
FROM SC
GROUP BY CNO;
```

该查询首先按 CNO 将课程分组，然后对每一组用 COUNT 计数，求得每一组的学生人数。

实际应用中，一个分组功能可能涉及几个关系的查询，这样的查询按下列步骤进行：

1）求出 FROM 子句和 WHERE 子句蕴含的关系 R，即关系 R 是 FROM 子句中关系的笛卡儿积，再对这个关系应用 WHERE 子句中的条件进行选择。

2) 按照 GROUP BY 子句中的属性对 R 中的元组进行分组。

3) 根据 SELECT 子句中的属性和聚集产生结果。

例 5.36 对计算机系的学生按课程列出选修了该课程的学生的人数。

```
SELECT CNO,COUNT(SC.SNO)
FROM S,SC
WHERE S.DNAME = '计算机' AND S.SNO = SC.SNO
GROUP BY CNO;
```

2. HAVING 子句

如果在分组的基础上进一步希望只选出满足条件的分组，那么就要在分组前对元组施加限制，使得不需要的分组为空。SQL 解决这个问题的方法是，在 GROUP BY 子句后面跟一个 HAV-ING 子句，描述分组的条件。其格式为

```
HAVING <条件>
```

例 5.37 求选修课程超过 3 门的学生的学号。

```
SELECT SNO
FROM SC
GROUP BY SNO
HAVING  COUNT( * ) >3;
```

5.5.3 数据排序

ORDER BY 子句可对查询结果按子句中指定的属性列的值排序，其基本格式是在 WHERE 子句后增加如下语句：

```
ORDER BY <属性1> [ASC |DESC] [,<属性1> [ASC |DESC]…]
```

其中，ASC 是表示升序，DESC 表示降序，默认为升序。

如果 ORDER BY 后面有多个属性列，则首先按第一列进行排序，然后对于每一列值相同的各行，再按第二列进行排序，以此类推。

例 5.38 试列出各门课程的最高成绩、最低成绩和平均成绩，结果按课程号排序。

```
SELECT CNO,MAX(SCORE),MIN(SCORE),AVG(SCORE)
FROM SC
GROUP BY CNO
HAVING CNO NOT IN
        ( SELECT CNO
          FROM SC
          WHERE SCORE IS NULL)
ORDER BY CNO;
```

5.6 SQL 中的视图

视图是由一个或几个基本表（或其他视图）导出的一种虚关系。只在数据目录中保留视图的逻辑定义，而不作为一个实际存储在数据库中。一个用户可以根据需要定义若干个视图，这样，用户的外模式就由若干基本表和若干视图组成。视图一旦被定义，就可以对它查询，在某些

情况下甚至可以修改。

5.6.1 视图定义

视图定义语句的格式如图 5.8 所示。

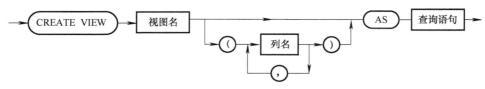

图 5.8 视图定义语句的格式

也可用视图定义的 SQL 语句格式表示：

```
CREATE VIEW <视图名> [( <属性名 1 >[ ,<属性名 2 >,…])]
AS <子查询>
[WITH CHECK OPTION];
```

其中，在视图定义中用任选项 WITH CHECK OPTION 告诉系统，要对 INSERT 和 UPDATE 操作进行检查。

下面来看视图定义的例子。

例 5.39 建立计算机系学生的视图。

```
CREATE VIEW CS_VIEW
AS   SELECT   *
     FROM S
     WHERE DNAME = '计算机';
```

其中未列出视图 CS_VIEW 包含的属性名，隐含子查询中 SELECT 子句的各个属性。但是，如果 SELECT 子句中含有库函数或表达式，或者因多表连接产生几个同名属性作为视图的属性，这时必须在视图定义中一一列出它的所有属性。

例 5.40 定义一个视图，使之包括学生的学号及其各门功课的平均成绩。

```
CREATE VIEW S_G_VIEW(SNO,GAVG)
AS   SELECT SNO,AVG(SCORE)
     FROM SC
     GROUP BY SNO;
```

执行视图定义语句的结果，仅仅把视图定义信息存入数据字典，定义中的 SELECT 语句并不执行。当系统运行到包含该视图定义语句的程序时，根据数据字典中的视图定义信息临时生成该视图，程序一旦运行结束，该视图立即被撤销。

此外，当对视图进行 INSERT 和 UPDATE 操作时，要保证更新或插入的元组满足视图定义中的条件。用视图定义中的任选项 WITH CHECK OPTION 告诉系统，要对 INSERT 和 UPDATE 操作进行检查。为此，在例 5.39 中，若要求对视图 CS_VIEW 的插入或更新操作满足的条件 DNAME = '计算机'进行检查，则将视图定义改为

```
CREATE VIEW CS_VIEW
AS SELECT *  FROM S  WHERE DNAME = '计算机'
   WITH CHECK OPTION;
```

5.6.2 视图查询

视图一经定义，用户就可以对它进行查询。但是，视图中不含有通常意义的元组，视图查询实际上是对基本表的查询，其查询结果是从基本表得到的，所以，同样一个视图查询，在不同执行时间可能得到不同的结果，因为在这段时间里，基本表可能发生了变化。

例 5.41 对于例 5.39 中的视图 CS_VIEW，找出年龄小于 20 的那些学生。

```
SELECT *
FROM CS_VIEW
WHERE AGE < 20;
```

执行该视图查询时，首先把它转换成对基本表 S 的查询，即：

```
SELECT *
FROM S
WHERE DNAME = '计算机' AND AGE < 20;
```

但是，这种转换有时候会出现问题。例如，对在例 5.41 的视图上，求平均成绩在 80 分以上的学生的学号和成绩：

```
SELECT *
FROMS_G_VIEW
WHERE GAVG > = 80;
```

转换后得到一个不正确的查询程序：

```
SELECT SNO,AVG(SCORE)
FROM SC
WHERE AVG(SCORE) > = 80
GROUP BY SNO;
```

因为在 WHERE 子句的表达式中出现了聚集函数，这是不允许的。正确的转换应为

```
SELECT SNO,AVG(SCORE)
FROM SC
GROUP BY SNO
HAVING AVG(SCORE) > = 80;
```

能否进行这种正确的转换，要视具体系统而定，DB2 数据库系统就不能进行正确的转换，而 Oracle 系统就能。

从这些例子可以看到，基本表的变化可以反映到视图上，视图如同一个窗口。

5.6.3 视图更新

对于某些非常简单的视图（称为可更新视图，Updatable View），如由一个基本表定义的视图，只含有基本表的主键或候补键，并且视图中没有用表达式或函数定义的属性，是允许更新的。对视图的更新操作可以转换为对基本表的等价更新操作。

例 5.42 在例 5.39 的视图 CS_VIEW 上，将学生 S1 的姓名改为 "WU PING"。

```
UPDATE CS_VIEW
SET SNAME = 'WU PING'
WHERE SNO = 'S1';
```

执行该修改时首先将它转换成对基本表 S 的更新：

```
UPDATE S
SET SNAME = 'WANG PING'
WHERE DNAME = '计算机' AND SNO = 'S1';
```

并非对所有视图都能这样做，就是说，有些视图上的更新不能转换成对其基本表的等价操作。

例如，对例 5.40 中的视图 S_G_VIEW，将学号为 S1 的学生的平均成绩改为 90 分。

```
UPDATE S_G_VIEW
SET GAVG = 90
WHERE SNO = 'S1';
```

由于视图 S_G_VIEW 中的一个元组是由基本表 SC 中的若干元组经过分组再求平均得到的，所以，对视图 S_G_VIEW 的更新就无法转换成对 SC 的等价的更新操作，可见，该视图是不可更新的。

若一个视图是从单个基本表导出的，并且只是去掉了某些行和列（不包括关键字），如视图 CS_VIEW，称这类视图为行列子集视图。行列子集视图是可更新的。目前，关系系统只提供对行列子集视图的更新，但有以下限制：

1）若视图的属性来自属性表达式或常数，则不允许对视图执行 INSERT 和 UPDATE 操作，但允许执行 DELETE 操作。

2）若视图的属性来自库函数，则不允许对此视图更新。

3）若视图定义中有 GROUP BY 子句，则不允许对此视图更新。

4）若视图定义中有 DISTINCT 任选项，则不允许对此视图更新。

5）若视图定义中有嵌套查询，并且嵌套查询的 FROM 子句涉及导出该视图的基本表，则不允许对此视图更新。

6）若视图是由多表连接所定义的视图，则不允许对此视图更新。

7）如果在一个不允许更新的视图上再定义一个视图，这种二次视图是不允许更新的。

5.6.4 视图删除

视图删除也是一种视图更新，但是，一个视图不管是否可更新，都可以删除它。其语句格式是：

```
DROP VIEW <视图名>;
```

这条语句删去了一个视图的定义，与该视图有关的操作就不能再执行了。

如果执行语句 DROP TABLE <表名>，DROP TABLE 是删除表语句，不仅删去了指定的基本表，而且也使与它有关的视图不可用。

5.6.5 视图的作用

视图概念在数据库重构、数据库安全保护等方面有着重要的实用意义。

1）视图为重新构造（简称重构）数据库提供了一定程度的逻辑独立性。

关系数据库发展到今天，还不能完全支持提出数据库概念时所设想的逻辑独立性。但是，在关系数据库的实际应用中，重构问题又是不可避免的。最常见的是把一个表"垂直"地分为两个或两个以上的子表。例如，把关系模式 S（SNO，SNAME，AGE，DNAME）分为两个子表：

```
STU_1(SNO,SNAME,AGE)
STU_2(SNO,DNAME)
```

显然，原表 S 是两个子表 STU_1 和 STU_2 的自然连接。用户同样可以建立一个如同原表一样的视图：

```
CREATE VIEW S(SNO,SNAME,AGE,DNAME)
AS SELECT STU_1.SNO,STU_1.SNAME,STU_1.AGE,STU_2.DNAME
FROM STU_1,STU_2
WHERE STU_1.SNO=STU_2.SNO;
```

这样，尽管数据库的逻辑结构改变（重构）了，但用户的查询程序不必修改，因为用户模式并没有发生变化。但可能影响用户对基本表的更新操作，原来对基本表的更新操作现在可能不能进行了。这是因为，根据前面的讨论，用户对视图的修改是有条件的。

2）聚焦用户数据。通过视图机制可以把用户感兴趣的数据集中到一起，使用户专注于这些数据，称之为聚焦。这样，可以简化用户眼中的数据结构，也使用户的数据查询操作更加简单、方便。如果用户视图是由多个基本表导出的，则视图机制也把多表连接操作向用户隐蔽了。

3）视图机制允许不同的用户以不同的观点或方式看待同一数据。当要求不同的用户共享一个数据库时，视图的灵活性就显得更为重要了。

4）视图可以作为机密数据的自动安全机制。具体实施时，可以把机密数据从基本表中分离出去，并针对不同目的的用户定义不同的视图，在与机密数据无关的用户视图中将不包含这些数据。这实际上是用视图机制控制用户的存取权限。

第6章 关系模式的规范化理论

关系数据库的规范化设计是指面对一个现实问题时，如何选择一个比较好的关系模式集合。规范化设计理论主要包括 3 个方面的内容：数据依赖、范式和模式设计方法。其中，数据依赖起着核心的作用。数据依赖研究数据之间的联系，范式是关系模式的标准，模式设计方法是自动化设计的基础。规范化设计理论对关系数据库结构的设计起着重要的作用。

6.1 关系模式设计中的问题

如何把现实世界表达成数据库模式，一直是数据库研究人员和信息系统开发人员所关心的问题。关系规范化理论是设计关系数据库的指南，也是关系数据库的理论基础。

前面已经讨论了数据库系统的一般概念，包括 3 种数据模型、SQL 及数据的一般知识，其中有一个重要的问题至今尚未提及，即给出一组数据，如何构造一个适合于它们的数据库模式，这是数据库设计中的一个极其重要而又基本的问题。由于关系模型有严格的数学理论基础，因此人们就以关系模型作为讨论对象，形成了数据库逻辑设计的一个有力工具——关系模式的规范化理论。

关系模式规范化其实不是一个新概念。第 4 章曾经指出，一个关系模式的所有属性必须是不可再分的原子项，这实际上也是一种规范化，仅仅是规范化满足的条件较低而已。那么，一个已经满足属性是不可再分的原子项的关系模式，还存在什么问题呢？

假设需要设计一个学生成绩数据库 studb，它有属性：SNO（学号）、SNAME（姓名）、DNAME（所在系）、AGE（年龄）、CNO（课程号）、CNAME（课程名）、PRE_CNO（先修课编号）、SCORE（成绩）。

下面以模式 S_C_G（SNO，SNAME，DNAME，AGE，CNO，CNAME，PRE_CNO，SCORE）为例来说明该模式存在的问题。表 6.1 是其一个实例。

表 6.1 S_C_G 的一个实例

SNO	SNAME	DNAME	AGE	CNO	CNAME	PRE_CNO	SCORE
S1	程宏	计算机	19	C1	计算机基础		78
S1	程宏	计算机	19	C2	C 语言	C1	88
S1	程宏	计算机	19	C4	数据结构	C2	86
S3	刘莎莎	电子	18	C2	C 语言	C1	64
S3	刘莎莎	电子	18	C3	电子学	C1	87
S11	刘强	计算机	20	C7	操作系统	C4	80

不难看出，数据库模式存在下列缺点。

（1）冗余度大

学生每选一门课，有关他本人的信息和有关课程的信息都要存放一次，从而造成数据的极大冗余。

（2）插入异常

这个关系模式的关键字由 SNO 和 CNO 组成。如果要往数据库中插入一门课程的信息，但该课程暂时无学生选修，则不能把该课程的信息插入数据库，这是数据库功能上的一种不正常现象，称为插入异常。

（3）删除异常

与上述情况相反，如果库中的 S11 号同学刘强因某种原因退学，需要把他的信息从库中删除，但因为 C7 课程只有刘强一个人选修，则在删除刘强本人信息的同时，也把 C7 课程的信息删除了。这也是该数据库的一种功能缺陷，称这种现象为删除异常。

对于上述模式中存在的问题，可通过对属性间函数依赖的研究来解决。这里采用分解的方法将上述 S_C_G 分解成以下 3 个模式。

```
S( SNO,SNAME,DNAME,AGE)
C( CNO,CNAME,PRE_CNO)
SC( SNO,CNO,SCORE)
```

则其关系模式的实例见表 6.2 ~ 表 6.4。

表 6.2　关系 S

SNO	SNAME	DNAME	AGE
S1	程宏	计算机	19
S3	刘莎莎	电子	18
S11	刘强	计算机	20

表 6.3　关系 C

CNO	CNAME	PRE_CNO
C1	计算机基础	
C2	C 语言	C1
C3	电子学	C1
C4	数据结构	C2
C7	操作系统	C4

表 6.4　关系 SC

SNO	CNO	SCORE
S1	C1	78
S1	C2	88
S1	C4	86
S3	C2	64
S3	C3	87
S11	C7	80

我们发现，将 S_C_G 分解 S、C、SC 这 3 个模式后，由于将学生、课程及学生选修课程的成绩分离成不同的关系，使得数据冗余大大减少，而且不存在插入异常和删除异常。

但是查找某一同学的某门课程成绩时，需要将 3 个表连接起来，这种连接代价是很大的，而在原来的 S_C_G 中可以直接找到，可以看出，原来的模式也有好的地方。那么到底什么样的关系模式是最佳的？如何进行分解？分解后是否有损于原来的信息等？回答这些问题需要理论的指导，之后的内容将讨论这些问题。

6.2　函数依赖

6.2.1　函数依赖定义

属性之间通常存在着一定的依赖关系，而最基本的依赖关系是函数依赖（Functional Dependency）。例如，在关系模式 S 中，属性 SNO 与 DNAME 之间有依赖关系，因为对于学号 SNO 的一个确定值，所在系 DNAME 也有一个且只有一个值与之相对应，这种现象类似于数学中的单值函数，可称 SNO 函数决定 DNAME，或 DNAME 函数依赖于 SNO，即函数依赖关系。

定义 6.1（函数依赖）　函数依赖是指一个或一组属性的值可以决定其他属性的值。设有关系模式 R（U），其中，U{$A_1,A_2,\cdots,A_n$}是关系的属性全集，X、Y 是 U 的属性子集，设 t 和 u 是关系 R 上的任意两个元组，如果 t 和 u 在 X 的投影 t[X] = u[X] 可推出 t[Y] = u[Y]，即 t[X] = u[X] ⇒ t[Y] = u[Y]，则称 X 函数决定 Y，或 Y 函数依赖于 X，记为 X→Y。

在上述的关系模式 S（SNO，SNAME，DNAME，AGE）中，存在以下函数依赖：

SNO→DNAME，表示每个学生属于一个系。

类似地还有：

SNO→SNAME，表示每一个学生只有一个姓名；SNO→AGE，表示每个学生只有一个年龄；（SNO，CNO）→SCORE，表示每个学生学习一门课程只能有一个成绩。

定义 6.2（非平凡函数依赖、平凡函数依赖）　函数依赖 X→Y 如果满足 Y⊄X，则称此函数依赖为非平凡函数依赖；否则 Y⊆X，显然 X→Y 成立，则称为平凡函数依赖。

例如，X→Φ，X→X，XZ→X 等都是平凡函数依赖。通常所指的函数依赖一般都是指非平凡函数依赖。

定义 6.3（完全函数依赖、部分函数依赖）　设 X、Y 是关系 R 上的不同属性集，若 X→Y，即 Y 函数依赖于 X，且不存在 X'⊂X，使 X'→Y，则称 Y 完全函数依赖（Fully Dependency）于 X，记为 $X \xrightarrow{f} Y$；否则称 Y 部分函数依赖（Partially Dependency）于 X，记为 $X \xrightarrow{p} Y$。

例如，在上例关系 S 中，$SNO \xrightarrow{f} DNAME$ 是完全函数依赖。（SNO，SNAME）$\xrightarrow{p}$ DNAME、（SNO，AGE）$\xrightarrow{p}$ DNAME 是部分函数依赖，因为它们都是由 $SNO \xrightarrow{f} DNAME$ 派生出来的。

在属性 Y 与 X 之间，除了完全函数依赖和部分函数依赖关系等直接函数依赖外，还存在间接函数依赖关系。如果在关系 S 中增加系的电话号码 DT，假设每个系有唯一的一个号码，从而有 SNO→DNAME，DNAME→DT，于是 SNO→DT。在这个函数依赖中，DT 并不直接依赖于 SNO，而是通过中间属性 DNAME 间接依赖于 SNO，这就是传递函数依赖。

定义 6.4（传递函数依赖）　设 X、Y、Z 是关系模式 R（U）中的不同的属性集，如果 X→Y，Y↛X，Y→Z，则称 Z 传递依赖于 X，否则称为非传递函数依赖。

在定义 6.4 中有条件 Y↛X，说明 X 和 Y 不是一一对应的，否则，Z 就直接函数依赖于 X。

6.2.2　关键字和超关键字

前面已多次提到关键字的概念，关键字是唯一标识实体的属性集。在前面，只是直观地定义它，在有了函数依赖的概念之后，就可以把键和函数依赖联系起来，对它做出比较精确的形式化的定义。

关系的一个关键字 K 可以由一个或几个属性组成。

定义 6.5（关键字）　在关系模式 R（U）中，若 K⊆U，且满足 $K \xrightarrow{f} U$，则称 K 为关系 R 的关键字。

根据对关系关键字的定义，一个关键字是完全函数决定关系的属性全集。但是，一个包含了关键字的属性集合，也能够函数决定属性全集，把这种包含了关键字的属性集合称为超关键字（Super Key）。

例 6.1　在上例的 S(SNO,SNAME,DNAME,AGE)、C(CNO,CNAME,PRE_CNO)、SC(SNO,CNO,SCORE) 3 个关系模式中，存在以下关键字：

$$SNO \xrightarrow{f} (SNO, SNAME, DNAME, AGE)$$

$$CNO \xrightarrow{f} (CNO, CNAME, PRE\_CNO)$$

$$(SNO, CNO) \xrightarrow{f} SCORE$$

所以，SNO、CNO 和(SNO,CNO)分别是关系模式 S、C 和 SC 的关键字。但是，因为

$$(SNO,SNAME) \xrightarrow{P} (SNO,SNAME,DNAME,AGE)$$

$$(SNO,DNAME) \xrightarrow{P} (SNO,SNAME,DNAME,AGE)$$

所以，(SNO,SNAME) 和 (SNO,DNAME) 都不是关键字，而是超关键字。

在一个关系模式中，所有关键字中的属性构成一个集合，称为主属性集；其余不包含在关键字中的属性构成另一个集合，称为非主属性集。相应的，将主属性集中的属性称为主属性（Prime Attribute），将非主属性集中的属性称为非主属性（Non-Prime Attribute）。

6.3 数据依赖的公理系统

6.3.1 函数依赖的逻辑蕴含

一个关系模式可能存在很多个函数依赖，它们构成了该关系模式的函数依赖集合，记为 F。可以从一组已知的函数依赖推导出另一组函数依赖。

例如，在上述的传递函数依赖中，由 $X{\to}Y,Y{\to}Z$，推导出 $X{\to}Z$，这可以表示为

$$\{X{\to}Y,Y{\to}Z\}\models X{\to}Z$$

其中，$\models$ 表示逻辑蕴含。一般地讲，函数依赖的逻辑蕴含定义如下。

定义 6.6（逻辑蕴含） 设 F 是由关系模式 R（U）满足的一个函数依赖集，$X{\to}Y$ 是 R 的一个函数依赖，且不包含在 F 中，如果满足 F 中所有函数依赖的任一关系模式，也满足 $X{\to}Y$，则称函数依赖集 F 逻辑地蕴含函数依赖 $X{\to}Y$。可表示为：

$$F\models X{\to}Y$$

定义 6.7 函数依赖集 F 所逻辑蕴含的函数依赖的全体称为 F 的闭包（Closure），记为 F^+，即 $F^+ = \{X{\to}Y | F\models X{\to}Y\}$。

函数依赖集 F 的闭包 F^+ 的计算是一件十分麻烦的事情，即使 F 不大，F^+ 也可能很大。例如，有关系 R(X,Y,Z)，它的函数依赖集 $F = \{X{\to}Y,Y{\to}Z\}$，则其闭包 F^+ 为

$$F^+ = \begin{bmatrix} X{\to}\phi & XY{\to}\phi & XZ{\to}\phi & XYZ{\to}\phi & Y{\to}\phi & Z{\to}\phi \\ X{\to}X & XY{\to}X & XZ{\to}X & XYZ{\to}X & Y{\to}Y & Z{\to}Z \\ X{\to}Y & XY{\to}Y & XZ{\to}Y & XYZ{\to}Y & Y{\to}Z & \phi{\to}\phi \\ X{\to}Z & XY{\to}Z & XZ{\to}Z & XYZ{\to}Z & Y{\to}YZ & \\ X{\to}XY & XY{\to}XY & XZ{\to}XY & XYZ{\to}XY & YZ{\to}\phi & \\ X{\to}XZ & XY{\to}XZ & XZ{\to}XZ & XYZ{\to}XZ & YZ{\to}Y & \\ X{\to}YZ & XY{\to}YZ & XZ{\to}YZ & XYZ{\to}YZ & YZ{\to}Z & \\ X{\to}XYZ & XY{\to}XYZ & XZ{\to}XYZ & XYZ{\to}XYZ & YZ{\to}YZ & \end{bmatrix}$$

共有 43 个 FD，（其中，XY 为 $X\cup Y$ 简写）。这些函数依赖是怎样推出来的？即如何由 F 出发寻找 F^+？下一小节介绍 Armstrong 提出的一套推理规则，即 Armstrong 公理（阿氏公理）。

6.3.2 Armstrong 公理系统

为了从已知的函数依赖推导出其他函数依赖，Armstrong 提出了一套推理规则，人们常称为 Armstrong 公理，具体包括以下 3 条推理规则。

（1）A1：自反律（Reflexivity）

如果 Y⊆X，则 X→Y 成立，这是一个平凡函数依赖。

根据 A1 可以推出 X→Φ、U→X 等平凡函数依赖（因为 Φ⊆X⊆U）。

（2）A2：扩展律（Augmentation）

如果 X→Y，且 Z⊆U，则 XZ→YZ 成立。

（3）A3：传递律（Transitivity）

如果 X→Y 且 Y→Z，则 X→Z 成立。

根据 A3，若 X→Y，Y→Z∈F，则必有 X→Z∈F$^+$；根据 A2，若 X→Y∈F，且 Z⊆W，则必有 XW→YZ∈F$^+$。但规则 A1 与 F 无关，由 A1 推出的函数依赖均为平凡函数依赖。

推论 6.1 合并规则（The Union Rule）如下：
$$\{X→Y,X→Z\}\models X→YZ$$

推论 6.2 分解规则（The Decomposition Rule）如下：
$$如果 X→Y，Z⊆Y，则 X→Z 成立$$

推论 6.3 伪传递规则（The Pseudo Transitivity Rule）如下：
$$\{X→Y,WY→Z\}\models XW→Z$$

证明 1）X→Y ⊨ X→XY　　（A2 扩展律）

　　　　 X→Z ⊨ XY→YZ　　（A2 扩展律）

　　　　 由上可得 X→YZ　　（A3 传递律）

　　　 2）Z⊆Y ⊨ Y→Z　　　（A1 自反律）

　　　　 X→Y　　　　　　　（给定条件）

　　　　 由上可得 X→Z　　　（A3 传递律）

　　　 3）X→Y ⊨ WX→WY　　（A2 扩展律）

　　　　 WY→Z　　　　　　 （给定条件）

　　　　 由上可得 XW→Z　 　（A3 传递律）

例 6.2 设有关系模式 R(A,B,C,D,E) 及其上的函数依赖集 F={AB→DE,A→B,E→C}，求证 F 必蕴含 A→C。

证明：∵ A→B　　　　　　（给定条件）

　　　　∴ A→AB　　　　　 （A2 扩展律）

　　　　∵ AB→DE　　　　　（给定条件）

　　　　∴ A→DE　　　　　 （A3 传递律）

　　　　∴ A→D，A→E　　　（分解规则）

　　　　∵ E→C　　　　　　（给定条件）

　　　　∴ A→C　　　　　　（A3 传递律）

证毕。

根据阿氏公理的 6 条规则，还可以得到下面的一个重要定理。

定理 6.1 若 $A_i(i=1,2,\cdots,n)$ 是关系模式 R 的属性，则 $X→(A_1,A_2,\cdots,A_n)$ 成立的充分必要条件是 $X→A_i$ 均成立。

由分解规则可知，如果 $X→(A_1,A_2,\cdots,A_n)$，则 $X→A_i$，由合并规则可知，如果 $X→A_i$，则 $X→(A_1,A_2,\cdots,A_n)$，因而它们是等价的。

由定义 6.7 可以看到，F$^+$ 的计算是一件麻烦的事情，因为 F 尽管很小，F$^+$ 却可能很大。这里引入属性集闭包概念，来简化计算 F$^+$ 的过程。

定义 6.8（属性集闭包）　设有关系模式 R（U），U = ｛ A_1，A_2，$\cdots$，A_n ｝，X 是 U 的子集，F 是 U 上的一个函数依赖集，则属性集 X 关于函数依赖集 F 的闭包 X_F^+ 定义为

$$X_F^+ = \{ A_i | A_i \in U，且 X \to A_i 可用阿氏公理从 F 推出 \}　（i = 1,2,\cdots,n）$$

下面以一个例子来说明属性集闭包。

例 6.3　设关系模式 R（A，B，C）的函数依赖集为 F = ｛A→B，B→C｝，分别求 A、B、C 的闭包。

解：　若 X = A

∵　A→B，B→C　　　　　　（给定条件）

∴　A→C　　　　　　　　　（A2 传递律）

∵　A→A　　　　　　　　　（A1 自反律）

∴　A_F^+ = ｛A，B，C｝　　　　（据定义）

若 X = B

∵　B→B　　　　　　　　　（A1 自反律）

　　B→C　　　　　　　　　（给定条件）

∴　B_F^+ = ｛B，C｝　　　　　（据定义）

若 X = C

∵　C→C　　　　　　　　　（自反律）

∴　C_F^+ = ｛C｝　　　　　　（据定义）

可见，计算属性集闭包要比直接计算函数依赖集闭包简单得多。

定理 6.2　设 F 是关系模式 R（U）上的函数依赖集，U 是属性全集，X、Y⊆U，则函数依赖 X→Y 是用 Armstrong 公理从 F 推出的，充分必要条件是 Y⊆X_F^+；反之，能用 Armstrong 公理从 F 推出的所有 X→Y 的 Y 都在 X_F^+ 中。

证明：设 Y = ｛ A_1，A_2，$\cdots$，A_k｝。

先证充分性：假定 Y⊆X_F^+，则根据 X_F^+ 的定义，X→A_i（i = 1,2,$\cdots$,k）可从 F 导出。根据合并规则，则有 X→Y。

再证必要性：设 X→Y 可由 Armstrong 公理导出。根据分解规则 X→A_i（i = 1,2,$\cdots$,k）成立。根据 X_F^+ 的定义可得 Y⊆X_F^+。证毕。

定理 6.3　Armstrong 公理是正确的、完备的。

证明　设 t 和 u 是关系 R 上的任意两个元组。

A1：如果 t[X] = u[X]，因为 Y⊆X，则有 t[Y] = u[Y]，故 X→Y 成立。

A2：如果 t[XZ] = u[XZ]，则有 t[X] = u[X]，t[Z] = u[Z]。

已知 X→Y，因此可得 t[Y] = u[Y]。

由上可得 t[YZ] = u[YZ]，故 XZ→YZ 成立。

A3：如果 t[X] = u[X]，则 t[Y] = u[Y]。

如果 t[Y] = u[Y]，则 t[Z] = u[Z]。

由上可得，如果 t[X] = u[X]，则 t[Z] = u[Z]，即 X→Z 成立。

所以 Armstrong 公理是正确的。

下面证明 Armstrong 公理是完备的。

所谓完备的，是指 F 所蕴含的每个函数依赖都可以根据 Armstrong 公理从 F 导出。

用反证法，假设 X→Y 不能根据 Armstrong 公理从 F 导出，要证 X→Y 必然不为 F 所蕴含，步骤如下。

1）如果 $V \rightarrow W \in F$ 且 $V \subseteq X_F^+$，则 $W \subseteq X_F^+$。这个结论证明如下：

$\because \ V \subseteq X_F^+$ （给定条件）

$\therefore \ X \rightarrow V$ （X_F^+ 定义）

$\because \ V \rightarrow W \in F$ （给定条件）

$\therefore \ X \rightarrow W$ （A3 传递律）

$\therefore \ W \subseteq X_F^+$ （X_F^+ 定义）

2）构造一个两元组的关系 r：

$$
\begin{array}{c|ccccc}
 & \multicolumn{5}{c}{X_F^+} \\
\hline
& 1 & 1 & 1 & \cdots & 1 \\
& 1 & 1 & 1 & \cdots & 1 \\
\end{array}
\qquad
\begin{array}{c|ccccc}
 & \multicolumn{5}{c}{U - X_F^+} \\
\hline
& 0 & 0 & 0 & \cdots & 0 \\
& 1 & 1 & 1 & \cdots & 1 \\
\end{array}
$$

假设 $V \rightarrow W \in F$，但不为 r 所满足，则必然 $V \subseteq X_F^+$ 且 $W \nsubseteq X_F^+$，否则不可能获得 r 不满足 $V \rightarrow W$ 的结论。

但由 1）应得 $W \subseteq X_F^+$，这与上述结论矛盾，即假设"$V \rightarrow W \in F$，但不为 r 所满足"不成立。因此，r 满足 F，当然也满足 F^+。

3）证明 r 不满足 $X \rightarrow Y$。

开始已假设，$X \rightarrow Y$ 不能根据 Armstrong 公理从 F 导出，故 $Y \nsubseteq X_F^+$，Y 中至少有一个属性属于 $U - X_F^+$。从上述的 r 结构可知，r 不可能满足 $X \rightarrow Y$。

由上可得，凡是不能根据 Armstrong 公理从 F 导出的函数依赖，必然不为 F 所蕴含。反之，F 所蕴含的函数依赖必然会根据 Armstrong 公理从 F 导出。证毕。

由上可知，"F 逻辑蕴含"与"根据 Armstrong 公理从 F 导出"这两个说法是等价的。因此，一个函数依赖 $X \rightarrow Y$ 能否用阿氏公理从 F 推出的问题，就变成判断 Y 是否为 X_F^+ 子集的问题，下面介绍计算 X_F^+ 的算法。

算法 6.1 计算属性集 $X(X \subseteq U)$ 关于 F 的闭包 X_F^+。

输入：属性全集 U，U 上的函数依赖集 F，以及属性集 $X \subseteq U$。

输出：X 关于 F 的闭包 X_F^+。

方法：根据下列步骤计算一系列属性集合 $X^{(0)}, X^{(1)}, \cdots, X^{(i)}$。

1）初始化：令 $X^{(0)} = X, i = 0$。

2）求属性集 $B = \{A | (\exists V)(\exists W)(V \rightarrow W \in F \land V \subseteq X^{(i)} \land A \in W)\}$。

　　/ * 在 F 中寻找满足条件 $V \subseteq X^{(i)}$ 的所有函数依赖 $V \rightarrow W$，并记属性 W 的并集为 B * /

3）$X^{(i+1)} = X^{(i)} \cup B$。

4）判断 $X^{(i+1)}$ 是否等于 $X^{(i)}$。

5）若不等，则用 $i+1$ 取代 i，返回 2）。

6）若相等，则 $X_F^+ = X^{(i)}$，结束。

下面以一个例子来说明算法 6.1 的求解过程。

例 6.4 设 $F = \{AH \rightarrow C, C \rightarrow A, EH \rightarrow C, CH \rightarrow D, D \rightarrow EG, CG \rightarrow DH, CE \rightarrow AG, ACD \rightarrow H\}$，令 $X = DH$，求 X_F^+。

解 1）$X^{(0)} = X = DH$。

2）在 F 中找出所有满足条件 $V \subseteq X^{(0)} = DH$ 的函数依赖 $V \rightarrow W$（左部为 DH 的子集的函数依赖），结果只有 $D \rightarrow EG$，则 $B = EG$，于是 $X^{(1)} = X^{(0)} \cup B = DEGH$。

3）判断是否 $X^{(i+1)} = X^{(i)}$，显然 $X^{(1)} \neq X^{(0)}$。

4）在 F 中找出所有满足条件 $V \subseteq X^{(1)} = DEGH$ 的函数依赖 $V \rightarrow W$（左部为 DEGH 的子集的函数依赖），结果为 $EH \rightarrow C$，于是 $B = C$，则 $X^{(2)} = X^{(1)} \cup B = CDEGH$。

5）判断是否 $X^{(i+1)} = X^{(i)}$，显然 $X^{(2)} \neq X^{(1)}$。

6）在 F 中找出所有满足条件 $V \subseteq X^{(2)} = CDEGH$ 的函数依赖 $V \rightarrow W$（左部为 CDEGH 的子集的函数依赖），结果为 $C \rightarrow A$，$CH \rightarrow D$，$CG \rightarrow DH$，$CE \rightarrow AG$，则 $B = ADGH$，于是 $X^{(3)} = X^{(2)} \cup B = CDEGH \cup B = ACDEGH$。

7）判断是否 $X^{(i+1)} = X^{(i)}$，这时显然 $X^{(3)} \neq X^{(2)}$。但 $X^{(3)}$ 已经包含了全部属性，所以不必再继续计算下去。

最后，$X_F^+ = (DH)^+ = \{ACDEGH\}$。

判断算法 6.1 的计算结束条件有以下 4 种方法。

1）$X^{(i+1)} = X^{(i)}$。

2）$X^{(i+1)}$ 已包含了全部属性。

3）在 F 中再也找不到函数依赖的右部属性是 $X^{(i)}$ 中未出现过的属性。

4）在 F 中再也找不到满足条件 $V \subseteq X^{(i)}$ 的函数依赖 $V \rightarrow W$。

6.3.3 函数依赖集的等价和覆盖

一个关系模式通常有若干个函数依赖集，它们有时有相同的闭包，因此，它们可以相互推导。实际上它们在关系模式上所起的作用是相同的，称它们是等价的。

定义 6.9（函数依赖集的等价、覆盖） 设 F 和 G 是关系 R(U) 上的两个依赖集，若 $F^+ = G^+$，则称 F 与 G 等价，记为 $F = G$。也可以称 F 覆盖 G，或 G 覆盖 F；也可说 F 与 G 相互覆盖。

检查两个函数依赖集 F 和 G 是否等价的方法如下。

1）第一步：检查 F 中的每个函数依赖是否属于 G^+，若全部满足，则 $F \subseteq G^+$。例如，若有 $X \rightarrow Y \in F$，则计算 X_G^+；如果 $Y \rightarrow X_G^+$，则 $X \rightarrow Y \in G^+$。

2）第二步：同第一步，检查是否 $G \subseteq F^+$。

3）第三步：如果 $F \subseteq G^+$，且 $G \subseteq F^+$，则 F 与 G 等价。

由此可见，F 和 G 等价的充分必要条件是：$F \subseteq G^+$，且 $G \subseteq F^+$。

引理 6.1 任一函数依赖集 F 总可以为一右部恒为单属性的函数依赖集所覆盖。

证明：构造 $G = \{X \rightarrow A \mid X \rightarrow Y \in F$ 且 $A \in Y\}$

由 $A \in Y$，$X \rightarrow Y \in F$，根据分解规则导出 $X \rightarrow A$，从而等到 $G \subseteq F^+$。

反之，如果 $Y = A_1 A_2 \cdots A_n$，而且 $X \rightarrow A_1$，$X \rightarrow A_2$，$\cdots$，$X \rightarrow A_n$ 在 G 中，可根据合并律得到 $F \subseteq G^+$。

由此可见，F 与 G 等价，即 F 被 G 覆盖。

一个函数依赖集 F 可能有若干个与其等价的函数依赖集，可以从中选择一个较好的以便应用的函数依赖集。"较好"的标准至少如下。

1）所有函数依赖均独立，即该函数依赖集中不存在这样的函数依赖，它可由这个集合中的别的函数依赖推导出来。

2）表示最简单，即每个函数依赖的右部为单个属性，左部最简单。

由此引出最小函数依赖集的概念。

定义 6.10（最小函数依赖集） 函数依赖集 F 如果满足下列条件，则称 F 为最小函数覆盖，记为 F_{min}。

1）F 中每一个函数依赖的右部都是单个属性。

2）F 中不存在这样的函数依赖 $X \rightarrow A$，使得 $F - \{X \rightarrow A\}$ 与 F 等价。

3）F 中也不存在这样的 X→A，使得（F－{X→A}）∪{Z→A}与 F 等价，其中 Z⊂X。

在上述 3 个条件中，条件 1）保证每个函数依赖的右部都不会有重复的属性；条件 2）保证 F 中没有重复的函数依赖；条件 3）保证每个函数依赖的左部没有重复属性。

求 F 最小函数依赖集的步骤如下。

1）检查 F 中的每个函数依赖 X→A，若 A = $A_1 A_2 \cdots A_k$，则根据分解规则，用 X→A_i（$i = 1, 2, \cdots, k$）取代 X→A。

2）检查 F 中的每个函数依赖 X→A，令 G = F－{X→A}，若有 A∈X_G^+，则从 F 中去掉此函数依赖。

3）检查 F 中的各函数依赖 X→A，设 X = $B_1, B_2, \cdots, B_m$，检查 B_i（$i = 1, 2, \cdots, m$），当 A∈$(X － B_i)_F^+$ 时，即以 X－B_i 替换 X。

下面以一个例子来说明函数依赖集的最小覆盖的求解过程。

例 6.5 求下列函数依赖集的最小函数依赖集：

$$F = \{AH→C, C→A, CH→D, ACD→H, C→EG, EH→C, CG→DH, CE→AG\}$$

解 1）用分解规则将 F 中的所有依赖的右部变成单个属性，可以得到以下 11 个函数依赖：

AH→C,C→A,CH→D,ACD→H　　　（给定条件）

C→E,C→G　　　（由 C→EG 分解得到）

EH→C　　　（给定条件）

CG→D,CG→H　　　（由 CG→DH 分解得到）

CE→A,CE→G　　　（由 CE→AG 分解得到）

2）根据阿氏公理去掉 F 中的冗余依赖。

由于从 C→A 可推出 CE→A（A2 扩展律），从 C→A,CG→D,ACD→H 可推出 CG→H，因此 CE→A 和 CG→H 冗余，可从 F 中删除。

3）用所含属性较少的依赖代替所含属性较多的依赖

由于 C→A、ACD→H 中的 A 是冗余属性，因此可用 CD→H 代替 ACD→H，故删除 ACD→H。

最后得到 F 的最小函数依赖集为：

$$F = \{AH→C, C→A, CH→D, CD→H, C→E, C→G, EH→C, CG→D, CE→G\}$$

必须指出，F 的最小函数依赖集可能有多个。如果选择的检查次序和运用的规则不同，可能得到不同的最小覆盖集。

6.4　关系模式的分解及其问题

本章 6.1 节中所提到的关系模式 S_C_G，在插入、删除和更新操作时会出现一些异常问题。这些问题可通过对 S_C_G 关系模式的分解来解决，即将一个关系模式分解成多个关系模式。在分解处理中会涉及一些新问题，如分解后原关系中的信息和函数依赖语义是否会丢失？为了保持原来模式所满足的特性，要求分解具有无损连接性和保持函数依赖性，本节围绕这些问题展开讨论。

定义 6.11（模式分解）　设有一关系模式 R（U,F），若用一关系模式集合{R_1（U_1, F_1），R_2（U_2, F_2），$\cdots$，R_n（U_n, F_n）}来取代，其中，U = $\overset{n}{\underset{i=1}{\cup}} U_i$ 称此关系模式集合为 R 的一个分解，记为 ρ = {R_1（U_1, F_1），R_2（U_2, F_2），$\cdots$，R_n（U_n, F_n）}。

其中：

1）U = $\overset{n}{\underset{i=1}{\cup}} U_i$ 即关系模式 R 的属性全集 U 是分解后所有小关系模式的属性集 U_i 的并。

2) 对每个 i、j（$1 \leq i, j \leq n$）有 $U_i \notin U_j$。

3) $F_i(i = 1, 2, \cdots, n)$ 是 F 在 U_i 上的投影，即 $F_i = \{X \rightarrow Y | X \rightarrow Y \in F^+ \wedge XY \in U_i\}$。

6.4.1 分解的无损连接性

一个关系模式经分解后，其元组也相应地被分散到分解后的各个关系模式中，能否保持原模式中的信息不被丢失？

例6.6 设在模式 $R(U, F)$ 中：

$$U = \{SNO, SNAME, DNAME, DADDR\}$$
$$F = \{SNO \rightarrow SNAME, SNO \rightarrow DNAME, DNAME \rightarrow DADDR\}$$

对 R 按下列方法进行分解：

$$= \{R_1(\{SNO, SNAME\}, \{SNO \rightarrow SNAME\}),$$
$$R_2(\{DNAME, DADDR\}, \{DNAME \rightarrow DADDR\})\}$$

定义 6.11 实际上仅给出了模式分解必须满足的基本条件，所以，一个分解即使满足了上述 3 个条件，有时也会出现不正常现象。

例如，对例 6.6 的分解和合并如图 6.1 所示。原来在关系 R 中可以很方便地查到学生程宏在哪个系，但在分解后的关系 R_1 和 R_2 中却无法查到了，这说明，在模式分解中，若不做进一步的限制，原模式存储的信息可能会丢失。其原因是分解后的关系无法通过自然连接等手段恢复原有关系内的所有数据。

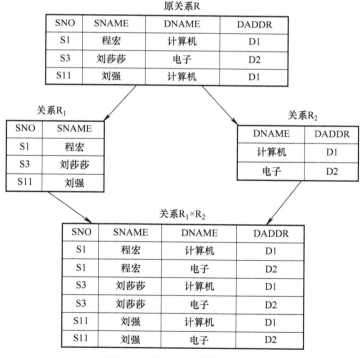

图 6.1　例 6.6 的分解与合并

虽然例 6.6 中 $R_1 \times R_2$ 的元组增加了，但信息却丢失了。希望在分解过程中不丢失信息，这个问题称为分解的无损连接（Lossless Join）。

假设按下列方法对 R 进行分解：

ρ = { R₁({ SNO,SNAME,DNAME } , { SNO→SNAME,SNO→DNAME }) ,

　　 R₂({ DNAME,DADDR }) , { DNAME→DADDR }) }

其分解结果和重新合并结果见表 6.5 ~ 表 6.7，这种分解方法没有丢失信息，合并后与原关系信息相同，因此这种分解具有无损连接。

表 6.5　关系 R₁

SNO	SNAME	DNAME
S1	程宏	计算机
S3	刘莎莎	信息管理
S11	刘强	计算机

表 6.6　关系 R₂

DNAME	DADDR
计算机	D1
信息管理	D2

表 6.7　R₁ ⋈ R₂

SNO	SNAME	DNAME	DADDR
S1	程宏	计算机	D1
S3	刘莎莎	信息管理	D2
S11	刘强	计算机	D1

1. 无损连接分解的定义

定义 6.12（无损连接分解）　设关系模式 R(U,F) 上的一个分解为 ρ = { R₁(U₁,F₁), R₂(U₂,F₂), ⋯, Rₖ(Uₖ,Fₖ) }，F 是 R(U,F) 上的一个函数依赖集。如果对 R 中满足 F 的任一关系 r 都有 $r = \prod_{R_1}(r)⋈\prod_{R_2}(r)⋈⋯⋈\prod_{R_i}(r)⋈⋯⋈\prod_{R_k}(r)$，则称这个分解 ρ 相对于 F 是无损连接分解，记为 $m_ρ(r)$，即 $m_ρ(r) = \prod_{R_1}(r)⋈\prod_{R_2}(r)⋈⋯⋈\prod_{R_i}(r)⋈⋯⋈\prod_{R_k}(r)$，称为关系 r 的投影连接表达式。

关系模式 R 关于 F 的无损连接条件是：任何满足 F 的关系 r 有 $r = m_ρ(r)$。

r 和 $m_ρ(r)$ 之间的联系可以用下面的定理来表示。

定理 6.4　设 R 是一关系模式，ρ = { R₁(U₁,F₁), R₂(U₂,F₂), ⋯, Rₖ(Uₖ,Fₖ) } 是关系模式 R 的一个分解，r 是 R 的任一关系，$r_i = \prod_{R_i}(r)(1≤i≤k)$，那么有：

① $r ⊆ m_ρ(r)$。

② 如果 $s = m_ρ(r)$，则 $\prod_{R_i}(s) = r_i$，或 $\prod_{U_i}(s) = \prod_{U_i}(r)$。

③ $m_ρ m_ρ(r) = m_ρ(r)$。

证明： 1）设有任意一个元组 t∈r，$t_i = t[U_i](i = 1,2,⋯,k)$，则 $t_i ∈ R_i$。根据自然连接定义可知 t 在 $⋈_{i=1}^{k}\prod_{R_i}(r)$ 中，即 $t ∈ m_ρ(r)$，所以 $r ⊆ m_ρ(r)$。

定理 6.4 中的①说明，一个关系模式经分解再连接恢复所得的新关系 $m_ρ(r)$ 的元组一般比原关系的元组要多，而且 $m_ρ(r)$ 一定包括原关系的元组。只有当 $r = m_ρ(r)$ 时，分解才是无损连接分解。

2）由定理 6.4 中的①可知 $r ⊆ m_ρ(r)$，可得到 $\prod_{R_i}(r) ⊆ \prod_{R_i}(m_ρ(r)) = \prod_{R_i}(s)$，即 $r_i ⊆ \prod_{R_i}(s)$（因为 $s = m_ρ(r)$，两边同时在 U_i 上投影，得 $\prod_{U_i}(r) ⊆ \prod_{U_i}(s)$）。

为了证明 $\prod_{R_i}(s) ⊆ r_i$，假设 $t_i ∈ \prod_{R_i}(s)$，则 s 中必存在满足 $t[R_i] = t_i$ 的元组 t。由于 t∈s，对每个 j，在 r_j 中必存在元组 u_j 满足 $t[R_j] = u_j(1≤j≤k)$，即 $u_j ∈ \prod_{R_j}(r) = r_j$。于是对那个特定的 i，亦有 $t[R_i] = u_i$，即 $t[R_i] ∈ r_i$。但 $t[R_i] = t_i$，所以 $t_i ∈ r_i$，从而得到 $\prod_{R_i}(s) ⊆ r_i$（即 $\prod_{U_i}(s) ⊆ \prod_{U_i}(R)$）。

由 $r_i ⊆ \prod_{R_i}(s)$ 和 $\prod_{R_i}(s) ⊆ r_i$ 可得 $\prod_{R_i}(s) = r_i$（即 $\prod_{U_i}(s) = \prod_{U_i}(r)$）。

3）由定理 6.4 中的②可知 $\prod_{R_i}(s) = r_i(i = 1,2,⋯,k)$，于是有 $⋈_{i=1}^{k}\prod_{R_i}(s) = ⋈_{i=1}^{k}r_i$。此式左式 = $m_ρ(s) = m_ρ m_ρ(r)$（由②得），右式 = $⋈_{i=1}^{k}\prod_{R_i}(r) = m_ρ(r)$，因此得：

$$m_ρ m_ρ(r) = m_ρ(r)$$

该定理 6.4 中的③说明，关系模式只有在第一次分解的连接恢复后才有可能丢失信息，此后的多次分解恢复均能使分解不失真。

但是也应该看到，当回答某些查询时，与原来的模式相比，利用分解后的模式可能要进行更多的连接。可见，只有当关系模式因数据冗余出现异常现象时，分解才是必要的。

2. 无损连接的检验

模式的分解方法很多，可以得到不同的分解新模式，不是任何分解都具有无损连接，因此如何检验或测试一个模式的分解具有无损连接性是很重要的问题。下面介绍两种检验无损连接分解常用的方法。

算法 6.2 无损连接检验表格构造法。

输入：一个关系模式 $R(A_1, A_2, \cdots, A_n)$，R 上的一个函数依赖集 F，以及 R 的一个分解 $\rho = \{R_1(U_1, F_1), R_2(U_2, F_2), \cdots, R_k(U_k, F_k)\}$。

输出：确定 ρ 是否是一个无损连接分解。

方法：

1）构造一个 n 列 k 行表，每一行对应于一个模式 $R_i(1 \leq i \leq k)$，每一列对应于一个属性 A_j $(1 \leq j \leq n)$，见表 6.8。

表 6.8   用于检验无损连接分解的 $n \times k$

A_j R_i	A_1	A_2	...	A_n
R_1				
R_2				
...				
R_k				

2）初始表（填表）：若 $A_j \in R_i$，则在第 i 行第 j 列上填入 a_j，否则填入 b_{ij}。

3）修改表：反复检查 F 中的每一个函数依赖 X→Y，按下面的方法修改表格中的元素。

取 F 中的函数依赖 X→Y，检查 X 中的属性所对应的列，找出 X 相等的那些行，将这些 X 的符号相同行中的 Y 的属性所对应的符号改成一致。即如果其中有 a_j，则将 b_{ij} 改为 a_j；若无 a_j，则将它们全改为 b_{ij}，一般取 i 为其中的最小行号值。

4）如果发现某一行变成 $a_1, a_2, \cdots, a_k$，则此分解 ρ 具有无损连接分解性。

注意：在算法第 3）步中，修改时至少要找到两行以上的 X 值相等。此外，所谓"反复"，既包括在前一次修改后继续进行修改，也包括使用 F 中的传递函数依赖。

例 6.7   设有 R(U, F)，其中，U = (A, B, C, D, E)，F = {A→C, B→C, C→D, DE→C, CE→A}，R 的一个分解 $\rho = \{R_1(AD), R_2(AB), R_3(BE), R_4(CDE), R_5(AE)\}$ 是否为无损分解？

解   根据算法 6.2 中的 1）和 2）构造初始表，见表 6.9。

表 6.9   例 6.7 的初始表

A_j R_i	A	B	C	D	E
R_1 : AD	a_1	b_{12}	b_{13}	a_4	b_{15}
R_2 : AB	a_1	a_2	b_{23}	b_{24}	b_{25}
R_3 : BE	b_{31}	a_2	b_{33}	b_{34}	a_5
R_4 : CDE	b_{41}	b_{42}	a_3	a_4	a_5
R_5 : AE	a_1	b_{52}	b_{53}	b_{54}	a_5

根据 A→C，对表 6.9 进行处理，将 b_{13}、b_{23}、b_{53} 改成同一符号 b_{13}，即 $b_{23} = b_{53} = b_{13}$。再根据 B→C，将 b_{33}、b_{13}（R_2 中）改成同一符号 b_{13}。修改后见表 6.10。

表 6.10　例 6.7 的修改表（1）

R_i ＼ A_j	A	B	C	D	E
R_1：AD	a_1	b_{12}	b_{13}	a_4	b_{15}
R_2：AB	a_1	a_2	b_{13}	b_{24}	b_{25}
R_3：BE	b_{31}	a_2	b_{13}	b_{34}	a_5
R_4：CDE	b_{41}	b_{42}	a_3	a_4	a_5
R_5：AE	a_1	b_{52}	b_{13}	b_{54}	a_5

考虑 C→D，根据上述修改原则，将 D 所在的 b_{24}、b_{34}、b_{54} 均修改成 a_4，其结果见表 6.11。

表 6.11　例 6.7 的修改表（2）

R_i ＼ A_j	A	B	C	D	E
R_1：AD	a_1	b_{12}	b_{13}	a_4	b_{15}
R_2：AB	a_1	a_2	b_{13}	a_4	b_{25}
R_3：BE	b_{31}	a_2	b_{13}	a_4	a_5
R_4：CDE	b_{41}	b_{42}	a_3	a_4	a_5
R_5：AE	a_1	b_{52}	b_{13}	a_4	a_5

再考虑 DE→C，根据修改原则，将 C 所在的第 3、4、5 行的 b_{13}、a_3、b_{13} 均修改成 a_3，其结果见表 6.12。

表 6.12　例 6.7 的修改表（3）

R_i ＼ A_j	A	B	C	D	E
R_1：AD	a_1	b_{12}	b_{13}	a_4	b_{15}
R_2：AB	a_1	a_2	b_{13}	a_4	b_{25}
R_3：BE	b_{31}	a_2	a_3	a_4	a_5
R_4：CDE	b_{41}	b_{42}	a_3	a_4	a_5
R_5：AE	a_1	b_{52}	a_3	a_4	a_5

再考虑 CE→A，根据修改原则，将 A 所在的第 3、4、5 行的 b_{31}（由 B→C 推出）、b_{41}（由 A→C 推出）、a_1 均修改成 a_1，其结果见表 6.13。

表 6.13　例 6.7 的修改表（4）

R_i ＼ A_j	A	B	C	D	E
R_1：AD	a_1	b_{12}	b_{13}	a_4	b_{15}
R_2：AB	a_1	a_2	b_{13}	a_4	b_{25}
R_3：BE	a_1	a_2	a_3	a_4	a_5
R_4：CDE	a_1	b_{42}	a_3	a_4	a_5
R_5：AE	a_1	b_{52}	a_3	a_4	a_5

由表 6.13 可以看出，此时第 3 行已是 a 行，因此该分解是无损连接分解。

上述算法 6.2 可以正确地判断一个分解是否是无损连接分解。

证明 先证明算法 6.2 中的判断条件是必要的。假设算法的最后表中没有一行是全 a 行，可把该表看作 R 的一个关系 r，而 r 满足 F，但 $m_\rho(r) \neq r$。

因为，根据 r 的构造算法，把 r 投影到 ρ 中的关系模式中，即 $\prod_{R_i}(r) = r_i$ 中有全 a 行，从而对它们做自然连接的结果 $m_\rho(r)$ 中一定有全 a 行。因此由 $m_\rho(r) \neq r$ 表明，这是一个连接失真分解，从而证明：若是无损连接分解，必定有全 a 行。

再证明算法 6.2 中的判断条件是充分的。

假设由算法 6.2 生成的最后表中有一行是全 a 行。设 r 为 R 的任一值，则由 $m_\rho(r)$ 的定义 $r = m_\rho(r) = \bowtie_{i=1}^k \prod_{R_i}(r) = \bowtie_{i=1}^k r_i$ 可知，s 中的每一元组 t 都由 $r_i(i=1,2,\cdots,k)$ 中满足连接条件的元组拼接而成。

试从 r 中任取 k 个元组，取代表格 T 中的 k 行。因为 r 是 R 的一个值，它也是满足 F 的，将 k 个元组填入表格 T 后，一定能够满足 F 对 T 所施加的约束。设填入表格 T 中的 k 个元组依次为 $t_1,t_2,\cdots,t_k$，则 $t_i[R_i](1 \leq i \leq k)$ 对应于原来 T 中的 a 的位置。如果 $t_1[R_1],t_2[R_2],\cdots,t_k[R_k]$ 是可连接的，则可拼接成 $m_\rho(r)$ 的一个元组。这样形成的 $m_\rho(r)$ 的元组必等于原来 T 中全 a 行所对应的元组，也就是从 r 中所取的 k 个元组之一。因为这 k 个元组是从 r 中任取的，故 $m_\rho(r)$ 中的任一元组都可以按此方法形式。从这个意义来说，这种具有全 a 行的表格 T 实际上可看成是由 $m_\rho(r)$ 的定义或 $m_\rho(r)$ 的元组生成的。

假设 T 具有全 a 行，则 $m_\rho(r)$ 的每个元组都可以如此产生，而且所产生的 $m_\rho(r)$ 的元组又都是从 r 中所取的 k 个元组之一。这就表明，在此情况下，$m_\rho(r)$ 的每个元组都毫无例外地是 r 的一个元组，即 $m_\rho(r) \subseteq r$。

由定理 6.4 中的①可知，$r \subseteq m_\rho(r)$，故 $r = m_\rho(r)$。

由此可见，只要由算法 6.2 所生成的表格 T 具有全 a 行，则 R 可被无损连接分解，即算法 6.2 中的判断条件是充分的。

证毕。

上述方法是检验无损连接分解的一般性方法。对于分解为两个模式的情况，可根据下面的定理 6.5，用更简单的方法检验。

定理 6.5 设 $\rho = \{R_1,R_2\}$ 是关系模式 R 的一个分解，F 是 R 的一个函数依赖集，则对于 F，ρ 具有无损连接性的充分必要条件是 $R_1 \cap R_2 \to R_1 - R_2 \in F^+$，或 $R_1 \cap R_2 \to R_2 - R_1 \in F^+$。

注意：该定理中的两个函数依赖不一定要属于 F，只要属于 F^+ 就可以了。

例 6.8 设关系模式 R（{SNO, SNAME, CNO, SCORE}，{SNO→SNAME，(SNO, CNO)→SCORE}）的一个分解为 $\rho = \{R_1(\{SNO, SNAME\}, \{SNO→SNAME\}), R_2(\{SNO, CNO, SCORE\}, \{(SNO, CNO)→SCORE\})\}$，请检验此分解是否具有无损连接性。

解 因为 $R_1 \cap R_2 = SNO$，$R_1 - R_2 = SNAME$，故 $R_1 \cap R_2 \to R_1 - R_2$，且 SNO→SNAME 属于 F，所以该分解具有无损连接性。

定理 6.5 和例 6.8 告诉我们一个事实：如果两个关系模式间的公共属性集至少包含其中一个关系模式的关键字，则此分解必定具有无损连接性。

例 6.9 已知 R(A,B,C)，$F = \{A→B, C→B\}$，请检验 $\rho = \{AB, BC\}$ 是否无损连接分解。

解 $R_1 \cap R_2 = B$，$R_1 - R_2 = A$，$R_2 - R_1 = C$，但 B→A 或 B→C 都不成立，即不属于 F^+，故 ρ 不具有无损连接性。

6.4.2 保持函数依赖性

一个关系模式经分解后，其函数依赖集 F 也随之被分解，那么分解后的依赖集 F_i 的并集是否能保持原有的函数依赖关系？即$(\underset{i=1}{\overset{n}{\cup}}F_i)^+ = F^+$是否成立？若出现$F^+ \supset (\underset{i=1}{\overset{n}{\cup}}F_i)^+$，说明分解后有些函数依赖丢失了。但分解后的关系模式中可能出现新的函数依赖，如果此时利用这些函数依赖集分析模式满足的条件，就会出现一些反常现象。

例如，对例6.6进行如下分解：

$F = \{SNO \rightarrow SNAME, SNO \rightarrow DNAME, DNAME \rightarrow DADDR\}$

$F_1 \cup F_2 = \{SNO \rightarrow SNAME, DNAME \rightarrow DADDR\}$

$F^+ = \{SNO \rightarrow SNAME, SNO \rightarrow DNAME, DNAME \rightarrow DADDR, SNO \rightarrow DADDR\}$

$(F_1 \cup F_2)^+ = \{SNO \rightarrow SNAME, DNAME \rightarrow DADDR\}$

可以看到，分解后的关系模式仅保持了原有函数依赖集中的部分函数依赖，其余的函数依赖都丢失了。

又例如，对例6.6进行如下分解：

$F = \{SNO \rightarrow SNAME, SNO \rightarrow DNAME, DNAME \rightarrow DADDR\}$

$F_1 \cup F_2 = \{SNO \rightarrow SNAME, SNO \rightarrow DNAME, DNAME \rightarrow DADDR\}$

$F^+ = \{SNO \rightarrow SNAME, SNO \rightarrow DNAME, DNAME \rightarrow DADDR, SNO \rightarrow DADDR\}$

$(F_1 \cup F_2)^+ = \{SNO \rightarrow SNAME, SNO \rightarrow DNAME, DNAME \rightarrow DADDR, SNO \rightarrow DADDR\}$

可以看到，分解后的关系模式保持了原有函数依赖集中的全部函数依赖。

我们知道，函数依赖表达了关系模式的语义信息，因此，如何在分解过程中保持原有的函数依赖关系，也是一个重要问题。这个问题称为分解的保持函数依赖性。

在6.4.1小节中，我们已清楚地看到，要求关系模式分解具有无损连接性是必要的，因为它保证了任何一个关系可由它的那些投影进行自然连接得到恢复。

保持关系模式的一个分解等价的另一个重要条件是关系模式的函数依赖集在分解后仍在数据库模式中保持不变，即关系模式R到$\rho = \{R_1, R_2, \cdots, R_k\}$的分解，应使函数依赖集F被其在$R_i$上的投影蕴含，这就是保持函数依赖性问题。

如果关系模式在分解后不保持函数依赖，那么在数据库中就会出现异常现象。

设有关系模式R，F是R上的函数依赖集，Z是R上的一个属性集合，则称Z所涉及的F^+中的所有函数依赖为F在Z上的投影，记为$\prod_Z(F)$。

该定义实质上是，当$X \rightarrow Y \in F^+$时，若$XY \subseteq Z$，则有$\prod_Z(F)$，可以定义为：

$$\prod_Z(F) = \{X \rightarrow Y \mid X \rightarrow Y \in F^+ \wedge XY \subseteq Z\}$$

定义6.13（保持函数依赖性） 设关系模式R的一个分解为$\rho = \{\{R_1, F_1\}, \{R_2, F_2\}, \cdots, \{R_k, F_k\}\}$，F是R上的依赖集，如果对于所有的$i = 1, 2, \cdots, k$，$\prod_Z(F)$中的全部函数依赖的并集逻辑地蕴含F中的全部依赖，则称分解ρ具有保持函数依赖性，即

$$F \subseteq (\underset{i=1}{\overset{k}{\cup}} \prod_{R_i}(F))^+$$

希望分解ρ具有保持函数依赖性，应基于以下两点考虑：

1）函数依赖表达了关系模式的语义信息或某种限制。

2）尽管分解ρ具有对F的无损连接性，但不一定具有保持函数依赖性，因此当对某个R_i进行修改时，都必须进行连接运算，以检验这种修改是否满足给定的语义限制，这当然很不方便。

检验保持函数依赖的条件是否满足，实际上是检验$\underset{i=1}{\overset{k}{\cup}} \prod_{R_i}(F)$是否覆盖F，保持函数依赖的检验方法见算法6.3。

算法6.3 检验一个分解是否保持函数依赖。

输入：分解 $\rho = \{\{R_1,F_1\},\{R_2,F_2\},\cdots,\{R_k,F_k\}\}$ 和函数依赖集 F。

输出：ρ 否保持 F。

方法：令 $G = \bigcup_{i=1}^{k}\prod_{R_i}(F)$，为了检验 G 是否覆盖 F，可对 F 中的每一个 X→Y 进行下列检查。

计算 X 关于 G 的闭包 X_G^+，并且检查 Y 是否包含在 X_G^+ 中。为了计算 X_G^+，不必求出 G，可以分别、反复地计算 $\prod_{R_i}(F)(i=1,2,\cdots,k)$ 对 X_G^+ 所增加的属性。这可以用下面的算法：

```
Z = X
while(Z 有改变)  do
    for i =1 to k do
        Z = Z∪((Z∩R_i)⁺∩R_i)
```

$Z\cap R_i$ 是 Z 中与 R_i 有关的属性。$(Z\cap R_i)^+$ 是 $Z\cap R_i$ 关于 F 的闭包。$(Z\cap R_i)^+\cap R_i$ 是 $\prod_{R_i}(F)$ 对 X_G^+ 所增加的属性。经反复计算，直至 Z 不变为止。最终的 Z 就是 X 关于 G 的闭包 X_G^+。如果 $Y\subseteq X_G^+$，则 $X\rightarrow Y\in G^+$。

如果 F 中的所有函数依赖经检查都属于 G^+，则 ρ 保持函数依赖，否则 ρ 不保持函数依赖。

例6.10 设有关系模式 R(A,B,C,D)，$F=\{A\rightarrow B,B\rightarrow C,C\rightarrow D,D\rightarrow A\}$，试判别分解 $\rho=\{R_1(\{A,B\},\{A\rightarrow B\}),R_2(\{B,C\},\{B\rightarrow C\}),R_3(\{C,D\},\{C\rightarrow D\})\}$ 是否保持函数依赖。

解 $\prod_{R_1}(F)=\{A\rightarrow B\}$，$\prod_{R_2}(F)=\{B\rightarrow C\}$，$\prod_{R_3}(F)=\{C\rightarrow D\}$，F 中的前 3 个函数依赖已明显在 G 中，只需要检验 D→A 是否为 G 所蕴含。

令 $Z=\{D\}$ 作为 Z 的初始值。

第一趟：

```
i =1
Z∩R_1 ={D}∩{A,B} =Φ, Z 不变
i =2
Z∩R_2 ={D}∩{B,C} =Φ, Z 不变
i =3
Z∩R_3 ={D}∩{C,D} ={D}
Z ={D}∪(D⁺∩{C,D}) ={D}∪({A,B,C,D}∩{C,D}) ={C,D}
```

第二趟：

```
i =1
Z∩R_1 ={C,D}∩{A,B} =Φ, Z 不变
i =2
Z∩R_2 ={C,D}∩{B,C} ={C}
Z ={C,D}∪(C⁺∩{B,C}) ={C,D}∪({A,B,C,D}∩{B,C})
  ={B,C,D}
i =3
Z∩R_3 ={B,C,D}∩{C,D} ={C,D}
Z ={B,C,D}∪({C,D}⁺∩{C,D})
  ={B,C,D}∪({A,B,C,D}∩{C,D}) ={B,C,D}, Z 不变
```

第三趟：

```
i =1
Z∩R_1 ={B,C,D}∩{A,B} ={B}
```

$$Z = \{B,C,D\} \cup (B^+ \cap \{A,B\})$$
$$= \{B,C,D\} \cup (\{A,B,C,D\} \cap \{A,B\}) = \{A,B,C,D\}$$

Z 已等于全部属性的集合，不可能再变，故 $D^+ = \{A,B,C,D\}$，所以 $D \rightarrow A \in G^+$，即分解 ρ 保持函数依赖。

6.5 关系模式的规范化

前面提到数据依赖引起的主要问题是更新异常，解决的方法是进行关系模式的合理分解，也就是进行关系模式规范化。在关系模式的分解中，函数依赖起着重要的作用，那么分解后的模式好坏，用什么标准来衡量呢？本节将研究模式的各种设计，使模式的函数依赖集满足特定的要求。满足特定要求的模式称为范式。

6.5.1 范式

关系规范化的条件可以分成几级，每一级称为一个范式，记为 XNF，其中 X 表示级别，NF 是范式（Normal Form），即关系模式满足的条件。

范式的级别越高，条件越严格，因此有：

$$5NF \subset 4NF \subset BCNF \subset 3NF \subset 2NF \subset 1NF$$

范式的概念是由 E. F. Codd 在 1970 年首先提出来的，当时是 1NF 问题；1972 年又进一步提出 2NF、3NF；1974 年，Boyce 和 Codd 等人共同提出 BCNF；1976 年，Fagin 又提出 4NF；后来又出现 5NF 等。

1. 1NF

定义 6.14（1NF） 如果一个关系模式 R 的每个属性的域都只包含单纯值，而不是一些值的集合或元组，则称 R 是第一范式，记为 $R \in 1NF$。

把一个非规范化关系模式变为 1NF 有两种方法：一种方法是把不含单纯值的属性分解为多个属性，并使它们仅含单纯值。

例 6.11 设模式 P（PNO，PNAME，QOH，PJ（PJNO，PJNAME，PJMNO，PQC））的关键字为 PNO（零件号），其余属性的含义为 PNAME——零件名，QOH——库存量，PJNO——工程号，PJNAME——工程名，PJMNO——工程经理号，PQC——某工程使用的零件数量。

将模式 P 变为

P(<u>PNO</u>，PNAME，QOH，<u>PJNO</u>，PJNAME，PJMNO，PQC)

其中带有下画线的是主属性。

把非规范化关系模式变成 1NF 的第二种方法是把关系模式分解，并使每个关系都符合 1NF。例如，对于例 6.11 有：

P1（<u>PNO</u>，PNAME，QOH）

PJ1（<u>PNO，PJNO</u>，PJNAME，PJMNO，PQC）

关系 PJ1 存在异常现象，例如，一个新工程刚提出，仅有工程信息，也没有使用零部件，此时工程数据就不能写入数据库，原因是存在部分函数依赖：

$$(PNO,PJNO) \xrightarrow{f} PQC \qquad (PNO,PJNO) \xrightarrow{p} PJNAME,PJMNO$$

2. 2NF

定义 6.15（2NF） 如果关系模式 $R \in 1NF$，且它的任一非主属性都完全函数依赖于任一候选关键字，则称 R 满足第二范式，记为 R∈2NF。

把一个 1NF 的关系模式变为 2NF 的方法是通过模式分解，使任一非主属性完全函数依赖于它的任一候选关键字。

例如对例 6.11，可把 PJ1 进一步分解成：

PJ2(PNO,PJNO,PQC)

J(PJNO,PJNAME,PJMNO)

3. 3NF

考察关系模式 STUDENT(SNO,SNAME,DNAME,DADDR)，SNO 为候选关键字。但若假定一个系的学生住在同一楼里，即一个系的学生的 DADDR 值一样，显然，SNO→DNAME，DNAME→DADDR，故 SNO→DADDR，该关系模式在 DADDR 列存在高度数据冗余。分析其原因，是由于原关系模式中存在传递函数依赖。因此，要消除数据冗余这种异常现象，必须使关系模式中不出现传递函数依赖。

定义 6.16（3NF） 如果关系模式 R∈2NF，且每一个非主属性不传递依赖于任一候选关键字，则称 R∈3NF。

例如，把关系模式 STUDENT 分解成：

S(SNO,SNAME,DNAME)

DEPT(DNAME,DADDR)

这两个关系模式中都不存在传递函数依赖，从而消除了数据冗余。

注意：一个关系模式满足 3NF 的充分必要条件是，它的每个非主属性既不部分依赖，也不传递依赖于候选关键字。

4. BCNF

1974 年，Boyce 和 Codd 等人从另一个角度研究了范式，发现函数依赖中的决定因素和关键字之间的联系与范式有关，从而创立了另一种第三范式，称为 Boyce-Codd 范式，简称 BCNF，但其条件比 3NF 更苛刻。

定义 6.17（BCNF） 设有关系模式 R 及其函数依赖集 F，X 和 A 是 R 的属性集合，且 $A \not\subseteq X$。如果只要 R 满足 X→A，X 就必包含 R 的一个候选关键字，则称 R 满足 BCNF，记为 R∈BCNF。

由 BCNF 的定义可知，一个满足 BCNF 的关系模式有：

1）所有非主属性 A 对键都是完全函数依赖的（R∈2NF）。

2）没有任何属性完全函数依赖于非键的任何一组属性（R∈3NF）。

3）所有主属性对不包含它的键也是完全函数依赖的（新增加条件）。

例如，模式 S(SNAME,SEX,BIRTH,ADDR,DNAME)的主属性为 SNAME、SEX、BIRTH 和 ADDR，候选关键字为(SNAME,SEX)、(SNAME,BIRTH)以及(SNAME,ADDR)。定义中的 A 为(ADDR,DNAME)，显然有：

$$(SNAME,SEX) \xrightarrow{f} ADDR \qquad (SNAME,BIRTH) \xrightarrow{f} ADDR$$

如果一个关系模式 R∈BCNF，则它必满足 3NF，反之不一定成立。下面用几个例子来说明属于 3NF 的关系模式有的属于 BCNF，有的不属于 BCNF。

例 6.12 设有关系模式 C(CNO,CNAME,PRE_CNO)，它只有一个键 CNO，这里没有任何非主属性对 CNO 部分依赖或传递依赖，所以 C∈3NF。同时，S 中也只有一个主属性 CNO，不存在主属性对不包含它的键部分函数依赖，所以 C∈BCNF。同理，上述的 S、SC 是 BCNF。

例 6.13 设有关系模式 STC(SNO, TNO, CNO), SNO 表示学号, TNO 表示教师编号, CNO 表示课程号。每一个教师只教一门课, 每门课有若干教师, 某一个学生选定某门课, 就对应一个固定教师。试判断 ST 的最高范式。

解 由语义可得到如下的函数依赖:

$$(SNO, CNO) \rightarrow TNO, (SNO, TNO) \rightarrow CNO, TNO \rightarrow CNO$$

这里的 (SNO, CNO), (SNO, TNO) 都是候选关键字。

因为没有任何非主属性对候选关键字部分依赖, 所以 STC $\in$ 2NF。

因为没有任何非主属性对候选关键字传递依赖, 所以 STC $\in$ 3NF。

但在 F 中有 TNO $\rightarrow$ CNO, 而 TNO 不包含候选关键字, 所以 STC 不是 BCNF 关系。

这里可以将 STC(SNO, TNO, CNO) 分解成 ST(SNO, TNO) 和 TC(TNO, CNO), 它们都是 BCNF。

至此, 由函数依赖引起的异常现象, 只要分解成 BCNF, 即可获得解决。在 BCNF 中, 每个关系模式内部的函数依赖均比较单一和有规则, 它们紧密依赖, 构成一个整体, 从而可避免出现异常现象和数据冗余。BCNF 在数据冗余、插入、修改和删除中具有较好的特性。从范式所允许函数依赖方面进行比较, 它们之间的转换关系如图 6.2 所示。

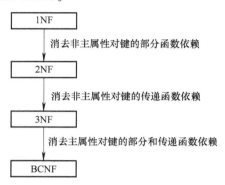

图 6.2 从 1NF 到 BCNF 之间的转换关系

6.5.2 模式分解的算法

按照前面讨论的模式分解理论, 一个模式分解必须满足:

1) 无损连接性;
2) 保持函数依赖性;
3) 某一级范式。

但事实上不能顺利地同时满足上述 3 个条件, 一般而言:

1) 若要求无损连接, 则分解可达到 BCNF。

2) 若要求保持函数依赖, 则分解可达到 3NF, 但不一定能达到 BCNF。

3) 若同时要求无损连接和保持函数依赖, 则分解可达到 3NF, 但不一定能达到 BCNF。

下面分别介绍有关的分解算法。

1. 结果为 BCNF 的无损连接分解

结果为 BCNF 的无损连接分解算法依据下面的定理。

定理 6.6 分解定理。

1) 设 F 是关系模式 R 的函数依赖集, $\rho = \{R_1, R_2, \cdots, R_k\}$ 是 R 的一个分解, 且对于 F 有无损连接性。设 F_i 为 F 在 R_i 上的投影, 即 $F_i = \prod_{R_i}(F)$。

如果 X 和 Y 均为 R_i 的子集, 则 X $\rightarrow$ Y $\in$ F$^+$。又设 $\rho_1 = \{S_1, S_2, \cdots, S_m\}$ 为 R_i 的一个分解, 且对于 F_i 具有无损连接性。如果将 R 分解为 $\{R_1, R_2, \cdots, R_{i-1}, S_1, S_2, \cdots, S_m, R_{i+1}, \cdots, R_k\}$, 则这一分解相对于 F 的一个无损连接性分解。

2) 设 $\rho_2 = \{R_1, R_2, \cdots, R_k, R_{k+1}, \cdots, R_n\}$ 为 R 的一个分解, 其中包含了 ρ 的那些关系模式, 则 ρ_2 相对于 F 的一个无损连接性分解。

证明: 1) 设 r 是 R 的关系, 由于 ρ 是无损连接性分解, 因此 $r = \bowtie_{i=1}^{k} \prod_{R_i}(r)$。设 $r_i = \prod_{R_i}(r)$,

由于 r 满足 F，因此 r_i 满足 $\prod_{R_i}(F)$。根据 ρ_1 是相对于 $\prod_{R_i}(F)$ 的无损分解可知 $r_i = \bowtie_{i=1}^{m} \prod_{S_i}(r_i)$。

$$r = \prod_{R_1}(r) \bowtie \cdots \bowtie \prod_{R_{i-1}}(r) \bowtie r_i \bowtie \prod_{R_{i+1}}(r) \bowtie \cdots \bowtie \prod_{R_k}(r)$$

$$= \prod_{R_1}(r) \bowtie \cdots \bowtie \prod_{R_{i-1}}(r) \bowtie \prod_{S_1}(r_i) \bowtie \cdots \bowtie \prod_{S_m}(r_i) \bowtie \prod_{R_{i+1}}(r) \bowtie \cdots \bowtie \prod_{R_k}(r)$$

根据投影性质可知，$\prod_{S_p}(r_1) = \prod_{S_p}(\prod_{S_p}(r)) = \prod_{S_p}(r)$，所以有：

$$r = \prod_{R_1}(r) \bowtie \cdots \bowtie \prod_{R_{i-1}}(r) \bowtie \prod_{S_1}(r) \bowtie \cdots \bowtie \prod_{S_m}(r) \bowtie \prod_{R_{i+1}}(r) \bowtie \cdots \bowtie \prod_{R_k}(r)$$

根据无损连接性的定义可知 R 分解成 $\{R_1, R_2, \cdots, R_{i-1}, S_1, S_2, \cdots, S_m, R_{i+1}, \cdots, R_k\}$，相对于 F 的一个无损连接性分解。

2）设 r 是 R 的一个关系，由于 $r \subseteq m_{\rho_2}(r)$，因此只需要证明 $m_{\rho_2}(r) \subseteq r$ 即可。

根据 ρ 是无损连接性分解可知 $\prod_{R_1}(r) \bowtie \cdots \bowtie \prod_{R_{i-1}}(r) = r$，容易证明 $r \bowtie \prod_{R_{i+1}}(r) \bowtie \cdots \bowtie \prod_{R_k}(r) \subseteq r$，这是因为对 r 的进一步连接操作等价于做选择操作，只能得到 r 的子集。因此：$\prod_{R_1}(r) \bowtie \cdots \bowtie \prod_{R_i}(r) \bowtie \prod_{R_{i+1}}(r) \bowtie \cdots \bowtie \prod_{R_k}(r) \subseteq r$ 成立，即 $m_{\rho_2}(r) \subseteq r$。

这样就可得到 $r = m_{\rho_2}(r)$，即 ρ_2 相对于 F 的一个无损连接性分解。

结果为 BCNF 的无损连接算法描述如下。

算法 6.4 结果为 BCNF 的无损连接分解算法。

输入：R（U，F）。

输出：分解 $\rho = \{R_1(U_1, F_1), R_2(U_2, F_2), \cdots, R_k(U_k, F_k)\}$，且 $F_i = \prod_{R_i}(F)$，满足 BCNF。

方法：反复应用定理 6.6 的分解定理逐步分解关系模式 R，使每次分解具有无损连接性，并且分解出来的模式是 BCNF。

1）置初值 $\rho = \{R\}$。

2）如果 ρ 中的所有关系模式都是 BCNF，则转 4）。

3）如果 ρ 中有一个关系模式 S 不是 BCNF，则 S 中必能找到一个函数依赖 X→A 中有 X 不是 S 的键，且 $A \notin X$，设 $S_1 = XA$，$S_2 = S - A$，用分解 $\{S_1, S_2\}$ 代替 S，则转 2）。

4）分解结束，输出 ρ。

下面通过一个例子来说明具体的分解方法。

例 6.14 设有关系模式 CTHRSG（C，T，H，R，S，G）及其函数依赖集 $F = \{CS \rightarrow G, C \rightarrow T, HR \rightarrow C, HS \rightarrow R, HT \rightarrow R\}$。

其中，C 表示课程；T 表示教师；H 表示时间；R 表示教室；S 表示学生；G 表示成绩；依赖 CS→G 表示每个学生的每门课程只有一个成绩；C→T 表示每门课程仅有一名教师；HR→C 表示在任一时间，每个教室只能上一门课程；HS→R 表示在任一时间，每个学生只能在一个教室听课；HT→R 表示在任一时间，每个教师只能在一个教室上课。

将其分解成 BCNF 且无损连接的步骤如下。

（1）求所有候选关键字

如果直接根据候选关键字的定义来求一个关系模式的所有关键字，是非常麻烦的。下面是求候选关键字的经验方法。

1）若属性 A 仅出现在所有函数依赖的右部，则它一定不包含在任何候选关键字中。

2）若属性 A 仅出现在所有函数依赖的左部，则它一定包含在某个候选关键字中。

3）若属性 A 既出现在函数依赖的右部，又出现在左部，则它可能包含在候选关键字中。

4）在上述基础上求属性集闭包。

对本例，G 仅出现在函数依赖的右部，则它不包含在候选关键字中；属性 H 和 S 仅出现在函数依赖的左部，则 H 和 S 必包含在候选关键字中。计算 $(HS)^+$ 为

$(HS)^{(0)} = HS$，$(HS)^{(1)} = HSR$，$(HS)^{(2)} = HSRC$，$(HS)^{(3)} = CTHRSG$，$(HS)^{(4)} = CTHRSG$，

117

即（HS）$^+$=CTHRSG，故 HS 是模式 CTHRSG 的唯一关键字。

（2）分解

首先在 F 中找出这样一个函数依赖 X→A，其中 X 不包含 R 的任何候选关键字，也不包含 A，把 R 分解成 R$_1$（X，A）和 R$_2$（S－A）。

对于本例，首先考虑 CS→G（这个函数依赖不满足 BCNF 条件，函数依赖左边的 CS 不包含键 HS，则将其分解为 XA 和 S－A），则 CTHRSG＝{CSG，CTHRS}。

为进一步分解，需要求 F$^+$在 CSG 和 CTHRS 上的投影：

$$\prod_{CSG}(F)=\{CS→G\}；\prod_{CTHRS}(F)=\{C→T，HR→C，HS→R，TH→R\}=F_1$$

很显然，模式 CSG 是 BCNF；模式 CTHRS 不是 BCNF（因为其键为 HS，模式中还存在不为键的决定因素），还要继续分解。

1）求得 CTHRS 的候选关键字为 HS。

2）再分解 CTHRS，选 C→T（C 不是模式 CTHRS 的键，T 不在 C 中），将 CTHRS 分解为 CTHRS＝{CT，CHRS}。函数依赖集 CT 上投影的最小覆盖是 C→T，在 CHRS 上的投影的最小覆盖是 CH→R，HS→R，HR→C，记作：

$$\prod_{CT}(F_1)=\{C→T\}；\prod_{CHRS}(F_1)=\{CH→R，HS→R，HR→C\}=F_2$$

显然，模式 CT 为 BCNF，但模式 CHRS 不是 BCNF（因为其键为 HS，模式中还存在不为键的决定因素 CH→R），还要继续分解。

3）求得 CHRS 的唯一关键字为 HS。

4）再分解 CHRS，选 CH→R（HC 不是模式 CHRS 的键，R 不属于 HC），将 CHRS 分解为 CHRS＝{CHR，CHS}。F$_2$在 CHR、CHS 上投影的最小覆盖为

$$\prod_{CHR}(F_2)=\{CH→R，HR→C\}；\prod_{CHS}(F_2)=\{HS→C\}$$

在模式 CHR 中，HC、HR 为键，其所有决定因素都是键；在模式 CHS 中，HS 为键，显然 CHR、CHS 都为 BCNF。

CTHRSG 经过 3 次分解，被分解成 CSG、CT、CHR 和 CHS 模式。

其中，CSG：表示学生的各门课程的成绩；

CT：表示各门课的任课教师；

CHR：表示每门课程的上课时间和任一时间的上课教室；

CHS：表示每个学生的上课时间表。

这些模式均是 BCNF，而且分解具有无损连接。

上述的无损连接分解过程可用分解树表示。本例的分解树如图 6.3 所示。

2. 结果为 3NF 的保持函数依赖分解

一个关系模式可以无损连接地分解成 BCNF 模式集，却不一定能保持函数依赖集，但是可以找到一个保持函数依赖地分解 3NF 模式集的算法。

算法 6.5 结果为 3NF 的保持函数依赖分解算法。

输入：关系模式 R 和函数依赖集 F。

输出：结果为 3NF 的一个保持函数依赖分解。

方法：

1）如果 R 中有某些属性与 F 的最小覆盖 F′中的每个依赖的左边和右边都无关，则原则上可由这些属性构成一个关系模式，并从 R 中将它们消除。

2）如果 F′中有一个依赖涉及 R 的所有属性，则输出 R。

3）否则输出一个分解 ρ，它由模式 XA 组成，其中 X→A∈F。但当 X→A$_1$，X→A$_2$，…，X→A$_n$

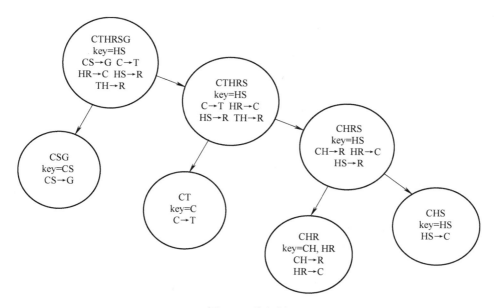

图 6.3 分解树

均属于 F′时，则用模式 $XA_1A_2\cdots A_n$ 代替 $XA_i(i=1,2,\cdots,n)$。

例 6.15 对于例 6.14，F′={CS→G, C→T, HR→C, CH→R, HS→R, TH→R}，KEY = HS}，所以，ρ={CSG, CT, CHR, HSR, HRT}。

3. 结果为 3NF，且具有保持函数依赖和无损连接的分解

定理 6.7 设 δ 是由结果为 3NF 的保持函数依赖分解算法得到的 3NF 分解，X 为 R 的一个候选关键字，则 $\tau = \delta \cup \{X\}$ 是 R 的一个分解，且 τ 中的所有关系模式均满足 3NF，同时，既具有无损连接性，又具有保持函数依赖性。

例 6.16 已知 R(C,T,H,R,S,G)，F′={CS→G,C→T,HR→C,HS→R,TH→R}，KEY = HS，则 τ={CSG,CT,CHR,HSR,HRT,HS}。

但 HS⊂HSR，故 τ={CSG,CT,CHR,HSR,HRT}。

规范化仅仅从一个侧面提供了改善关系模式的理论和方法。一个关系模式的好坏，规范化是衡量的标准之一。关系模式的规范化过程实际上是一个"分解"过程：把逻辑上独立的信息放在独立的关系模式中。分解是解决数据冗余的主要方法，也是规范化的一条原则：关系模式有冗余问题就分解。

规范式是衡量模式优劣的标准，范式表达了模式中数据依赖之间应满足的联系。范式的级别越高，其数据冗余和操作异常现象就越少。但用户查询数据时，需要进行多表连接，这样就降低了数据库的性能。这就告诉我们，规范化的程度不是越高越好，这要取决于应用。数据库设计者要针对具体的应用，寻求较好满足用户需求的关系模式。

第7章　数据库设计

数据库设计（Database Design，DBD）是指对于给定的软/硬件环境，针对现实问题，设计一个较优的数据模型，建立 DB 结构和 DB 应用系统。本章主要讨论 DBD 的方法和步骤，详细介绍 DBD 的全过程。

7.1　数据库设计概述

计算机信息系统以数据库为核心，在数据库管理系统的支持下进行信息的收集、整理、存储、检索、更新、加工、统计等操作。

对于数据库应用开发人员来说，要使现实世界的信息计算机化，并对计算机化的信息进行各种操作，也就是说利用数据库管理系统、系统软件和相关的硬件系统将用户的要求转化成有效的数据库结构，并使数据库结构易于适应用户新要求的过程，这个过程称为数据库设计。

确切地说，数据库设计是指对于一个给定的应用环境，提供一个确定最优数据模型与处理模式的逻辑设计，以及一个确定数据库存储结构与存取方法的物理设计，建立起既能反映现实世界中信息和信息的联系，满足用户数据要求和加工要求，又能被某个数据库管理系统所接收，同时能实现系统目标，并有效存取数据的数据库。

数据库已成为现代信息系统等计算机系统的基础与核心部分。数据库设计的好坏直接影响着整个系统的效率和质量。然而，由于数据库系统的复杂性和它与环境的密切联系，使得数据库设计成为一个困难、复杂和费时的过程。

7.1.1　数据库系统生存期

以数据库为基础的信息系统通常称为数据库应用系统，它一般具有信息的采集、组织、加工、抽取和传播等功能。

数据库系统生存期一般分为规划、需求分析、概念设计、逻辑设计、物理设计、实现、运行和维护 7 个阶段。各阶段的主要工作如下。

（1）规划阶段

规划阶段进行建立数据库的必要性及可行性分析，确定数据库系统在组织和信息系统中的地位，以及各个数据库之间的关系。

（2）需求分析阶段

需求分析是整个数据库设计过程中比较费时、复杂的一步，也是最重要的一步。这个阶段的主要任务是从数据库设计的角度出发，对现实世界要处理的对象（组织、部门、企业等）进行详细调查，在了解原系统的概况及确定新系统功能的过程中，收集支持系统目标的基础数据及其处理方式。

在分析用户要求时，要确保用户目标的一致性。通过调查，要从中获得每个用户对数据库的如下要求。

1）信息要求。用户将从数据库中获得信息的内容、性质。由信息要求导出数据库要求，即在数据库中存储哪些数据。

2）处理要求。处理要求包括用户要完成什么处理功能，对某种处理要求的响应时间，处理的方式是批处理还是联机处理。

3）安全性和完整性要求。

（3）概念设计阶段

概念设计是把用户的信息要求统一到一个整体逻辑结构中（即 E-R 模型），来表达用户的要求，且独立于支持数据库的 DBMS 和硬件结构。

（4）逻辑设计阶段

逻辑设计阶段的主要任务就是把概念结构设计阶段设计好的基本 E-R 图转换为与选用的具体 DBMS 所支持的数据模型相符合的逻辑模式，通常用 DDL 描述。除数据库的逻辑模式外，还得为各类用户或应用设计其各自的逻辑模式，即外模式。

（5）物理设计阶段

数据库物理设计的任务是根据逻辑模式、DBMS 及计算机系统所提供的手段和施加的限制设计数据库的内模式，即文件结构、各种存取路径、存储空间的分配、记录的存储格式等。

（6）实现阶段

完成数据库的物理设计之后，设计人员就要用 DBMS 提供的数据定义语言和其他实用程序将数据库逻辑设计和物理设计结果严格描述出来，成为 DBMS 可以接收的源代码，再经过调试产生目标模式，然后就可以组织数据入库了。

（7）运行和维护阶段

这一阶段主要是收集和记录系统实际运行的数据。数据库运行的记录将用来评价数据库系统的性能，更进一步用于对系统的修正。在运行中，必须保持数据库的完整性，必须有效地处理数据故障和进行数据库恢复。

在运行和维护阶段，可能要对数据库结构进行修改或扩充。应充分认识到，只要数据库尚存在，就要不断进行评价、调整、修改，直至重新设计。

7.1.2 数据库设计方法

数据库设计质量的优劣，不仅直接影响当前的应用，还影响数据库应用过程中的维护，从而影响数据库的生命周期。因此，人们一直在探索有效的数据库设计方法，这种方法应能在合理的时间内以合理的设计成本产生具有实用价值的数据库结构。

数据库设计的质量不仅依赖于设计人员对应用领域各种知识的了解，而且还依赖于设计人员的自身素质，包括他们从事数据库设计的实践经验和水平。人们在不断的努力探索中提出了各种数据库的设计方法、设计准则和设计规范，从而使数据库设计过程逐步走向规范化并有章可循。数据库设计方法通常分为 4 类，即直观设计法、规范化设计法、计算机辅助设计法和自动化设计法。

1. 直观设计法

直观设计法主要凭借设计者对整个系统的了解和认识，以及平时所积累的经验和设计技巧，完成对某一数据库系统的设计任务。显然，这种方法带有很大的主观性和非规范性。

这种方法具有周期短、效率高、操作简便、易于实现等优点，主要用于简单的小型系统设计。但对于数据库设计尤其是大型数据库系统的设计，由于其信息结构复杂、应用需求全面等，通常需要成员组的共同努力、相互协调、综合多种知识，在具有丰富经验和设计技巧的前提下，以严格的科学理论和软件设计原则为依托，完成数据库设计的全过程。因此，数据库设计能否满足规范化的设计要求至关重要。

2. 规范化设计法

规范化设计法将数据库设计分为若干阶段，明确规定各阶段的任务，采用"自顶向下、分层实现、逐步求精"的设计原则，结合数据库理论和软件工程设计方法，实现设计过程的每一细节，最终完成整个设计任务。

规范化设计法主要起源于 New Orleans（新奥尔良）方法。1978 年 10 月，来自 30 多个欧美国家的主要数据库专家在美国新奥尔良市专门讨论了数据库设计问题，针对直观设计法存在的缺点和不足提出了数据库系统设计规范化的要求，将数据库设计分为 4 个阶段，即需求分析阶段、概念设计阶段、逻辑设计阶段、物理设计阶段。此后，S. B. Yao 等人提出了数据库设计的 5 个阶段，增加了数据库实现阶段，从而逐渐形成了数据库规范化设计方法。常用的规范化设计方法主要有基于实体联系的数据库设计方法、基于视图概念的数据库设计方法、基于 3NF 的数据库设计方法等。

基于实体联系（Entity-Retationship，E-R）的数据库设计方法通过 E-R 图的形式描述数据间的关系。此方法由 Peter P. S. Chen 在 1976 年提出。其基本思想是在需求分析的基础上，用 E-R 图构造一个纯粹反映现实世界实体（集）之间内在联系的组织模式，然后将此组织模式转换成选定的 DBMS 上的数据模式。这是常用的一种方法。

基于视图概念的数据库设计方法，其基本思想是先从分析各个应用的数据着手，为每个应用建立各自的视图，然后把这些视图汇总起来，合并成整个数据库的概念模式。

基于 3NF 的数据库设计方法，其基本思想是在需求分析的基础上，识别并确认数据库模式中的全部属性和属性间的依赖，将它们组织在关系模式中，然后分析模式中不符合 3NF 的约束条件，用投影等方法将其分解，使其达到 3NF 的条件。

3. 计算机辅助设计法

计算机辅助设计法是指在数据库设计的某些过程中，利用计算机和一些辅助设计工具，模拟某一规范设计方法，并以人的知识或经验为主导，通过人机交互方式实现设计中的某些部分。例如，在需求分析完成后，可以使用 Power Designer、E-Rwin、Oracle Designer 辅助工具产生 E-R 图，并将 E-R 图转换为关系数据模型，生成数据库结构，再编制相应的应用程序，从而缩短数据库设计周期。对于当今世界数据信息不断更新、数据需求不断改变的情况，用户对计算机的软件设计往往要求周期短、速度快。计算机辅助设计法不失为一种较好的数据库设计方法之一。

4. 自动化设计法

自动化设计法也是缩短数据库设计周期的一种方法，往往是直接用户特别是非专业人员在对数据库设计专业知识不太熟悉的情况下，较好地完成数据库设计任务的一种捷径。例如，设计人员只要熟悉某种 MIS 辅助设计软件的使用，通过人机会话输入原始数据和有关要求，无须人工干预，就可以由计算机系统自动生成数据库结构及相应的应用程序。

由于该设计方法基于某一管理信息系统辅助设计系统，因此受限于某种 DBMS，使得最终产生的数据库及其软件系统带有一定的局限性。此外，一个好的数据库模型，往往需要设计者与用户反复商讨，是在用户的参与下所形成的一个最终结果，设计者的经验及对应用部门的熟悉程度，很大程度上成为数据库设计质量的关键。因此，相对于其他设计方法而言，自动化设计法并不是一种理想的设计手段。

目前主要是采用规范化设计法进行数据库系统设计的。

7.1.3 数据库设计的基本过程

根据数据库系统生存周期的设计方法，从数据库应用系统和开发的全过程来考虑，数据库设计的基本过程如图7.1所示。

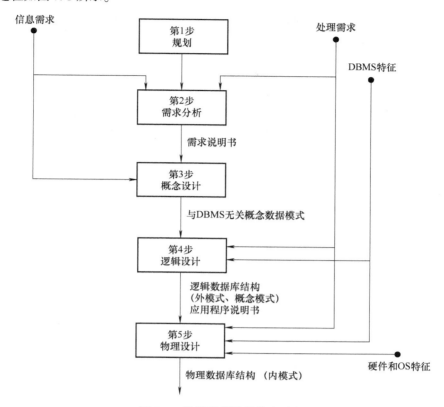

图 7.1　数据库设计的基本过程

数据库设计基本过程的输入包括以下4部分内容。

1）信息需求。包括数据库系统的目标说明、数据元素的定义、数据在企事业组织中的使用描述。

2）处理需求。包括每个应用需要的数据项、数据量以及应用执行的频率。

3）DBMS特征。包括有关DBMS的一些说明和参数，DBMS所支持的模式、子模式和程序语法的规则。

4）硬件和OS特征。指对DBMS和OS访问方法特有的内容，如物理设备容量限制、时间特性及所有的运行要求。

数据库设计过程的输出包括以下两部分。

1）完整的数据库结构。其中包括逻辑结构与物理结构。

2）基于数据库结构处理需求的应用程序的设计原则。

这些输出一般都是以说明书的形式出现的。

7.2　规划

对于数据库系统，特别是大型数据库系统或大型信息系统中的数据库群，规划工作是十分必要的。规划的好坏将直接影响整个系统的成功与否，对企事业组织的计算机化进程产生深远的影响。

规划阶段的主要任务是进行建立数据库的必要性及可行性分析，确定数据库系统在组织和信息系统中的地位，以及各个数据库之间的联系。

数据库技术对技术人员和管理人员的水平、数据采集和管理活动规范化以及最终用户的计算机素质都有较高的要求。同样的，数据库技术对于计算机系统的软/硬件要求也较高，至少要有足够的内/外存容量和 DBMS 软件，因此导致成本的增加。在确定要采用数据库技术之前，对上述因素必须做全面的分析和权衡。

在确定要建立数据库系统之后，接着就要确定数据库系统与该组织中其他部分的关系。

这时，要分析企业的基本业务功能，确定数据库支持的范围，确定是建立一个综合的数据库还是建立若干个专门的数据库。在实际操作中，可以建立一个支持组织全部活动的包罗万象的综合数据库，也可以建立若干个范围不同的公用或专用数据库。前者难度较大，效率也不高；后者分散、灵巧，必要时可通过连接操作将两个库文件连接起来，数据的全范围共享可利用数据库上层的应用系统来实现，数据库应用系统的拓扑结构如图 7.2 所示。

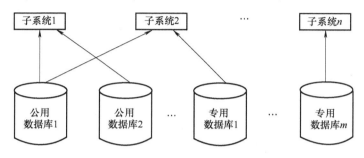

图 7.2　数据库应用系统的拓扑结构

数据库规划工作完成以后，应写出详尽的可行性分析报告和数据库系统规划纲要，内容主要包括信息范围、信息来源、人力资源、设备资源、软件及支持工具资源、开发成本估算、开发进度计划、现行系统向新系统过渡计划等。

这些资料应送交决策部门的领导，由他们主持有数据库技术人员、信息部门负责人、应用部门负责人和技术人员以及行政领导参加的审查会，并对系统分析报告和数据库规划纲要做出评价。如果评审结果认为该系统可行，各有关部门应给予大力支持，并保证系统开发所需的人才、财力和设备，以便开发工作的顺利进行。

7.3　需求分析

7.3.1　需求描述与分析

要设计一个性能良好的数据库系统，明确应用环境对系统的要求是首要的和最基本的。特别是数据库应用非常广泛，非常复杂，多个应用程序可以在同一个数据库上运行，为了支持多个应用程序的运行，数据库设计就变得异常复杂。要是事先没有对信息进行充分和细致的分析，这种设计就很难取得成功。

需求分析阶段应该对系统的整个应用情况进行全面的、详细的调查，确定企业组织的目标，收集支持系统总的设计目标的基础数据和对这些数据的要求，确定用户的需求，并把这些要求写成用户和数据库设计者都能够接受的需求分析报告。

确定用户需求是一件很困难的事情。事实上，它也是系统开发中最困难的任务之一，主要有以下几个原因。

1）系统本身的需求是变化的，用户的需求必须不断调整，使之与这种变化一致。

2）由于用户缺少计算机信息系统设计方面的专业知识，要表达他们的需求很困难，特别是很难说清楚某部分工作的功能与处理过程。

3）要调动用户的积极性，使他们能积极参与系统的分析与设计工作相当困难。实际上，不少工作人员往往带有不同程度的抵触情绪。有的认为需求分析影响了他们的工作，给他们造成更多的负担；有的则认为新系统的建立可能迫使他们放弃已熟悉的工作，学习和熟悉新的工作环境。总之，许多涉及个人的问题给工作的开展造成了一定的困难。

面对这些困难，设计人员必须首先认识到在整个需求分析以及系统设计过程中用户参与的重要性，特别是大型多用户共享数据库系统，要与广泛的用户有密切的联系，数据库的设计和建立有可能对更多人的工作环境产生重要影响，用户的积极参加就更加重要。

需求分析中调查分析的方法很多，通常的方法是对不同层次的企业管理人员进行个人访问，内容包括业务处理和企业组织中的各种数据。访问的结果应该包括数据的流程、过程之间的接口，以及访问者、职员对流程和接口语义上的核对说明及结论。某些特殊的目标和数据库的要求，应该从企业组织中的最高层机构得到。

设计人员还应该了解系统将来要发生的变化，收集未来应用所涉及的数据，充分考虑系统可能的扩充和变动，使系统设计更符合未来发展的趋向，并且易于改动，以减少系统维护的代价。

7.3.2 需求分析阶段的输入和输出

信息需求定义了未来系统用到的所有信息，描述了数据之间本质上和概念上的联系，描述了实体、属性、组合及联系的性质。

根据调查的结果，在处理需求中定义了未来系统的数据处理的操作，描述了操作的优先次序、操作执行的频率和场合、操作与数据之间的联系。

每个企业都有自己的制约条件，如企业的规模、经营的范围、业务种类以及管理方针等。除此之外，还有系统的安全性、可靠性和技术可行性方面的约束。

需求分析就是把上述几方面的因素进行综合考虑，最后规划出一份既切合实际，又具有远见的需求说明书或需求分析报告。需求分析报告描述了一个新系统轮廓及改进方案，如图 7.3 所示。

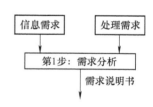

图 7.3 需求分析阶段的输入和输出

7.3.3 需求分析的步骤

需求分析大致可分为 3 步来完成，即需求信息的收集、分析整理和评审。

1. 需求信息的收集

需求信息的收集又称为系统调查。为了充分地了解用户可能提出的要求，在调查研究之前，要做好充分的准备工作，明确调查的目的、调查的内容和调查的方式。

（1）调查的目的

首先要了解组织的机构设置、主要业务活动和职能，其次要确定组织的目标、大致工作流程和任务范围划分。

这一阶段的工作是大量的和烦琐的。尤其是管理人员缺乏对计算机的了解，他们不知道或不清楚哪些信息对于数据库设计者是必要的或重要的，不了解计算机在管理中能起什么作用，做哪些工作。另外，数据库设计者缺乏对管理对象的了解，不了解管理对象内部的各种联系，不了解数据处理中的各种要求。由于管理人员与数据库设计者之间存在着这样的距离，所以需要管理部门和数据库设计者更加紧密地配合，充分提供有关信息和资料，为数据库设计打下良好的基础。

（2）调查的内容

1）外部要求。外部要求包括信息的性质，响应的时间、频度和发生的规则，经济效益的要求，安全性及完整性要求。

2）业务现状。这是调查的重点，包括信息的种类、信息流程、信息的处理方式、各种业务工作过程和各种票据。

3）组织机构。该调查的内容包括了解机构的作用、现状、存在的问题以及是否适应计算机管理。

4）规划中的应用范围和要求。

（3）调查的方式

需求信息的收集采用开座谈会、跟班作业、请调查对象填写调查表、查看业务记录和票据、个别交谈等调查方式。

最好采用个别交谈方式对高层负责人调查，在交谈之前，应给他们一份详细的调查提纲，以便使他们有所准备。目的在于从访问中获得有关该组织的高层管理活动和决策过程的信息需求、该组织的运行政策、未来发展变化趋势等与战略规划有关的信息。

可采用开座谈会、个别交谈或发调查表、查看业务记录的方式对中层管理人员访问，目的在于了解企业的具体业务控制方式和约束条件，以及不同业务之间的接口、日常控制管理的信息需求，预测未来发展的潜在信息要求。

可采用发调查表和个别交谈方式对基层操作人员调查，也可以召开小型座谈会，目的在于了解每项具体业务的过程、数据要求和约束条件。

2. 需求信息的分析整理

要把收集到的文件、图表、票据、笔记等信息转换为下一阶段设计工作可用的形式信息，必须对需求信息做分析整理的工作。

（1）业务流程分析

业务流程分析的目的是获得业务流程及业务与数据联系的形式描述。一般采用数据流分析法，分析结果以数据流图（Data Flow Diagram，DFD）表示。

一个 DFD 由数据流、处理过程、数据存储等部分组成，因编制软件的不同，每个组成部分的表示方式也有所不同。例如，在 Microsoft Visio 中，用带有名字的有向线表示数据流；在圆角矩形上写上处理进程的名称，一个圆角矩形只代表一个处理进程；带有名称的长方形表示存储信息。图 7.4 是学生课程管理子系统的简单 DFD。

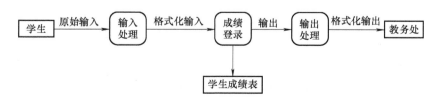

图 7.4　学生课程管理子系统的简单 DFD

使用 Microsoft Visio 绘制 DFD 的主要步骤如下。

1）选择"开始"→"程序"→"Microsoft Visio"命令，进入 Microsoft Visio 窗口主界面，如图 7.5 所示，从中选择"软件和数据库"绘图类型中的"数据流模型图"模板。

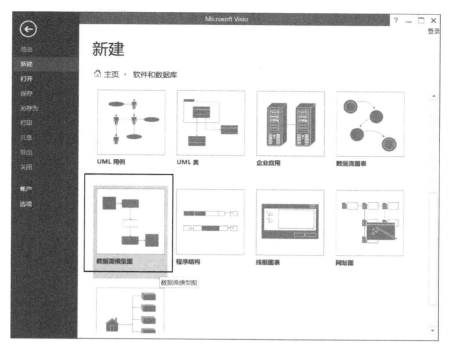

图 7.5　Microsoft Visio 窗口主界面

2）在 DFD 绘制界面中，在左侧的模型工具中分别选中长方形、圆角矩形、数据流，在右侧的绘图页面按下鼠标左键并拖动进行绘制，并修改其中的文本，即可绘制 DFD 图，如图 7.6 所示。

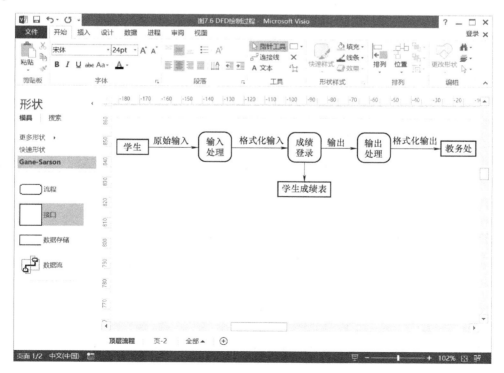

图 7.6　DFD 绘制过程

在众多分析和表达用户需求的方法中，"自顶向下，逐步细化"是一种简单实用的方法。为了将系统的复杂度降低到人们可以掌握的程度，通常把大问题分成若干个小问题，然后分别解决，这就是"分解"。分解也可以分层进行，即先考虑问题最本质的属性，暂把细节略去，以后再逐层添加细节，直到涉及详细的内容，这称为"抽象"。

DFD 可作为"自顶向下，逐步细化"时描述对象的工具。顶层的每一个处理进程（圆角矩形）都可以进一步细化为第二层；第二层的每一个圆角矩形都可以进一步细化为第三层；直到最底层的每一个圆角矩形表示一个最基本的处理动作为止。DFD 可以形象地表示数据流与各业务活动的关系，它是需求分析的工具和分析结果的描述手段。

图 7.7 是图 7.4 以简单 DFD 进行细化的学校学生课程管理子系统数据流图。该子系统要处理的工作是学生根据开设课程提出选课送教务部门审批；按照已批准的选课单进行上课安排；教师对学生上课情况进行考核，给予平时成绩和允许参加考试的资格，对允许参加考试的学生根据考试情况给予考试成绩和总评成绩。

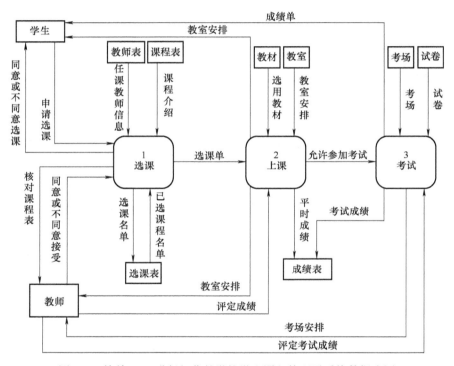

图 7.7　简单 DFD 进行细化的学校学生课程管理子系统数据流图

（2）分析结果的描述

除了 DFD 以外，还要用一些规范表格进行补充描述。近年来，许多设计辅助工具的出现使设计人员可利用计算机的数据字典和需求分析语言来进行这一步工作。

为了清楚地描述需求分析的结果，开发者需要整理出下列清单，分类编写，以供设计阶段使用，并可作为验收的依据。

1）数据项清单。该清单用于列出每个数据项的名称、含义、来源、类型和长度等。

2）业务活动清单。该清单用于列出每一部门中最基本的工作任务，包括任务的定义、操作类型、执行频度、所属部门及涉及的数据项等。

3）完整性及一致性要求。

4）安全性要求。

5）响应时间要求。

6）预期变化的影响。

3. 评审

评审的目的在于确认某一阶段的任务是否全部完成，以避免重大的疏漏或错误。

评审要有项目组以外的专家和主管部门负责人参加，以保证评审工作的客观性和质量。评审常常导致设计过程的回溯与反复，即需要根据评审意见修改所提交的阶段设计成果，有时甚至要回溯到前面的某一阶段，对部分乃至全部进行重新设计，然后进行评审，直至达到全部系统的预期目标为止。

7.3.4 数据字典

数据流图表达了数据与处理的关系，数据字典（Data Dictionary，DD）则是对系统中数据的详尽描述，它提供对数据库数据描述的集中管理。它的处理功能是存储和检索元数据（Metadata），如叙述性的数据定义等，并且为数据库管理员提供有关的报告。对数据库设计来说，数据字典是进行详细的数据收集和数据分析所获得的主要成果。

数据字典中通常包含以下几个部分。

1. 数据项

数据项是数据的最小单位，对数据项的描述，通常包括数据项名、含义、别名、类型、长度、取值范围以及与其他数据项的逻辑关系。

例7.1 在图7.7中有一个数据流选课单，每张选课单有一个数据项为选课单号，在数据字典中可对此数据项做如下描述。

```
数据项名：选课单号
说    明：标识每张选课单
类    型：CHAR（8）
长    度：8
别    名：选课单号
取值范围：00000001 ~ 99999999
```

2. 数据结构

数据结构反映了数据之间的组合关系。一个数据结构可以由若干个数据项组成，也可以由若干个数据结构组成，或由若干个数据项和数据结构混合组成。它包括数据结构名、含义及组成该数据结构的数据项名或数据结构名。

3. 数据流

数据流可以是数据项，也可以是数据结构，表示某一加工处理过程的输入或输出数据。

对数据流的描述应包括数据流名、说明、流出的加工名、流入的加工名以及组成该数据流的数据结构或数据项。

例7.2 图7.7中的考场安排是一个数据流，在数据字典中可对考场安排做如下描述。

```
数据流名：考场安排
说    明：由各课程所选学生数，选定教室、时间，确定考场安排
来    源：考试
去    向：教师
数据结构：考场安排
           ——考试课程
           ——考试时间
           ——教学楼
           ——教室编号
```

例7.3 例 7.2 中描述了数据流"考场安排"的细节，在数据字典中对数据结构"考试课程"还有如下详细的说明。

```
数据结构名：考试课程
说      明：作为考场安排的组成部分，说明某门课程由哪位老师代，以及所选学生人数
组      成：课程号
             教师号
             选课人数
```

4. 数据存储

数据存储是处理过程中要存储的数据，它可以是手工凭证、手工文档或计算机文档。对数据存储的描述应包括数据存储名、说明、输入数据流、输出数据流、数据量（每次存取多少数据）、存取频度（单位时间内存取次数）和存取方式（是批处理还是联机处理，是检索还是更新，是顺序存取还是随机存取）。

例7.4 图 7.7 中的课程表是一个数据存储，在数据字典中可对其做如下描述。

```
数据存储名：课程表
说      明：对每门课程的名称、学分、先行课程号和摘要描述
输出数据流：课程介绍
数据描述：课程号
           课程名
           学分数
           先行课程号
           摘要
数      量：每年 500 种
存取方式：随机存取
```

5. 处理进程

对处理进程的描述包括处理进程名、说明、输入数据流、输出数据流，并简要说明处理工作、频度要求、数据量及响应时间等。

例7.5 对于图 7.7 中的"选课"，在数据字典中可对其做如下描述。

处理进程：确定选课名单

说　　明：对要选某门课程的每一个学生，根据已选修课程确定其是否可选该课程。再根据学生选课的人数选择适当的教室，制定选课单

输　　入：学生选课

　　　　　可选课程

　　　　　已选课程

输　　出：选课单

程序提要：a. 对所选课程在选课表中查找其是否已选此课程

　　　　　b. 若未选过此课程，则在选课表中查找是否已选此课程的先行课程

　　　　　c. 若 a、b 都满足，则在选课表中增加一条选课记录

　　　　　d. 处理完全部学生的选课记录后，形成选课单

数据字典是在需求分析阶段建立的，并在数据库设计过程中不断改进、充实和完善。

7.4　概念设计

概念设计的目标是产生反映企业组织信息需求的数据库概念结构，即设计出独立于计算机硬件和 DBMS 的概念模式。

7.4.1　概念设计的必要性

在概念设计阶段中，设计人员从用户的角度看待数据及处理要求和约束，产生一个反映用户观点的概念模式，然后把概念模式转换成逻辑模式。将概念设计从设计过程中独立开来，至少有以下几个好处。

1）各阶段的任务相对单一化，设计复杂程度大大降低，便于组织管理。

2）不受特定的 DBMS 的限制，在存储安排和效率方面可独立进行考虑，因而比逻辑模式更为稳定。

3）概念模式不含具体的 DBMS 所附加的技术细节，更容易为用户所理解，因而才有可能准确地反映用户的信息需求。

设计概念模式的过程称为概念设计。概念模式在数据库的各级模式中的位置如图 7.8 所示。

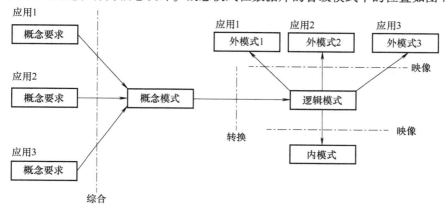

图 7.8　概念模式在数据库的各级模式中的位置

概念结构设计的具体要求如下。

1）首先选择一种设计模型，该模型能充分反映用户对数据处理的各种需求，是现实世界中数据的抽象、概括，同时所形成的模型仍然是现实世界的一个真实模型。

2）用概念模型描述数据，其表达方式应自然、直观、易于理解，从而能方便地与用户交流，便于用户直接参与概念结构数据库的设计过程。

3）所产生的概念模型易于修改、扩充。

4）应考虑表达方式与数据库逻辑结构的先后联系，便于进一步向关系、层次、网状、面向对象等数据模型的转换。

选用何种模型来完成概念结构设计的任务，是进行概念数据库设计前应考虑的首要问题。用概念设计的模型既要有足够的表达能力，使之可以表示各种类型的数据及其相互间的联系语义，又要简明易懂，能够为非专业数据库设计人员所接受。这种模型有很多种，如20世纪70年代提出的E-R模型，以及后来提出的语义数据模型、函数数据模型等。其中，E-R模型提供了对数据模型描述时既标准、规范，又直观、具体的构造手法，从而使得E-R模型成为应用非常广泛的数据库概念结构设计工具。

以E-R模型为主要设计工具，数据库概念结构设计常采用如下4种方法。

（1）自顶向下

该方法可根据用户需求，先定义全局概念结构的框架，然后分层展开，逐步细化。

（2）自底向上

该方法可根据用户的每一个具体需求，先定义各局部应用的概念结构，然后将它们集成，逐步抽象，最终产生全局概念结构。

（3）逐步扩张

该方法可先定义最重要的核心概念结构，然后向外扩充，以滚雪球的方式逐步生成其他概念结构，直至全局概念结构。

（4）混合方式

该方法可将自顶向下和自底向上相结合，先用自顶向下法设计一个全局概念结构框架，再以它为基础，采用自底向上法集成各局部概念结构。

7.4.2 概念设计的主要步骤

概念设计的任务一般可分为3步来完成：进行数据抽象，设计局部概念模式；将局部概念模式综合成全局概念模式；评审。

1. 进行数据抽象，设计局部概念模式

局部用户的信息需求是构造全局概念模式的基础。因此，需要先从个别用户的需求出发，为每个用户建立一个相应的局部概念结构。

在建立局部概念结构时，常常要对需求分析的结果进行细化、补充和修改，例如，有的数据项要分为若干子项，有的数据的定义要重新核实等。

设计概念结构时，常用的数据抽象方法是"聚集"和"概括"。聚集是将若干对象和它们之间的联系组合成一个新的对象。概括是将一组具有某些共同特性的对象合并成更高一层意义上的对象。

2. 将局部概念模式综合成全局概念模式

综合各局部概念结构就可得到反映所有用户需求的全局概念结构。

在综合过程中，主要处理各局部模式对各种对象定义的不一致问题，包括同名异义、异名同义和同一事物在不同模式中被抽象为不同类型的对象（例如，有的作为实体，有的又作为属性）等问题。

把各个局部结构合并，还会产生冗余问题，从而导致对信息需求的再调整与分析，以确定确切的含义。

3. 评审

消除了所有冲突后，就可把全局结构提交评审。评审分为用户评审、DBA 和应用开发人员评审两部分。

1）用户评审的重点放在确认全局概念模式是否准确、完整地反映了用户的信息需求和现实世界事物的属性间的固有联系上。

2）DBA 和应用开发人员评审则侧重于确认全局结构是否完整，各种成分划分是否合理，是否存在不一致性，以及各种文档是否齐全等。

文档应包括局部概念结构描述、全局概念结构描述、修改后的数据清单和业务活动清单等。

7.4.3 采用 E-R 模型方法的数据库概念设计

利用 E-R 模型方法进行数据库的概念设计，可以分成 3 步进行：首先设计局部 E-R 模式，然后把各局部 E-R 模式综合成一个全局 E-R 模式，最后对全局 E-R 模式进行优化，得到最终的 E-R 模式，即概念模式。

1. 局部 E-R 模式设计

通常，一个数据库系统都是为多个不同用户服务的。不同的用户对数据的观点可能不一样，信息处理需求也就可能不同。

在设计数据库概念结构时，为了更好地模拟现实世界，一个有效的策略是"分而治之"，即先分别考虑各个用户的信息需求，形成局部概念结构，然后综合成全局结构。

在 E-R 模型方法中，局部概念结构又称为局部 E-R 模式，其图形表示称为 E-R 图。

（1）确定局部结构范围

设计各个局部 E-R 模式的第一步是确定局部结构的范围划分，划分的方式一般有两种，一种是依据系统的当前用户进行自然划分。例如，对于一个企业的综合数据库，其用户有企业决策部门、销售部门、生产部门、技术部门和供应部门等，各部门对信息内容和处理的要求明显不同，因此应为它们分别设计各自的局部 E-R 模式。

另一种是按用户要求将数据库提供的服务归纳成几类，使每一类应用访问的数据显著地不同于其他类，然后为每类应用设计一个局部 E-R 模式。例如，学校的教师数据库可以按提供的服务分为以下几类。

1）教师的档案信息如姓名、年龄、性别和民族等的查询。

2）对教师的专业结构如毕业专业、现在从事的专业及科研方向等进行分析。

3）对教师的职称、工资变化的历史分析。

4）对教师的学术成果如著译、发表论文和科研项目获奖情况的查询分析。

这样做是为了更准确地模仿现实世界，以减少统一考虑一个大系统所带来的复杂性。

局部结构范围的确定要考虑下述因素。

1）范围的划分要自然，易于管理。

2）范围之间的界面要清晰，相互影响要小。

3）范围的大小要适度。太小了，会造成局部结构过多，设计过程烦琐，综合困难；太大了，则容易造成内部结构复杂，不便分析。

（2）确定实体

每一个局部结构都包括一些实体类型，确定实体的任务就是从信息需求和局部范围定义出发，确定每一个实体类型的属性和键。

实体（集）是指对一组具有某些共同特性和行为的对象的抽象。例如，程宏是学生，具有学生所共有的特性，如学号、姓名、性别、年龄、所在系、所学专业等共同特性，因此，"学生"可以抽象为一个实体（集），如图 7.9 所示。

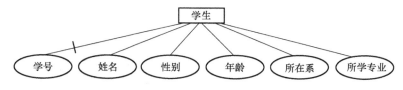

图 7.9　学生实体（集）及其属性

事实上，实体、属性和联系之间并无形式上可以截然区分的界限，划分的依据通常有 3 条。

1）采用人们习惯的划分方式。

2）避免冗余，在一个局部结构中对一个对象只取一种抽象形式，不要重复。

3）依据用户的信息处理需求。

实体类型确定之后，它的属性也随之确定。为一个实体类型命名并确定其键也是很重要的工作。命名应反映实体的语义性质，在一个局部结构中应是唯一的。键可以是单个属性，也可以是属性的组合。

通常可依据下列两个基本规则来区分实体和属性。

1）实体与属性之间的联系只能是 $1:n$ 的。

2）属性本身不再具有需要描述的信息或与其他事物具有联系。

凡符合上述两个规则的事物，一般应作为属性对待，现实世界中的事物能够作为属性对待的，应尽量作为属性处理，以简化 E-R 模型。

例如，就物资管理系统而言，视应用环境和要求的不同，就有把仓库作为物资的属性和作为一个实体（集）两种不同的情况。

当一种物资只存放于一个仓库或一个仓库中存有多种物资时，可以用仓库号来描述某一种物资的具体存放地点，仓库可看成物资的一个属性，如图 7.10 所示。

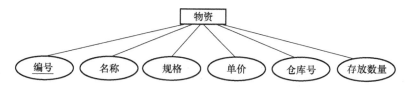

图 7.10　仓库作为物资实体的属性

但是，当一种物资可以存放于多个仓库中时，根据规则 1），应把仓库列为一种实体；或者，当仓库需要用仓库地点、仓库面积等进一步加以描述时，根据规则 2），仓库此时不能作为物资属性的一部分，必须将仓库作为单独的一个实体加以描述，如图 7.11 所示。

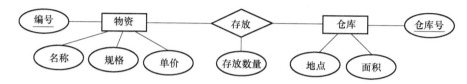

图 7.11　仓库作为单独的实体

（3）联系定义

E-R 模型的"联系"用于刻画实体之间的关联。一种完整的方式是依据需求分析的结果，考察局部结构中任意两个实体类型之间是否存在联系。若有联系，进一步确定是 $1:n$、$m:n$，还是 $1:1$ 等。

还要考察一个实体类型内部是否存在联系，两个实体类型之间是否存在联系，多个实体类型之间是否存在联系，等等。

在确定联系类型时，应注意防止出现冗余的联系（即可从其他联系导出的联系）。如果存在，要尽可能地识别并消除这些冗余联系，以免将这些问题遗留给综合全局的 E-R 模式阶段。

图 7.12 所示的"教师与学生之间的授课联系"就是一个冗余联系的例子。

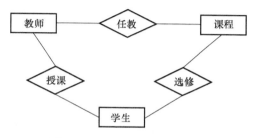

图 7.12　一个冗余联系的例子

联系类型确定后，也需要命名和确定键。命名应反映联系的语义性质，通常采用某个动词命名，如"选修""讲授""辅导"等。联系类型的键通常是它涉及的各实体类型的键的并集或某个子集。

（4）属性分配

实体与联系都确定下来后，局部结构中的其他语义信息大部分可用属性描述。

这一步的工作有两类：一是确定属性，二是把属性分配到有关实体和联系中去。

属性的分类如下。

1）基本属性和复合属性（可否再分）。

2）单值属性和多值属性（对一个实体对象是否只能取一个值）。

3）多值属性的处理。

4）将原来的多值属性用几个新的单值属性来表示。

5）将原来的多值属性用一个新的实体类型表示。

6）导出属性。

确定属性的原则如下。

1）属性应该是不可再分解的语义单位。

2）实体与属性之间的关系只能是 $1:n$ 的。

3）不同实体类型的属性之间应无直接关联关系。

属性不可分解的要求是为了使模型结构简单化，不出现嵌套结构。例如，在教师管理系统中，教师工资和职务作为表示当前工资和职务的属性，都是不可分解的，符合要求。

但若用户关心的是教师工资和职务变动的历史，则不能再把它们处理为属性，而可能抽象为实体了。

当多个实体类型用到同一属性时，将导致数据冗余，从而可能影响存储效率和完整性约束，因而需要确定应把它分配给哪个实体类型。一般把属性分配给那些使用频率最高的实体类型，或分配给实体值少的实体类型。

有些属性不宜归属于任一实体类型，只说明实体之间联系的特性。例如，某个学生选修某门课的成绩，既不能归为学生实体类型的属性，也不能归为课程实体类型的属性，应作为"选修"联系类型的属性。

2. 全局 E-R 模式设计

所有局部 E-R 模式都设计好后，接下来就是把它们综合成单一的全局概念结构。全局概念结构设计是指如何将多个局部 E-R 模型合并，并去掉冗余的实体集、实体属性和联系集，解决各种冲突，最终产生全局 E-R 模型的过程。要实现对每个 E-R 模型的综合，可以有以下两种方式。

1）二元合并法。即逐步集成法，指以一个较大的局部 E-R 模型为主，逐步将其余 E-R 模型一个一个地合并上去，合并后产生一个新的 E-R 模型，在此基础上再与新的 E-R 模型综合，如此逐步集成，用累加的方式最终产生全局 E-R 模型。

2）n 元合并法。即总体集成法，指将多个局部 E-R 模型一次性合并、集成，产生全局 E-R 模型的过程。

通常在局部 E-R 模型个数较少、概念结构描述较为简单时，可采用 n 元合并法一次完成全局概念结构的综合过程。但当局部概念结构设计较为复杂时，通常难以确定以哪个 E-R 模型为中心实施合并，并且具有合并结构复杂、并行处理时比较困难、多个局部视图难以协调处理等问题，因此往往采用二元合并法。下面主要介绍二元合并法。

（1）确定公共实体类型

公共实体类型的确定并非一目了然，特别是当系统较大时，可能有很多局部 E-R 模式，这些局部 E-R 模式是由不同的设计人员确定的，因而对同一现实世界的对象可能给予不同的描述。有的作为实体类型，有的又作为联系类型或属性，即使都表示成实体类型，实体类型名和键也可能不同。

在这一步中，仅根据实体类型名和键来认定公共实体类型。

1）一般把同名实体类型作为公共实体类型的一类候选。

2）把具有相同键的实体类型作为公共实体类型的另一类候选。

（2）局部 E-R 模式的合并

合并的顺序有时影响处理效率和结果。建议的合并原则是：首先进行两两合并；先合并那些现实世界中有联系的局部结构；合并从公共实体类型开始，最后加入独立的局部结构。

（3）消除冲突

由于各类应用不同，不同的应用通常又被不同的设计人员设计成局部 E-R 模式，因此局部 E-R 模式之间不可避免地会有不一致的地方，称为冲突。

通常把冲突分为以下 3 种类型。

1）属性冲突。其中包括以下内容。

① 属性域冲突。包括属性值的类型、取值范围或取值集合不同。如对于学生学号的描述，不同学校可能采取不同的表示方式。对于星期的描述，有的采用整数，有的采用字符等。

② 属性取值单位冲突。如长度的表示，有的用厘米，有的用米等。

2）命名冲突，即属性名、实体名、实体联系名相互冲突。其中包括以下内容。

① 同名异义。不同意义的对象具有相同的名字。

② 异名同义。即一义多名，同一意义的对象具有不同的名字。

3）结构冲突。主要包括以下内容。

① 同一对象在不同局部 E-R 模式中产生不同的抽象。如关于学校中系的描述，在某一局部 E-R 模型中为实体，而在另一局部 E-R 模型中为属性。

② 同一实体在不同局部 E-R 模型中的属性组成不同。如关于学生的实体，在某一局部 E-R 模型中由学号、姓名、性别、年龄、所学专业、所在系组成，而在另一局部 E-R 模型中则由姓名、政治面貌、出生年月、家庭住址属性组成。

③ 实体间的联系在不同的局部 E-R 模型中其类型不同。如两实体间的联系，在某一局部E-R 模型中为 1：1 的联系类型，而在另一局部 E-R 模型中可能为 1：n 的联系类型；或者在某一局部 E-R 模型中为 1：n 的联系类型，而在另一局部 E-R 模型中为 m：n 的联系类型。

对于属性冲突和命名冲突，通常可采用各部门或不同应用设计人员间相互讨论、协商的方式加以解决，例如，对命名冲突的处理方法是进行重新命名。

但对于结构冲突，则必须进行认真分析后采用如下方式解决。

① 对于同一对象在不同的局部 E-R 模型中产生不同的抽象，其解决方式如下。

将属性变为实体或将实体变为属性，使同一对象具有相同的抽象，变换后产生的结果仍然要遵守两个基本规则：一是实体与属性之间的联系只能是 1：n 的；二是属性本身不再具有需要描述的信息或与其他事物具有联系。

如学校中的系，在某一局部 E-R 模型中为学生实体的属性，而在另一局部 E-R 模型中则为一个单独的实体，其实学生和系之间存在从属关系，应该调整、合并为图 7.13 所示的 E-R 模型。

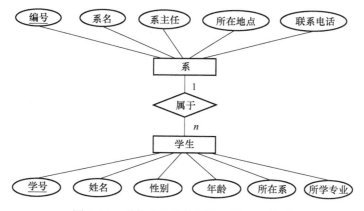

图 7.13 系与学生实体间联系的 E-R 模型

② 对于同一实体在不同 E-R 模型中的属性组成不同，其解决方式如下。

取两个局部 E-R 模型属性的并，作为合并后的该实体属性，然后对属性的先后次序做适当调整。

如关于学生的实体，在某一局部 E-R 模型中由学号、姓名、性别、年龄、所在系、所学专业组成，其 E-R 模型如图 7.14 所示，而在另一局部 E-R 模型中则由学号、姓名、籍贯、政治面貌、家庭住址属性组成，其 E-R 模型如图 7.15 所示。合并后形成新的实体，其 E-R 模型如图 7.16 所示。

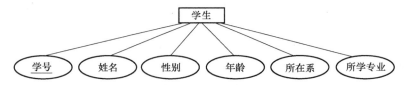

图 7.14　学生实体的 E-R 模型（1）

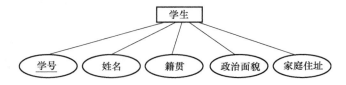

图 7.15　学生实体的 E-R 模型（2）

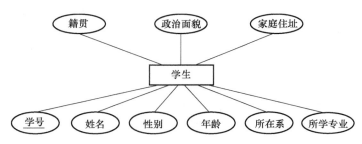

图 7.16　合并后的学生实体 E-R 模型

③ 对于实体间的相同联系呈现的不同类型，其解决方式如下。

根据具体应用的语义，对实体间的联系做适当的综合或调整。

如图 7.17 所示，产品与零件之间的多对多联系，不能由图 7.18 中的产品、零件和供应商 3 个实体间的多对多联系所包含，因此应该将它们综合起来，合并后的 E-R 模型如图 7.19 所示。

图 7.17　产品与零件的 E-R 模型　　　　　图 7.18　产品、零件和供应商的 E-R 模型

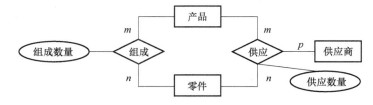

图 7.19　合并后的 E-R 模型

视图集成的目的不仅在于把若干局部 E-R 模型在形式上合并成一个全局 E-R 模型，更重要的是必须消除冲突，使之成为能够被全系统中的所有用户共同理解和接受的统一形式的模型，这是形成概念模型（初步 E-R 模型）的第一步。然后进一步消除冗余，这是形成概念模型（基本 E-R 模型）的第二步。

3. 全局 E-R 模式的优化

为了提高数据库系统的效率，在得到全局 E-R 模式后，还需进一步对 E-R 模式进行优化。

一个好的全局 E-R 模式，除能准确、全面地反映用户功能需求外，还应满足下列条件。

1）实体类型的个数尽可能少。

2）实体类型所含属性个数尽可能少。

3）实体类型间的联系无冗余。

但是，这些条件不是绝对的，要视具体的信息需求与处理需求而定。下面给出几个全局 E-R 模式的优化原则。

（1）实体类型的合并

这里的合并不是前面的"公共实体类型"的合并，而是相关实体类型的合并。在公共模型中，实体类型最终转换成关系模式，涉及多个实体类型的信息要通过连接操作获得，因而减少实体类型个数，可减少连接的开销，提高处理效率。

1）一般可以把 $1:1$ 联系的两个实体类型合并。

2）具有相同键的实体类型常常从不同角度刻画现实世界，如果经常需要同时处理这些实体类型，那么也有必要合并成一个实体类型。

但这时可能产生大量空值，因此要对存储代价、查询效率进行权衡。

（2）冗余属性的消除

通常在各个局部结构中是不允许冗余属性存在的，但在综合成全局 E-R 模式后，可能产生全局范围内的冗余属性。

例如，在高校统计数据库的设计中，一个局部结构含有高校毕业生数、招生数、在校学生数和预计毕业生数，另一局部结构中含有高校毕业生数、招生数、分年级在校学生数和预计毕业生数。各局部结构自身都无冗余，但综合成一个全局 E-R 模式时，在校学生数即成为冗余属性，应予消除。

一般，同一非键的属性出现在几个实体类型中，或者一个属性值可从其他属性的值导出时，应把冗余的属性从全局模式中去掉。

冗余属性消除与否，也取决于它对存储空间、访问效率和维护代价的影响。有时为了兼顾访问效率有意保留冗余属性，这当然会造成存储空间的浪费和维护代价的提高。

（3）冗余联系的消除

在全局模式中可能存在冗余联系，通常利用规范化理论中函数依赖的概念消除冗余联系。下面以一个例子来看看如何消除冗余。

例 7.6　图 7.20 是某大学学籍管理的局部 E-R 图，图 7.21 是课程管理的局部 E-R 图，图 7.22 为教师管理的局部 E-R 图，现将几个局部 E-R 图综合成基本 E-R 图。

在综合过程中，学籍管理中的实体"班级"在课程管理中为"学生"实体的属性，在合并后的 E-R 图中，"班级"只能为实体；学籍管理中的班主任和导师实际上也属于教师，可以将其与课程管理中的"教师"实体合并；教师管理子系统中的实体项目"负责人"也属于"教师"，所以也可以合并。这里，实体可以合并，但联系依然存在。合并后的教学管理 E-R 图如图 7.23 所示。

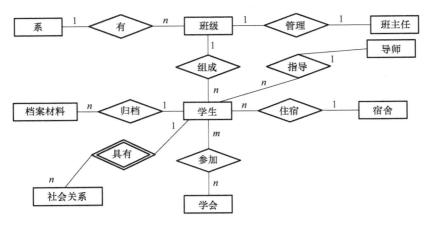

图 7.20　某大学学籍管理的局部 E-R 图

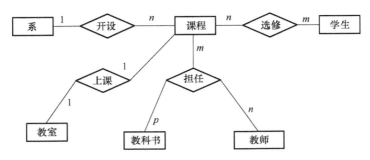

图 7.21　课程管理的局部 E-R 图

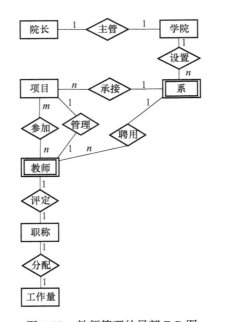

图 7.22　教师管理的局部 E-R 图

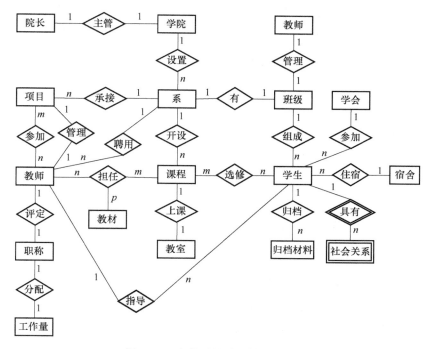

图 7.23　合并后的教学管理 E-R 图

7.5　数据库逻辑结构设计及优化

　　概念设计的结果是得到一个与 DBMS 无关的概念模式。而逻辑设计的目的是把概念设计阶段设计好的全局 E-R 模式转换成与选用的具体机器上的 DBMS 所支持的数据模型相符合的逻辑结构（包括数据库模式和外模式）。这些模式在功能、完整性和一致性约束及数据库的可扩充性等方面均应满足用户的各种要求。

　　对于逻辑设计而言，应首先选择 DBMS，但往往数据库设计人员没有挑选的余地，都是在指定的 DBMS 上进行逻辑结构的设计。

7.5.1　逻辑设计环境

　　逻辑设计的输入/输出环境如图 7.24 所示。

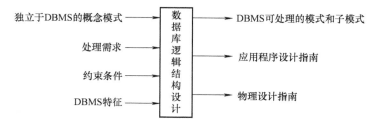

图 7.24　逻辑设计的输入/输出环境

在逻辑设计阶段主要输入如下信息。

1）独立于 DBMS 的概念模式。这是概念设计阶段产生的所有局部和全局概念模式。

2）处理需求。指需求分析阶段产生的业务活动分析结果。这里包括数据库的规模和应用频率，用户或用户集团的需求。

3）约束条件。即完整性、一致性、安全性要求及响应时间要求等。

4）DBMS 特性。即特定的 DBMS 所支持的模式、子模式和程序语法的形式规则。

在逻辑设计阶段主要输出如下信息。

1）DBMS 可处理的模式。一个能用特定 DBMS 实现的数据库结构的说明，不包括记录的聚合、块的大小等物理参数的说明，但要对某些访问路径参数（如顺序、指针检索类型）加以说明。

2）子模式。与单个用户观点和完整性约束一致的 DBMS 所支持的数据结构。

3）应用程序设计指南。根据设计的数据库结构为应用程序员提供访问路径选择。

4）物理设计指南。包括完全文档化的模式和子模式。在模式和子模式中应包括容量、使用频率、软硬件等信息。这些信息将要在物理设计阶段使用。

7.5.2　E-R 模型向关系模型的转换

进行数据库的逻辑设计，首先需要将概念设计中所得的 E-R 图转换成等价的关系模式。E-R 图到关系模式的转换还是比较直接的。实体和联系都可以表示成关系，E-R 图中的属性也可以转换成关系的属性。下面讨论转换中的一些问题。

1. 转换的一些问题

（1）命名和属性域的处理

关系模式的命名，可以采用 E-R 图中原来的名称，也可以另行命名。名称应有助于对数据的理解和记忆，同时命名时应尽可能避免重名。DBMS 一般只支持有限的几种数据类型，而 E-R 数据模型是不受这个限制的。如果 DBMS 不支持 E-R 图中某些属性的域，则应做相应的修改。如果用户坚持要使用原来的数据类型，那就可能导致数据库的数据类型与应用程序中的数据类型不一致，这只能由应用程序去转换。

（2）非原子属性的处理

E-R 数据模型中允许非原子属性，这不符合关系模型的第一范式的条件。

非原子属性主要有两种基本类型：集合型和元组型。当然，集合的元素可以是元组，元组的分量可以是集合。只要解决这两种基本的非原子属性的转换问题，就不难推广到其他复杂的非原子属性的处理。

在前面讨论过非第一范式转换为第一范式的方法，即对集合属性纵向展开，对元组属性横向展开。

（3）弱实体的处理

图 7.25 是一个弱实体举例的 E-R 图，家属是个弱实体，职工是其所有者实体。弱实体不能独立存在，它必须依附于一个所有者实体。在转换成关系模式时，弱实体所对应的关系中必须包含所有者实体的主键，即职工号。职工号与家属的姓名构成家属的主键，如图 7.26 所示。

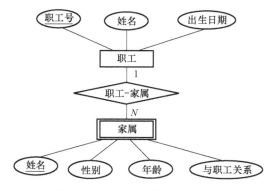

图 7.25　弱实体举例的 E-R 图

职工号	姓名	性别	年龄	与职工关系

图 7.26 职工号与家属的姓名构成家属的主键

（4）联系的转换

1）1∶1 联系。1∶1 联系的 E-R 图如图 7.27 所示。

如果两个实体是全参与，则可转换成下面的关系
模式：

R（k，h，a，s，b）

如果其中有一个实体是全参与，如 E_1，则可转换成
下面的关系模式：

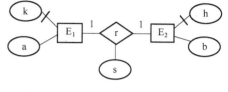

图 7.27 1∶1 联系的 E-R 图

R_1（k，a，h，s）（h 为外键）

R_2（h，b）

如果 E_1 不全参与，则 h 可能为 NULL。若要避免取 NULL，可以变换成第二种关系模式：

R_1（k，a）

R_2（h，b）

R_3（k，h，s）（h 为候补键）

用上述模式查询两个实体的数据时必须做三元连接操作，即 $R_1 \bowtie R_2 \bowtie R_3$。

用前一种关系模式，只须二元连接，即 $R_1 \bowtie R_2$。

因此，应尽可能选用前一方案。

图 7.28 是 1∶1 联系举例，假设一个学校有且只有一个校长来管理，校长与学校是 1∶1 联系，则将其转换为图 7.29，也可用一个关系模式来表达。

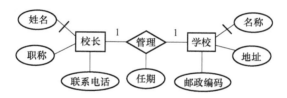

图 7.28 1∶1 联系举例

学校名称	学校地址	邮政编码	任期	校长姓名	职称	联系电话

图 7.29 1∶1 联系的关系模式

2）1∶N 联系。1∶N 联系的 E-R 图如图 7.30 所示。

如果 E_2 是全参与，则可转换成下面的关系模式：

R_1（k，a）

R_2（h，b，k，s）（k 为外键）

因为 E_1 和 E_2 是 1∶N 联系，如果 E_2 是全参与，则
每个 E_2 实体对应一个唯一的 E_1 实体。

如果 E_2 是部分参与，则 R_2 中的 k 可能为 NULL。

若要避免取 NULL，可以变换成第二种关系模式：

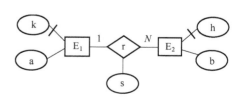

图 7.30 1∶N 联系的 E-R 图

R_1（k，a）

R_2（h，b）

R_3（h，k，s）（k 为外键）

如前所述，在查询有关两个实体的数据时，用第二种关系模式需要多做一次连接运算。

图 7.31 是 1：*N* 联系举例，假设每个学生必属于一个班级，班级与学生是 1：*N* 联系，则可将其转换为图 7.32 所示的 1：*N* 联系的关系模式。

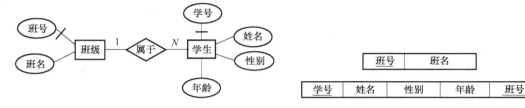

图 7.31　1：*N* 联系举例

班号	班名

学号	姓名	性别	年龄	班号

图 7.32　1：*N* 联系的关系模式

3）*M*：*N* 联系

M：*N* 联系的 E-R 图如图 7.33 所示。

与 1：1 和 1：*N* 联系不同，*M*：*N* 联系不可能用一个实体的主键唯一地识别，必须用两个实体的主键才能识别一个联系，则可转换成下面的关系模式：

图 7.33　*M*：*N* 联系的 E-R 图

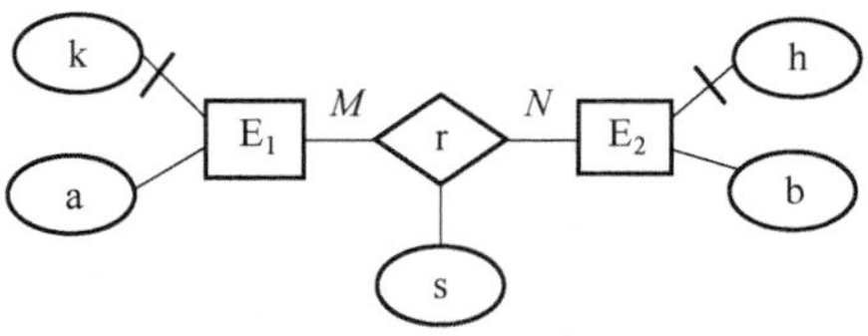

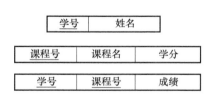

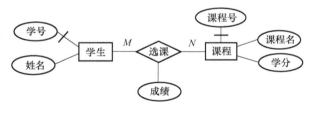

R_1（k，a）

R_2（h，b）

R_3（k，h，s）（k，h 为外键）

图 7.34 是 *M*：*N* 联系举例，假设学生与课程是 *M*：*N* 联系，则将其转换为图 7.35 所示的 *M*：*N* 联系的关系模式。

图 7.34　*M*：*N* 联系举例

学号	姓名

课程号	课程名	学分

学号	课程号	成绩

图 7.35　*M*：*N* 联系的关系模式

4）多元联系

多元联系的 E-R 图如图 7.36 所示。

在多元联系中，如果 *M*、*N*、*P* 这些基数最多只有一个大于 1，则可以由一个实体的主键识别一个多元联系，在转换时可将联系合并在此实体的关系中，但这种情况是不多见的，因而多元联系一般转换成下面的关系模式：

图 7.36　多元联系的 E-R 图

R_1（k，a）

R_2（h，b）

R_3（j，c）

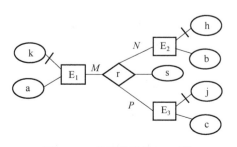

R_4 （<u>k, h, j</u>, s） （<u>k, h, j</u> 组成复合主键，k、h、j 分别为外键）

图 7.37 是 $M : N : P$ 联系举例，其关系模式如图 7.38 所示。

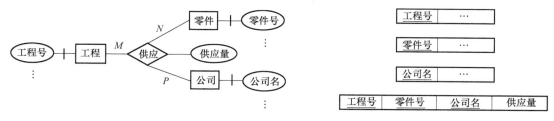

图 7.37　$M : N : P$ 联系举例　　　　　图 7.38　$M : N : P$ 联系的关系模式

2. E-R 模型转换为关系模型的一般规则

将 E-R 模型转换为关系模型实际上就是将实体、实体的属性和实体间的联系转换成关系模式的过程。这种转换一般遵循如下原则。

1）将每个实体类型转换成一个关系模式。

实体的属性即为关系模式的属性，实体标识符即为关系模式的键。

2）一个 1:1 联系可以转换为一个独立的关系模式，也可以与任意一端对应的关系模式合并，如果转换为一个独立的关系模式，则与该联系相关联实体的关键字以及该联系本身的所有属性均为该关系的属性，可选其中任一实体关键字为该独立关系模式的关键字；如果与某一实体对应的关系模式合并，则需要在该关系模式的属性中包含另一端实体的关键字及联系本身的所有属性，可选其中任一实体关键字为该合并关系模式的关键字，也可将其与两端实体合并成一个关系模式。

3）一个 1:N 联系可以转换为一个独立的关系模式，也可以与 N 端对应的关系模式合并。如果为一个独立的关系模式，则两个相关联实体的关键字以及该联系本身的所有属性均为该关系模式的属性，其关键字为 N 端实体的关键字。

4）将一个 $M : N$ 联系转换为一个关系模式，两个相关联实体的关键字以及该联系本身的所有属性均为该关系模式的属性，其关键字为两个相关联实体关键字的组合。

5）上述规则通常适用于二元联系，对于 3 个以上实体间的多元联系构成的关系模式，与两实体间的 $M : N$ 联系一样，与该多元联系相关联的各实体关键字以及该联系本身的所有属性合并为该关系模式的属性，其关键字为各相关联实体关键字的组合。

6）具有相同关键字的关系模式可以合并为一个关系模式。

7）对于一元联系，即同一实体集内部的联系，可将该实体集拆分为相互联系的两个子集，然后根据它们相互间不同的联系方式（1:1、1:N、M:N）按上述原则处理。

7.5.3　用关系规范化理论对关系数据模型进行优化

数据库逻辑设计的结果不是唯一的，为了进一步提高数据库应用系统的性能，还应该适当地修改、调整数据模型的结构，以减少冗余，更新异常现象，这就是数据模型优化所要做的工作。这里以关系数据库为例介绍数据模型的优化过程。关系数据模型的优化通常以关系规范化理论为指导，具体方法如下。

1）确定数据依赖。关系数据模型的优化以分析属性间的相互依赖（即函数依赖）为基础，通过模式分解的方法，消除某些影响规范化的依赖因素，从而达到一定程度的规范化要求，因此确定数据依赖关系是进行规范化设计的首要工作。

确定数据依赖即按需求分析阶段所得到的语义，分别写出每个关系模式内部各属性之间的数据依赖，以及不同关系模式属性间的数据依赖过程。

如上小节的例子中，学生、课程以及相互间联系的关系数据库模式存在如下数据依赖。

学生关系模式的数据依赖（学号为决定因素）：

    学号→姓名

    学号→性别

    学号→年龄

    学号→班级名

课程关系模式的数据依赖（课程编号为决定因素）：

    课程编号→课程名称

    课程编号→学分

学生与课程间的联系，即选修关系模式的数据依赖（学号、课程编号为决定因素）：

    （学号，课程编号）→成绩

2）对各关系模式间的数据依赖进行极小化处理，消除冗余的联系。

3）按照数据依赖与规范化理论对关系模式逐一进行分析，首先明确关系模式中的每个属性是否为不可再分解的初等属性，然后找出属性彼此间是否存在部分函数依赖、传递函数依赖、多值依赖等因素，从而确定每一关系模式是否符合范式要求，属于第几范式。

可以对上小节例子中的学生、课程以及相互间联系的关系模式数据依赖进行分析，由于3个关系模式中的每个属性都为初等属性，且不存在部分依赖及传递依赖现象，可知该关系数据库模式满足第三范式的要求。

4）优化每一关系模式，使其至少满足第一范式要求，然后将优化后的关系数据库模式与需求分析阶段所产生的数据处理要求进行对比、分析，看其是否符合具体应用要求，以明确是否要对它们进一步合并或分解。

尤其值得注意的是，由于复杂的关系数据库查询操作通常涉及多个关系模式的相互关联问题，从而一定程度地影响了查询速度，而模式分解过多又进一步加剧了多关系模式的连接操作，造成了整体效率的降低，这种现象是用户所不希望看到的。所以对于一个具体应用来说，到底规范化进行到什么程度，需要综合多种因素，权衡利弊得失，最后构造出一个较为切合实际的数据模型。通常，以模式分解、优化达到3NF要求较为合适。

5）对关系模式进一步分解或合并。

对于已形成的关系模式，可在不影响查询速度、保持数据处理方式和用户具体要求相一致的前提下进行必要的分解、优化。对于模式过小、关联关系较多所引起的整体效率降低的情况，或所形成的关系模式与用户需求差别较大的情况，必须进行必要的合并。

规范化本身是一种理论，它是数据库设计人员用于判断所设计的关系数据库模式优劣程度的理论工具，它的存在使数据库设计工作有了严格的理论基础，同时由于规范化可以较好地解决冗余及更新异常现象，因而已成为数据库设计阶段所要考虑的重要环节之一。

但在实际应用中，由于种种现实因素的影响，优化所产生的关系数据库模式往往作为设计人员和用户实现具体模型的参考工具。

7.6 数据库的物理设计

对给定的基本数据模型选取一个最适合应用环境的物理结构的过程称为物理设计。

数据库的物理结构主要指数据库的存储记录格式、存储记录安排和存取方法。显然，数据库的物理设计是完全依赖于给定的硬件环境和数据库产品的。

在关系模型系统中，物理设计比较简单，因为文件是单记录类型文件，仅包含索引机制、空间大小、块的大小等内容。

物理设计可分 5 步完成，前 3 步涉及物理结构设计，后两步涉及约束和具体的程序设计。

1）存储记录结构设计。包括记录的组成，数据项的类型、长度，以及逻辑记录到存储记录的映射。

2）确定数据存放位置。可以把经常同时被访问的数据组合在一起，"记录聚簇（Cluster）"技术能满足这个要求。

3）存取方法的设计。存取路径分为主存取路径与辅存取路径，前者用于主键检索，后者用于辅助键检索。

4）完整性和安全性考虑。设计者应在完整性、安全性、有效性和效率方面进行分析，做出权衡。

5）程序设计。在逻辑数据库结构确定后，应用程序设计就应当随之开始。物理数据独立性可消除由于物理结构的改变而引起的对应用程序的修改。当物理独立性未得到保证时，可能会发生对程序的修改。

7.7 数据库的实现

根据逻辑设计和物理设计的结果，在计算机系统上建立实际数据库结构、装入数据、调试和试运行的过程称为数据库的实现阶段。实现阶段主要有 3 项工作。

1）建立实际数据库结构。

对于描述逻辑设计和物理设计结果的程序（即"源模式"），经 DBMS 编译成目标模式并执行后，即可建立实际的数据库结构。

2）装入试验数据，对应用程序进行调试。

试验数据可以是实际数据，也可由手工生成或用随机数发生器生成。应使测试数据尽可能覆盖现实世界的各种情况。

3）装入实际数据，进入试运行状态。

测量系统的性能指标是否符合设计目标，如果不符合，则返回前面的步骤，修改数据库的物理结构甚至逻辑结构。

7.8 数据库的运行与维护

数据库系统的正式运行，标志着数据库设计与应用开发工作的结束和维护阶段的开始。运行维护阶段的主要任务有 4 项。

1）维护数据库的安全性与完整性。检查系统安全性是否受到侵犯，及时调整授权和密码，实施系统转储与后备，发生故障后及时恢复。

2）监测并改善数据库运行性能。对数据库的存储空间状况及响应时间进行分析评价，结合用户反映确定改进措施，实施再构造或再格式化。

3）根据用户要求对数据库现有功能进行扩充。

4）及时改正运行中发现的系统错误。要充分认识到，数据库系统只要运行，就要不断地进行评价、调整、修改。如果应用变化太大，再组织工作已无济于事，那么表明原数据库应用系统的生存期已结束，应该设计新的数据库应用系统了。

7.9 PowerDesigner 辅助设计工具

可以采用功能强大的 PowerDesigner 企业建模工具进行 E-R 模型设计、绘制 E-R 图，以及在后台直接生成数据库和数据表。

7.9.1 绘制 E-R 图

1. 运行 PowerDesigner

运行"程序"→"Sybase"→"PowerDesigner"命令，进入 PowerDesigner 主界面，选择"文件"→"新建"命令，进入 E-R 模型新建窗口，如图 7.39 所示，在 Model type 列表框中选择 Physical Data Model；在"模型名称"文本框中输入 E-R 模型名 PhysicalDataModel_1；单击 DBMS 下拉列表框右侧的文件夹图标，找到安装目录里面的 PowerDesigner19 \ Resource Files \ DBMS；单击 OK 按钮进入模型设计界面，如图 7.40 所示。

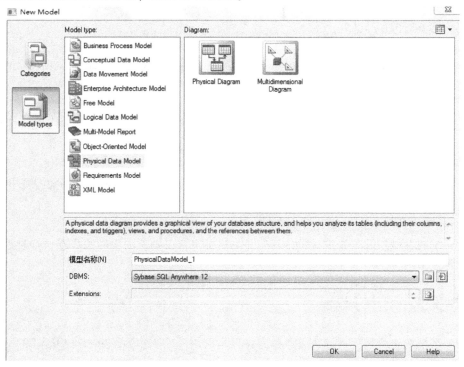

图 7.39　E-R 模型新建窗口

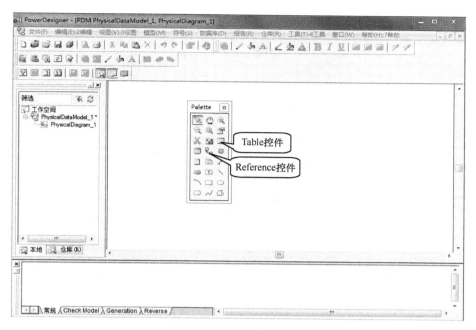

图 7.40　模型设计界面

2. 设计数据模型

（1）设计数据表

从图 7.40 所示的设计界面中的 Palette 工具面板上单击 Table 控件按钮，到窗口中，双击鼠标进入数据表的设计界面，对表进行命名，数据表设计界面中的常规选项卡如图 7.41 所示。

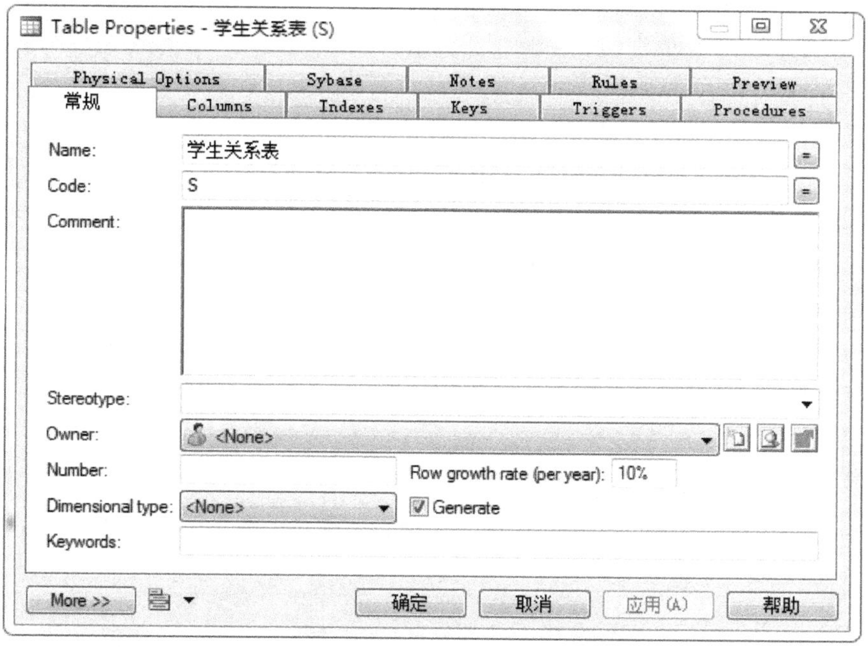

图 7.41　数据表设计界面中的常规选项卡

切换至 Columns 选项卡，从中可以设计表中的字段，建立学生关系表（S）字段，如图 7.42 所示。

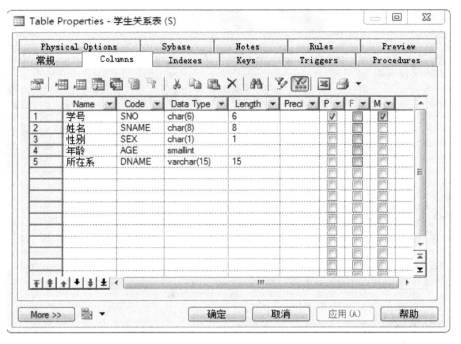

图 7.42 在 Columns 选项卡中建立学生关系表（S）字段

同时设计并建立课程关系表（C）和选课关系表（SC）。

（2）建立表之间的关联关系

从图 7.40 所示设计界面中的 Palette 工具面板上单击 Reference 控件按钮，到窗口中，从子表（如选课关系表（SC））拖至主表（如学生关系表（S））。绘制好的 E-R 模型如图 7.43 所示。

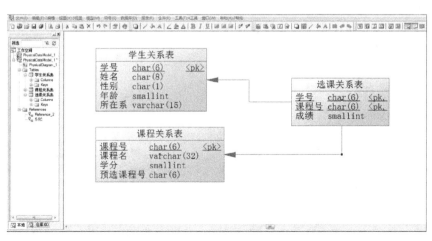

图 7.43 绘制好的 E-R 模型

7.9.2 后台生成 SQL 数据库及数据表

1. 设置 ODBC 数据源

1）利用 SQL Server 的企业管理器创建一个空数据库（如 student）。

2）选择"数据库"→"Configure Connections"命令，弹出图 7.44 所示的"Configure Data Connections"对话框，单击"确定"按钮，弹出图 7.45 所示的"创建新数据源"对话框，从"名称"列表中选择"SQL Server"，单击"下一步"按钮，弹出图 7.46 所示的"创建到 SQL Server 的新数据源"对话框。

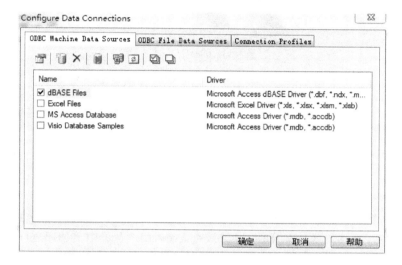

图 7.44 "Configure Data Connections" 对话框

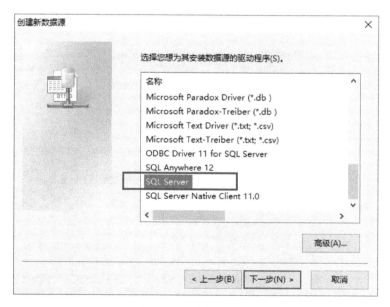

图 7.45 选择数据源

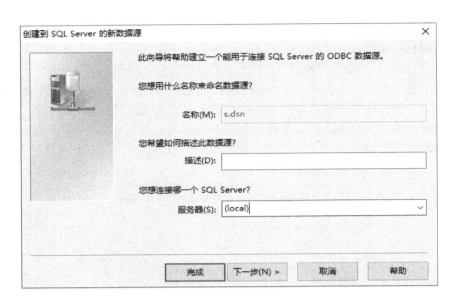

图 7.46　命名数据源

3）在图 7.46 所示对话框的"名称"文本框中输入想定义的数据源名，在"服务器"组合框中输入"."或选择"（local）"，单击"下一步"按钮，弹出图 7.47 所示的对话框。选择"使用用户输入登录 ID 和密码的 SQL Server 验证"单选按钮，输入用户登录 ID 和密码进行 SQL Server 验证，弹出图 7.48 所示的对话框，选中"更改默认的数据库为"复选项，在下方的组合框中选择之前创建的一个空数据库 student。单击"下一步"按钮，再单击"完成"按钮，弹出图 7.49 所示的对话框，从中单击"测试数据源"按钮，数据源测试成功界面如图 7.50 所示。至此，ODBC 数据源的设置就完成了。

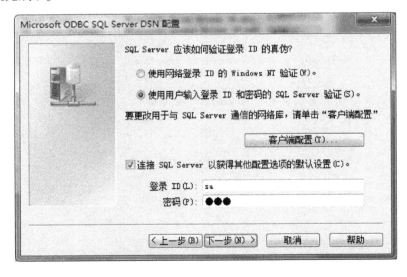

图 7.47　输入登录 ID 和密码

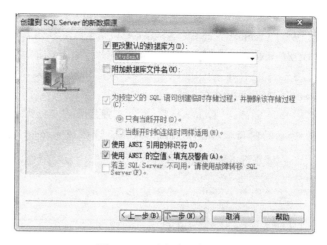

图 7.48 更改默认数据库

图 7.49 测试数据源对话框

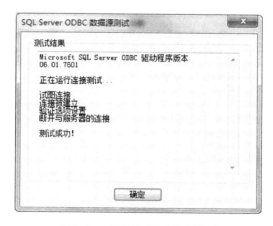

图 7.50 数据源测试成功界面

数据库原理及应用

2. 利用绘制的 E-R 图在 student 数据库中生成表

1）选择"数据库"→"Connect"命令，弹出"Connect to a Data Source"对话框，在 Data source 选项组中选择"ODBC machine data source"单选按钮，从下面的组合框中输入配置 ODBC 时的名称，如"S（SQL Server）"。在下面的 User ID 文本框中输入"sa"和在 Password 文本框中输入密码，单击"Connect"按钮即可连接。

2）选择"数据库"→"Database Generate"命令，弹出图 7.51 所示的对话框，单击"确定"按钮，打开图 7.52 所示的窗口，单击"Run"按钮，完成在 student 数据库中创建数据表。

图 7.51　创建数据表

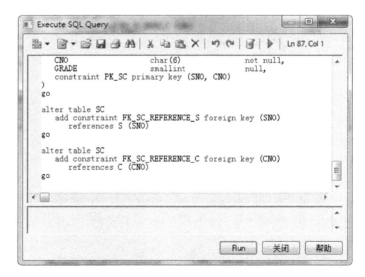

图 7.52　运行结果

154

第 8 章　数据库保护

在数据库系统运行时，通过对数据库进行完整性控制、安全性控制、数据库恢复和并发控制等管理和保护措施，以保证整个系统的正常运行，防止数据库中的数据意外丢失和不一致数据的产生。

8.1　事务

8.1.1　事务的定义

从用户观点来看，对数据库的某些操作应是一个整体，也就是一个独立的工作单位，不能分割。譬如，客户认为电子资金转账（从账号 A 转一笔款到账号 B）是一个独立的操作，而在 DBS 中，这是由几个操作组成的。显然，这些操作要么全都执行，要么由于出错而都不执行。这一点很重要，从而确保不发生下列事情：在账号 A 透支的情况下继续转账；从账号 A 转出了一笔钱，而不知去向，未能转入账号 B 中。这样就引出了事务的概念。

事务（Transaction）是构成单一逻辑工作单元的操作集合。

事务是数据库环境中的一个逻辑工作单元，相当于操作系统环境中"进程"的概念。一个事务由应用程序中的一组操作序列组成，在程序中，事务以 BEGIN TRANSACTION 语句标识事务开始执行，以 COMMIT 或 ROLLBACK 语句标识事务结束。

COMMIT 是"事务提交"语句，表示事务的所有操作都完成了，此时将该事务对数据库的所有更新写入磁盘。ROLLBACK 是"事务撤销"语句，此时发生错误，数据库可能处在不一致的状态，系统将该事务对数据库已做的所有更新全部撤销，把数据库恢复到该事务初始时的一致性状态，同时该事务不成功结束。

8.1.2　事务的 ACID 准则

事务是 DBMS 中的执行单位，事务应满足 ACID 准则。不但在系统正常时，事务要满足 ACID 准则，在系统发生故障时也应满足 ACID 准则；不但在单事务执行时要满足 ACID 准则，在事务并发执行时也要满足 ACID 准则。事务的 ACID 准则有以下 4 个。

1. 原子性（Atomicity）

一个事务对数据库的所有操作，是一个不可分割的工作单元。这些操作要么全部执行，要么什么也不做。

保证原子性是数据库系统本身的职责，由 DBMS 的事务管理子系统完成。

2. 一致性（Consistency）

一个事务独立执行的结果，应保持数据库的一致性，即数据不会因事务的执行而遭受破坏。

确保单个事务的一致性是编写事务的应用程序员的职责。在系统运行时，由 DBMS 的完整子系统执行测试任务。

3. 隔离性（Isolation）

隔离性指在多个事务并发执行时，系统应保证与这些事务先后单独执行时的结果一样，此时

155

称事务达到了隔离性要求。也就是在多个事务并发执行时，保证执行结果是正确的，如同单用户环境一样。

隔离性是由 DBMS 的并发控制子系统实现的。

4. 持久性（Durability）

一个事务一旦完成全部操作，它对数据库的所有更新应永久地反映在数据库中。

持久性是由 DBMS 的恢复管理子系统实现的。

例 8.1 设银行数据库中有一转账事务 T，从账号 A 转一笔款（50 元）到账号 B。其操作如下：

```
T:read(A);
  A:=A - 50;
  write(A);
  read(B);
  B:=B + 50;
  write(B).
```

1）原子性：事务的 6 个操作是一个整体，不可分割，要么全做，要么全不做。也就是 A、B 同时被修改，或同时保持原值。

2）一致性：在事务 T 执行结束后，要求数据库中 A 的值减 50，B 的值增加 50，也就是 A + B 的值不变。

3）隔离性：多个事务并发执行时，相互之间应该互不干扰。譬如，事务 T 在 A 的值减 50 后，系统暂时处于不一致状态，此时若第二个事务插进来计算 A 与 B 之和，则得错误的数据。DBMS 的并发控制子系统可控制这类错误的发生，尽可能提高事务的并行程度，避免错误的发生。

4）持久性：一旦事务成功地完成执行，并且告知用户转账已经发生，系统则将 A、B 账户余额永久地写入磁盘数据库中。

8.2 数据库完整性

8.2.1 完整性子系统和完整性规则

数据库的完整性是指数据的正确性和相容性，防止错误数据进入数据库，防止数据库存在不符合语义的数据。

数据库完整性主要通过完整性子系统来实现，其主要功能如下。

1）监督事务的执行，并测试是否违反完整性规则。

2）若有违反现象，则采取恰当的操作，譬如采用拒绝操作、报告违反情况、改正错误等方法来处理。

完整性子系统是根据"完整性规则集"工作的。完整性规则集是由 DBA 或应用程序员事先向完整性子系统提供的有关数据约束的一组规则。每个完整性规则应由以下 3 部分组成。

1）什么时候使用规则进行检查，称为规则的"触发条件"。

2）要检查什么样的错误，称为"约束条件"或"谓词"。

3）如果查出错误，应该怎么办，称为"ELSE 子句"，即违反时要做的动作。

8.2.2 SQL 中的完整性约束

SQL 中把完整性约束分成域约束、基本表约束和断言三大类。

1. 域约束

在 SQL 中可以用 "CREATE DOMAIN" 语句来定义新的域，并且还可出现 CHECK 子句。

例 8.2 定义一个新的域 COLOR，可用下列 SQL 语句来实现：

```
CREATE DOMAIN COLOR CHAR(6)
    CONSTRAINT V_COLORS
    CHECK(VALUE IN ('Red', 'Blue', 'Yellow', 'Green', '???'));
```

假设创建基本表 P 时使用 COLOR 域：

```
CREATE TABLE P
    (…,
     COLOR  PCOLOR
     …);
```

当用户向 P 表插入零件记录时，零件颜色 PCOLOR 只能输入（'Red'，'Blue'，'Yellow'，'Green'，'???'）5 个值，否则系统将自动产生一个约束名为 V_COLORS 的诊断信息。

2. 基本表约束

SQL 中的基本表约束主要有候选键定义、外键定义和检查约束定义 3 种形式。

（1）候选键定义

```
CONSTRAINT〈完整性约束条件名〉PRIMARY KEY(〈列名序列〉)
```

（2）外键定义

```
CONSTRAINT〈完整性约束条件名〉FOREIGN KEY(〈列名序列〉)
    REFERENCES <参照表> [( <列名序列>)]
        [ ON DELETE <参照动作> ]
        [ ON UPDATE <参照动作> ]
```

其中，第一个列名序列指外键，第二个列名序列指参照表中的主键或候选键。参照动作主要有 NO ACTION（默认）、CASCADE、RESTRICT、SET NULL、SET DEFAULT。

1）删除参照表中的元组时

如果要删除参照表中的某个元组，按下列不同方式，会对依赖表产生不同的影响。

NO ACTION 方式：对依赖表没有影响。

CASCADE 方式：将依赖表中的所有外键值与参照表中要删除的主键值相对应的元组一起全部删除。

RESTRICT 方式：当依赖表中没有一个外键值与要删除的参照表中主键值相对应时，系统才能执行删除操作，否则拒绝此删除操作。

SET NULL 方式：删除参照表中的元组，同时将依赖表中所有与参照表中被删除的主键值相对应的外键值置为 NULL。

SET DEFAULT 方式：删除参照表中的元组，同时将依赖表中所有与参照表中被删除的主键值相对应的外键值置为预先定义好的默认值。

2）修改参照表中的主键值时

如果要修改参照表中的某个主键值，按下列不同方式，会对依赖表产生不同的影响。

NO ACTION 方式：对依赖表没有影响。

CASCADE 方式：将依赖表中与参照表中要修改的主键值相对应的所有外键值一起修改。

RESTRICT 方式：当依赖表中没有外键值与参照表中要修改的主键值相对应时，系统才能执行修改参照表中的主键值操作，否则拒绝此修改操作。

SET NULL 方式：修改参照表中的主键值，同时将依赖表中所有与参照表中被修改的主键值相对应的外键值置为 NULL。

SET DEFAULT 方式：修改对照表中的主键值，同时将依赖表中所有与参照表中被修改的主键值相对应的外键值置为预先定义好的默认值。

（3）检查约束定义

这种约束可对单个关系的元组值加以约束。方法是，在关系定义中的任何所需要的地方加上关键字 CHECK 和约束条件：

```
CHECK(〈条件表达式〉)
```

下面是教学数据库的 3 个关系：

学生关系 S（SNO，SNAME，AGE，SEX，DEPT）

选课关系 SC（SNO，CNO，GRADE）

课程关系 C（CNO，CNAME，DEPT，TNAME）

例 8.3　在教学数据库中，要求 S 中的元组满足条件：男生年龄在 15～35 岁之间，女生年龄在 15～30 岁之间。对应的语句为：

```
CHECK(AGE > = 15 AND((SEX = '男' AND AGE < = 35) OR (SEX = '女' AND AGE < =30)));
```

3. 断言

如果完整性约束牵涉面较广，与多个关系有关，或者与聚合操作有关，那么 SQL2 提供"断言（Assertions）"机制让用户书写完整性约束。断言定义语句如下：

```
CREATE ASSERTION <断言名 > CHECK( <条件 >)
```

断言撤销语句如下：

```
DROP ASSERTION <断言名 >
```

例 8.4　每位教师开设的课程不能超过 5 门。

```
CREATE ASSERTION ASSE1
        CHECK(5 > = ALL( SELECT COUNT (CNO) FROM C
                    GROUP BY TNAME));
```

8.2.3　SQL 的触发器

前面提到的 3 种约束机制都属于被动的约束机制，在检查出对数据库的操作违反约束后，只能做些比较简单的动作，譬如拒绝操作。比较复杂的操作可以考虑使用下列的 SQL 触发器来实现。

一个触发器主要由以下 3 个部分组成。

1）事件：是指对数据库进行插入、删除、修改等操作时，引发触发器的操作。

2）条件：引发触发器的条件，如果条件成立，就执行相应的动作。

3）动作：引发触发器后的操作。如果触发器测试满足预定的条件，那么就由 DBMS 执行这些动作。

触发器的定义格式如下：

```
触发器的命名
动作时间      触发事件      目标表名
旧值和新值的别名表
触发动作      动作间隔尺寸
             动作时间条件
             动作体
```

例 8.5 下面是应用于选课关系 SC 的一个触发器。这个触发器规定，在修改关系 SC 的成绩值时，要求修改后的成绩一定不能比原来的低，否则就拒绝修改。该触发器的程序如下：

```
CREATE TRIGGER TRIG1
AFTER UPDATE OF GRADE ON SC
REFERENCING
      OLD AS OLDTUPLE
      NEW AS NEWTUPLE
FOR EACH ROW
WHEN(OLDTUPLE.SCORE > NEWTUPLE.SCORE)
UPDATE SC SETSCORE = OLDTUPLE.SCORE
WHERE CNO = NEWTUPLE.CNO
```

8.3 数据库安全性

8.3.1 数据库安全性级别

数据安全性是指保护数据库，防止不合法的使用，以免数据的泄密、更改或破坏。

为了保护数据库，防止恶意滥用，可以在从低到高的 5 个级别上设置各种安全措施。

1）环境级：计算机系统的机房和设备应加以保护，防止有人进行物理破坏。

2）职员级：工作人员应清正廉洁，正确授予用户访问数据库的权限。

3）OS 级：应防止未经授权的用户从 OS 处着手访问数据库。

4）网络级：由于大多数 DBS 都允许用户通过网络进行远程访问，因此网络软件内部的安全性是很重要的。

5）DBS 级：DBS 的职责是检查用户的身份是否合法及使用数据库的权限是否正确。

8.3.2 数据访问权限

用户访问数据的权限主要有以下几种。

1）读权限：允许用户读数据，但不能改数据。

2）插入权限：允许用户插入新数据，但不能改数据。

3）修改权限：允许用户改数据，但不能删除数据。

4）删除权限：允许用户删除数据。

用户修改数据库模式的权限如下。

1）索引（Index）权限：允许用户创建和删除索引。

2）资源（Resourse）权限：允许用户创建新的关系。

3）修改（Alteration）权限：允许用户在关系结构中加入或删除属性。

4）撤销（Drop）权限：允许用户撤销关系。

8.3.3　SQL 中的安全性机制

1. 视图

通过视图可以从一个表或多个基本表中导出数据，供用户查询时使用。视图具有数据安全性、逻辑数据独立性和操作简便性等优点。

视图是从一个或多个表导出的虚表，视图只是一个查询定义，本身没有数据，只有在用户利用视图查询时，才通过视图定义的语句从基本表中查询数据提交给用户，用户通过视图只能查得视图定义中的数据，而不能使用视图定义外的其他数据，从而保证数据安全性。

2. SQL 中的用户权限及其操作

（1）用户权限

SQL 定义了 6 类权限供用户选择使用：SELECT、INSERT、DELETE、UPDATE、REFERENCES、USAG。

前 4 类权限分别允许用户对关系或视图进行查询、插入、删除、修改操作。REFERENCES 权限允许用户定义新关系时引用其他关系的主键作为外键。USAG 权限允许用户使用已定义的域。

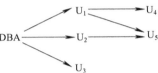

（2）授权语句

DBA 授予其他用户使用关系或视图的权限的过程如图 8.1 所示。

图 8.1　DBA 授予用户使用关系或视图的权限的过程

一个用户拥有权限的充分必要条件是在权限图中从根节点到该用户节点存在一条路经。授予权限的 SQL 语句格式如下：

```
GRANT <权限表> ON <数据库元素> TO <用户名表> [WITH GRANT OPTION]
```

例 8.6　下面有若干授权 SQL 语句，分别对其进行说明。

```
GRANT SELECT,UPDATE ON S TO LI WITH GRANT OPTION
```

该语句是将关系 S 的查询、修改权限授给用户 LI，并且 LI 还可以把这些权限转授给其他用户。

```
GRANT INSERT(SNO,CNO) ON SC TO LIU WITH GRANT OPTION
```

该语句是把关系 SC 中的 SNO、CNO 属性上的数据插入权限授给用户 LIU，同时 LIU 还拥有转授权。

```
GRANT REFERENCES(CNO) ON C TO CHEN WITH GRANT OPTION
```

该语句允许用户 CHEN 建立新关系时引用关系 C 的主键作为新关系的外键，并拥有转授权。

```
GRANT USAGE ON DOMAIN AGE TO PUBLIC
```

该语句允许所有用户使用已定义过的域 AGE。

（3）回收语句

用户回收权限的过程如图 8.2 所示。

回收权限的 SQL 语句格式如下：

```
REVOKE <权限表> ON <数据库元素> FROM <用户名表> [RESTRICT | CASCADE]
```

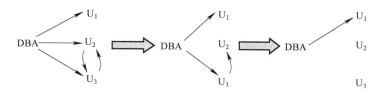

图 8.2　用户回收权限的过程

例 8.7　下面有两句回收 SQL 语句，分别对其进行说明

REVOKE SELECT,UPDATE ON S FROM LI CASCADE

该语句表示从用户 LI 回收对关系 S 的查询、修改权限，并且连锁回收其转授出的权限。

REVOKE GRANT OPTION FOR REFERENCES(CNO) ON C FROM CHEN

该语句从用户 CHEN 处回收对关系 C 中主键 CNO 引用的转授权。

8.4　数据库恢复技术

8.4.1　恢复的定义、原则和方法

1. 恢复的定义

在 DBS 运行时，可能会出现磁盘损坏、电源故障、软件错误、恶意破坏等各种各样的故障。在发生故障时，很可能丢失数据库中的数据。DBMS 的恢复管理子系统采取一系列措施保证在任何情况下都保持事务的原子性和持久性，确保数据不丢失、不破坏。

数据库的可恢复性是指系统能把数据库从被破坏、不正确的状态恢复到最近一个正确的状态。

2. 恢复的基本原则和实现方法

数据库恢复的基本原则就是"冗余"，即数据库重复存储。

数据库恢复的具体实现方法如下。

（1）平时做好两件事：转储和建立日志

1）周期地（比如一天一次）对整个数据库进行复制，转储到另一个磁盘或磁带一类的存储介质中。

2）建立日志数据库。记录事务的开始、结束，以及数据每一次插入、删除和修改前后的值，并写到日志库中。

（2）一旦发生数据库故障，分两种情况进行处理

1）如果数据库已被破坏，则装入 last 数据库备份，再利用日志库将这两个数据库状态之间的所有更新重新做一遍。

2）如果数据库未被破坏，但某些数据不可靠，则撤销所有不可靠的修改，把数据库恢复到正确的状态。

8.4.2　故障恢复方法

1. 事务故障

1）可以预期的事务故障，即在程序中可以预先估计到的错误，如存款余额透支，此时继续取款就会出现问题。这种故障可以在事务的代码中加入判断和 ROLLBACK 语句。当事务执行到

ROLLBACK 语句时，由系统对事务进行回退操作，即执行 UNDO 操作。

2）非预期事务故障，即在程序中发生的未估计到的错误，如运算溢出、数据错误、死锁等。此时，系统直接对该事务执行 UNDO 处理。

2. 系统故障

硬件故障、软件（DBMS、OS 或应用程序）错误或掉电等引起系统停止运转并随之要求重新启动的故障，称为系统故障。

系统故障不破坏数据库，只影响正在执行的事务，造成正在运行的事务非正常终止，以及数据库中某些数据不正确。DBMS 恢复子系统在系统重新启动时，对未完成事务做 UNDO 处理，对已提交但还留在缓冲区的事务进行 REDO 处理，把数据库恢复到正确的一致性状态。

3. 介质故障

介质故障是指磁盘物理故障或遭受病毒破坏后的故障。这时，磁盘上的物理数据库遭到毁灭性破坏。此时恢复的过程如下。

1）重装转储的后备副本到新的磁盘上，使数据库恢复到转储时的一致状态。

2）在日志中找出转储以后所有已提交的事务。

3）对这些已提交的事务进行 REDO 处理，将数据库恢复到故障前某一时刻的一致状态。

事务故障和系统故障的恢复由系统自动进行，而介质故障的恢复则需要 DBA 配合进行。在实际中，系统故障通常称为软故障，介质故障通常称为硬故障。

8.4.3 具有检查点的恢复技术

利用日志技术进行数据库恢复时，恢复子系统必须搜索日志，确定哪些事务需要 REDO 处理，哪些事务需要进行 UNDO 处理。一般来说，需要检查所有日志记录。这样做存在两个问题：一是，搜索整个日志将耗费大量时间；二是，很多需要 REDO 处理的事务实际上已经将它们的更新操作写到数据库了，然而恢复子系统又重新执行了这些操作，浪费了大量时间。为了解决这些问题，具有检查点的恢复技术应运而生。DBMS 定期设置检查点，在检查点时刻才真正做到把对 DB 的修改写到磁盘，并在日志文件中增加一条检查点记录。

使用检查点方法可以改善恢复效率。当事务 T 在一个检查点之前提交时，T 对数据库所做的修改一定都已写入数据库。这样，在进行恢复时没有必要对事务 T 执行 REDO 操作。只有那些在检查点后面的还在执行的事务需要恢复。

系统出现故障时，恢复子系统将根据事务的不同状态采取不同的恢复策略，如图 8.3 所示。

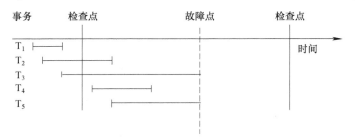

图 8.3 恢复子系统采取的不同的恢复策略

T_1：在检查点之前提交。

T_2：在检查点之前开始执行，在检查点之后及故障点之前提交。

T_3：在检查点之前开始执行，在故障点时还未完成。

T_4：在检查点之后开始执行，在故障点之前提交。

T_5：在检查点之后开始执行，在故障点时还未完成。

事务 T_1 在检查点之前已提交，所以不需要操作；事务 T_2 和事务 T_4 在检查点之后提交，它们对数据库所做的修改在故障发生时可能还在缓冲区中，尚未写入数据库，所以要重做（REDO）；事务 T_3 和事务 T_5 在故障点时还未完成，所以要撤销（UNDO）。系统使用检查点方法进行恢复的步骤如下。

1）根据日志文件建立事务重做队列和事务撤销队列。

此时，从头扫描日志文件，找出在故障发生前已经提交的事务，将这些事务标识记入重做队列。找出故障发生时尚未完成的事务，将这些事务标识记入撤销队列。

2）对重做队列中的事务进行 REDO 处理，对撤销队列中的事务进行 UNDO 处理。

8.5 并发控制

8.5.1 并发所引起的问题

事务如果不加控制地并发执行，会产生下列问题。

1. 丢失更新

例8.8 表8.1为事务 T_1 和事务 T_2 并发执行的情况。两个事务均对数据库中 A 的值进行更新，A 的初始值为10，则按表8.1中的次序执行，数据库中 A 的终值将为20，事务 T_1 对 A 的更新将丢失，这与事务执行的结果不一样。若按先 T_1 后 T_2 的次序执行，则 A 的终值为14；若按先 T_2 后 T_1 的次序执行，则 A 的终值为17。这个问题是由于两个事务对同一个数据并发写所引起的，称为写 – 写冲突。

表8.1 事务 T_1 和事务 T_2 并发执行的情况

时　　间	事务 T_1	数据库中 A 的值	事务 T_2
t0		10	
t1	Read（A）		
t2			Read（A）
t3	A：= A – 3		
t4			
t5	Write（A）	7	
t6			A：= 2A
t7		20	Write（A）

2. 读脏数据

例8.9 在表8.2中，事务 T_1 将数据库中 A 的值修改为7，但尚未提交。事务 T_2 紧跟着读了未提交的 A 值（7）。随后，事务 T_1 做 ROLLBACK 操作，把 A 值恢复为10。事务 T_2 仍在使用被撤销的 A 值7。事务 T_2 读到的数据就称为脏数据，即不正确的数据。读脏数据是由于一个事务读了另一个更新事务尚未提交的数据所引起的，称为写 – 读冲突。

表8.2　读脏数据

时　间	事务 T_1	数据库中 A 的值	事务 T_2
t0		10	
t1	Read（A）		
t2	A：= A − 3		
t3	Write（A）		
t4		7	Read（A）
t5	ROLLBACK		
t6		10	

3. 不可重复读

例 8.10　表 8.3 所示为事务 T_1 和 T_2 对数据库中的 A、B、C 值的操作。A、B、C 的初值分别为 10、5、4。读事务 T_1 对 A、B、C 数据进行求和，而更新事务 T_2 对 A 减 1、对 C 加 1。按表 8.3 的次序执行，事务 T_1 对 A、B、C 数据进行求和，结果为 20。这显然是一个错误的结果，是由于不可以读修改前的 C 值所引起的，称为不可重复读。不可重复读是由读 – 写冲突所引起的。

表8.3　不可重复读

时　间	事务 T_1	数据库中 A、B、C 的值	事务 T_2
t0		10、5、4	
t1	Read（A）		
t2	SUM：= A		
t3	Read（B）		
t4	SUM：= SUM + B		
t5			Read（A）
t6			A：= A − 1
t7			Write（A）
t8		9、5、4	Read（C）
t9			C：= C + 1
t10			Write（C）
t11		9、5、5	COMMIT
t12	Read（C）		
t13	SUM：= SUM + C		

　　从上述分析可知，并发所引起的问题来自对同一数据对象的写 – 写冲突或读 – 写冲突，问题出在"写"上。并发控制的任务就是避免访问冲突所引起的数据不一致。

　　并发控制的主要技术有封锁、时间戳等。大多数 DBMS 采用封锁技术，下一小节就介绍封锁技术。

8.5.2　封锁

　　封锁是实现并发控制的一个非常重要的技术。所谓封锁，就是事务 T 在对数据对象操作前先对其加锁。加锁后，事务 T 就对该数据对象有了一定的控制，在事务 T 释放它的锁之前，其他事务不能更新数据对象。

加锁必须遵守一定的协议，称为加锁协议。各个 DBMS 所提供的锁的类型不完全一样，它们的加锁协议也有所区别。下面介绍几种有代表性的加锁协议。

1. X 锁

在这种加锁协议中，只有一种锁，即 X 锁。它既用于写操作，也用于读操作。一个事务对某数据对象加锁后，其他事务就不得再对这个数据对象加锁，称这个锁是排他性的（eXclusive），即排他锁（X 锁）。加锁协议可用一个相容矩阵来表示。X 锁的相容矩阵见表 8.4。其中，列表示其他事务对某数据对象已拥有锁的情况，NL 表示无锁，X 表示已

表 8.4　X 锁的相容矩阵

待加 ＼ 已有	NL	X
NL	Y	Y
X	Y	N

加 X 锁。行表示锁请求，X 表示申请 X 锁。如果锁请求可以获准，则在相容矩阵中填 Y；如果锁不能获准，则在相容矩阵中填 N。如果锁的申请没有获准，则申请的事务需要等待其他事务释放其拥有的锁。

当一个事务对数据加上锁后，并且对数据进行了修改，如果过早地解锁，有可能使其他事务读了未提交数据，从而丢失其他事务的更新。这就要求 X 锁的解除操作应该合并到事务的结束（COMMIT 或 ROLLBACK）操作中。

例 8.11　利用 X 锁协议，可以解决表 8.1 所示的丢失更新问题，见表 8.5。事务 T_1 先对 A 实现 X 锁，更新 A 值以后，在事务成功 COMMIT（提交）之后，事务 T_2 再重新执行"XLock（A）"操作，并对 A 进行更新，此时 A 已是事务 T_1 更新过的值。这样就能得出正确的结果。

表 8.5　等事务 T_1 更新完成后再执行事务 T_2

时　间	事务 T_1	数据库中 A 的值	事务 T_2
t0		10	
t1	XLock（A）		
t2			XLock（A）失败 wait
t3	A：=A－3		wait
t4			wait
t5	Write（A）		wait
t6		7	wait
t7	COMMIT（包括解锁）		wait
t8			XLock（A）重做
t9			A：=2A
t10			Write（A）
t11		14	COMMIT（包括解锁）

2.（S，X）锁

采用 X 锁的并发控制，只允许一个事务独锁数据，而其他申请加锁的事务只能等待。为了提高并发度，引入 S 锁（Shared Locks），用于并发地读数据，又称共享锁。只有在写数据时才加 X 锁。故称（S，X）锁加锁。在（S，X）锁加锁协议中，设有用于读访问的 S 锁（Shared Locks）和用于写访问的 X 锁（eXclusive Locks）两种锁。其相容矩阵见表 8.6。

由于 S 锁只用于读，故 S 锁与 S 锁是相容的，即同一数据对象可允许多个事务并发读。这与单一的 X 锁相比，提高了并发度。若某数据对象加了 S 锁，这时若有其他事务申请对它加 S 锁，则可以获准。这时若有其他事务申请对它加 X 锁，则需要等待。

S 锁的解除操作应该合并到事务的结束（COMMIT 或 ROLLBACK）操作中。

表 8.6　（S, X）锁的相容矩阵

待加 ＼ 已有	NL	S	X
NL	Y	Y	Y
S	Y	Y	N
X	Y	N	N

例 8.12　利用 S 锁协议，可以解决表 8.1 的丢失更新问题，见表 8.7，但可能引起另外一个问题——死锁。死锁将在下一小节介绍。

表 8.7　更新未丢失，但在时间 $t6$ 发生了死锁

时　间	事务 T_1	数据库中 A 的值	事务 T_2
t0		10	
t1	SLock（A）		
t2			SLock（A）失败
t3	A：＝A－3		
t4			A：＝2A
t5	Write（A）失败		
t6	wait		Write（A）失败
t7	wait		wait

3.　（S, U, X）锁

在这种加锁协议中，除 S、X 两种锁外，又增加了一种 U 锁。事务在做更新操作时，一般先读出老的内容，在内存中修改后，再写入修改后的内容。在此过程中，除最后的写入阶段外，被更新的数据对象仍可被其他事务访问。U 锁就是为此目的而设置的。

事务在更新一个数据对象时，首先申请对它加 U 锁。数据对象加了 U 锁后，仍允许其他事务对它加 S 锁。待最后写入时，事务再申请把 U 锁升级为 X 锁。由于不必在事务执行的全过程中加 X 锁，从而可以进一步提高并发度。（S, U, X）锁的相容矩阵见表 8.8。

表 8.8　（S, U, X）锁的相容矩阵

待加 ＼ 已有	NL	S	U	X
NL	Y	Y	Y	Y
S	Y	Y	Y	N
U	Y	Y	N	N
X	Y	N	N	N

8.5.3　活锁和死锁

使用封锁技术，可以避免并发操作引起的各种错误，但可能引起活锁和死锁等问题。

1. 活锁

如果事务 T_1 封锁了数据 A，事务 T_2 又请求封锁 A，于是 T_2 等待。T_3 也请求封锁 A，当 T_1 释放 A 上的加锁之后，系统首先批准了 T_3 的加锁请求，T_2 仍等待。然后 T_4 又请求封锁 A，当 T_3 释放 A 上的加锁之后，系统首先批准了 T_4 的加锁请求等，T_2 可能永远等待，这就是活锁的情形，见表 8.9。

表8.9 活锁

时 间	事务 T_1	事务 T_2	事务 T_3	事务 T_4	...
t1	Lock（A）				
t2		Lock（A）失败			
t3		wait	Lock（A）失败		
t4	Unlock	wait	wait	Lock（A）失败	
t5		wait	Lock（A）	wait	
t6		wait	Unlock	wait	
t7		wait		Lock（A）	
...		...			

解决活锁问题的一个简单方法是采用"先来先服务"的策略。当多个事务请求封锁同一数据对象时，封锁子系统按请求封锁的先后次序对事务排队，数据对象上的锁一旦释放，就批准申请队列中的第一个事务获得锁。

2. 死锁

如果事务 T_1 封锁了数据 A1，事务 T_2 封锁了数据 A2，然后 T_1 又请求封锁 A2，因 T_2 已封锁了数据 A2，于是 T_1 等待 T_2 释放 A2 上的锁。接着 T_2 又申请封锁 A1，因 T_1 已封锁了数据 A1，于是 T_2 等待 T_1 释放 A1 上的锁。这样就出现了 T_1 在等待 T_2，而 T_2 又在等待 T_1 的局面，T_1 和 T_2 两个事务永远不能结束，形成死锁见表8.10。

表8.10 死锁

时 间	事务 T_1	事务 T_2
t1	Lock（A1）	
t2		Lock（A2）
t3	Lock（A2）	
t4	wait	
t5	wait	Lock（A1）
t6	wait	wait

目前，在数据库中解决死锁问题的方法有两种：一是防止死锁；二是检测死锁，发现死锁后处理死锁。

8.5.4 死锁的防止、检测和处理

1. 死锁的防止

（1）一次封锁法

一次封锁法要求每个事务在执行前一次性地申请所有的锁，即将所有要使用的数据对象全部加锁，否则就不能继续执行。譬如表8.10中的例子，如果事务 T_1 执行前将数据对象 A1 和 A2 一次性加锁，T_1 就可以执行下去，而 T_2 等待。T_1 执行完后释放 A1 和 A2 上的锁，T_2 继续执行。这样就不会产生死锁。

一次封锁法方法虽然可以有效地防止死锁的发生，但这种方法有两个缺点：其一，有些数据对象过早地加锁，降低了并发度；其二，如果有些事务需要访问的"热点"数据比较多，其他事务问题不断地占有其中某些数据，从而总是不能一次获得所需数据的全部锁，因而会一直等待下去，就发生了活锁。

（2）顺序封锁法

顺序封锁法是预先对数据对象规定一个封锁顺序，所有事务都按这个顺序实行封锁，即将数据对象按序编号，在事务申请锁时，要求按序申请。如果未获得编号为 n 的数据对象加锁，则不允许申请编号大于 n 的数据对象的锁。按此规则申请锁，只有持低编号数据对象的锁的事务等待持高编号数据对象的锁的事务，而不可出现相反的等待，因而不可能发生循环等待。

顺序封锁法可以有效地防止死锁，但也同样存在问题。第一，数据库系统中封锁的数据对象很多，并且随数据的插入、删除等操作而不断变化，要维护这样的资源的封锁顺序非常困难，成本很高。第二，事务的封锁请求可以随着事务的执行而动态地决定，很难事先确定每一个事务要封锁哪些对象，因此也就很难按规定的顺序去施加封锁。

（3）事务重做法

在数据库系统中，有一种比较实用的防止死锁的方法。在这种方法中，当事务申请锁而未获准时，不是一律等待，而让一些事务回滚重做，以避免循环等待。为了区别事务执行的先后，每个事务在开始执行时赋一个唯一的、随着时间增长的时间标记（time stamp，ts）。事务重做一般有以下两种策略。

1）等待 – 死亡策略。如果 T_1 比 T_2 "年老"（ts（T_1）< ts（T_2）），则 T_1 等待；不然，T_2 回滚（死亡），并在一定时间后以原来的时间标记重新运行。

2）击伤 – 等待策略。如果 T_1 比 T_2 "年轻"（ts（T_1）> ts（T_2）），则 T_1 等待；不然，T_2 回滚（死亡），并在一定时间后以原来的时间标记重新运行。

上述方法中，都只有一个方向的等待，年老→年轻或年轻→年老，所以不会出现循环等待，从而避免了死锁的发生。

2. 死锁的检测和处理

死锁应尽可能及时发现，及时处理。死锁检测的方法一般采用超时法和等待图法。

（1）超时法

如果一个事务的等待时间超过了规定的时限，则认为发生了死锁。这种发现死锁的方法简单，但死锁发生后，必须等待一定的时间才能被发现，而且事务因其他原因的等待而超过时限时，就可能被误判为死锁。如果时限设定得太小，则这种误判的死锁会增多；如果时限设定得太大，死锁发生后不能及时发现。

（2）等待图法

等待图法是一个有向图 G = < V，E >。其中，V 为节点的集合，V = $\{T_i \mid T_i$ 是数据库系统中当前运行的事务，$i = 1，2，\cdots，n\}$，每个节点表示正在运行的事务；E 是边的集合，表示 E—— $\{< T_i，T_j > \mid T_i$ 等待 T_j（$i \neq j$）$\}$，每个边表示事务等待的情况。

并发控制子系统动态地维护等待图，并进行检测。如果发现等待图中有回路，则表示系统中出现了死锁。

并发控制子系统一旦检测到系统中存在死锁，就要设法解除。通常采用的方法是在循环等待事务中，选择一个牺牲代价最小的事务，将其回滚撤销，并释放此事务持有的所有锁及其他资源，使其他事务得以运行下去。

8.5.5 并发调度的可串行化

1. 事务的调度、串行调度和并发调度

事务的执行次序称为"调度"。如果多个事务依次执行，则称为事务的串行调度。如果利用分时的方法同时处理多个事务，则称为事务的并发调度。

如果有 n 个事务串行调度，可有 $n!$ 种不同的有效调度。如果有 n 个事务并发调度，可能的并发调度数目远远大于 $n!$！但其中有的并发调度是正确的，有的是不正确的。如何产生正确的并发调度，是由 DBMS 的并发控制子系统实现的。如何判断一个并发调度是正确的，这个问题可以用下面的"可串行化调度"来解决。

2. 可串行化调度

如果一个并发调度的执行结果与某一串行调度的执行结果等价，那么这个并发调度称为"可串行化调度"，否则是不可串行化调度。

例 8.13 图 8.4 的 3 个并发事务 T_A、T_B、T_C 是可串行化调度，其执行结果与串行序列 $T_A \rightarrow T_B \rightarrow T_C$ 相同。

一个并发调度 S 是否可串行化，可用其前趋图来判断。前趋图是个有向图 $G = <V, E>$。其中，V 是顶点的集合，包含所有参与调度的事务；E 是边的集合，通过分析冲突操作来决定。如果下列条件之一成立，可在 E 中加边 $T_i \rightarrow T_j$：

T_A	T_B	T_C
	Read R1	Write R1
Read R2		
	Write R2	

图 8.4 可串行化调度

1）$R_i(x)$ 在 $W_j(x)$ 之前。

2）$W_i(x)$ 在 $R_j(x)$ 之前。

3）$W_i(x)$ 在 $W_j(x)$ 之前。

最后，看构造好的前趋图中是否有回路。如果有，则该调度不可串行化，否则可串行化。

可串行化时，利用拓扑排序求得一个等价串行调度的算法如下。

1）由于无环路，因此必有入度为 0 的顶点。将它们及其有关的边从图中移去，并将这些顶点存入一个队列。

2）对剩下的图进行同样的处理，不过移出的顶点要在队列中的已有顶点之后。

3）重复 1）、2），直至所有顶点移入队列为止。

例 8.14 设有对事务集 $\{T_1, T_2, T_3, T_4\}$ 的一个调度：

$$S = W_3(y) R_1(x) R_2(y) W_3(x) W_2(x) W_3(z) R_4(z) W_4(x)$$

其前趋图如图 8.5 所示。图 8.5 所示的前趋图没有回路，所以是可串行化的，具体的拓扑排序求解过程如图 8.6 所示。

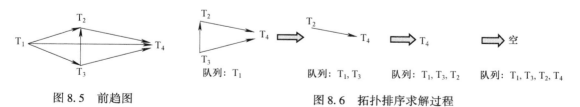

图 8.5 前趋图

队列：T_1　　　　队列：T_1, T_3　　　队列：T_1, T_3, T_2　　　队列：T_1, T_3, T_2, T_4

图 8.6 拓扑排序求解过程

由图 8.6 可得，S 的等价串行调度为 $S' = R_1(x) W_3(y) W_3(x) W_3(z) R_2(y) W_2(x) R_4(z) W_4(x)$。

8.5.6 两段封锁协议

为了保证并发调度的正确性，DBMS 的并发控制子系统必须提供一定的手段来保证调度是可串行化的。目前，DBMS 普遍采用两段封锁协议的方法来实现并发调度的可串行化，从而保证调度的正确性。

在一个事务中，如果加锁动作都在所有释放锁动作之前，则称此事务为两段事务。上述的加锁限制称为两段封锁协议（Two-phase Locking Protocol，2PL 协议）。

两段封锁协议规定所有的事务应遵守下面两个规则：

1）在对任何一个数据进行读写操作之前，事务必须获得对该数据的封锁。

2）在释放一个封锁之后，事务不再获得任何其他封锁。

遵守该协议的事务分为两个阶段：一个是获得封锁阶段，也称为"扩展"阶段；另一个是释放封锁阶段，也称为"收缩"阶段。图 8.7 是一个两段事务，图 8.8 是一个非两段事务。

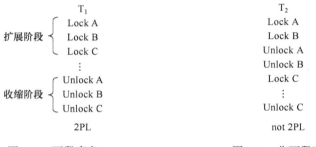

图 8.7 两段事务   图 8.8 非两段事务

如果所有的事务都遵守"两段封锁协议"，则所有可能的并发调度都是可串行化的。也就是说，两段封锁是可串行化的充分条件，但不是必要条件，即对于可串行化的并发调度，有的事务可能不遵守两段封锁协议。

第9章 Microsoft SQL Server 2019

在网络环境下进行数据库系统的应用开发，需要选择具体的 DBMS。本章首先介绍当前流行的关系数据库系统 Microsoft SQL Server 的基本知识，接着以 Microsoft SQL Server 2019 为背景，介绍数据库系统设计的方法和 Microsoft SQL Server 的高级应用技术。

9.1 Microsoft SQL Server 简介

Microsoft SQL Server 是高性能、客户机/服务器的关系型数据库管理系统（RDBMS），能够支持大吞吐量的事务处理，也能在 Microsoft Windows Server 2019 网络环境下管理数据的存取以及开发决策来支持应用程序。由于 Microsoft SQL Server 是开放式的系统，因此其他系统可以与它进行友好的交互操作。

9.1.1 Microsoft SQL Server 2019 的特点

SQL Server 2019 为 SQL Server 引入了大数据群集。它还为 SQL Server 数据库引擎、SQL Server Analysis Services、SQL Server 机器学习服务、Linux 上的 SQL Server 和 SQL Server Master Data Services 提供了附加功能。

1. 操作系统的要求

Microsoft SQL Server 2019 支持 Microsoft Windows Server 2019、Windows 8.1、Windows 10、Windows Server 2008 R2 建立数据库，32 位系统具有 Intel 1GHz（或同等性能的兼容处理器）或速度更快的处理器，64 位系统具有 1.4GHz 或速度更快的处理器。

2. 安全可靠

Microsoft SQL Server 2019 可提高服务器的正常运行时间并加强数据保护，无须浪费时间和金钱即可实现服务器到云端的扩展。另外，内置了安全性功能及 IT 管理功能，能够在很大程度上帮助企业提高安全性能级别并实现合规管理。

3. 性能超快

在基准测试程序的支持下，用户可获得突破性、可预测的性能。通过快速的数据探索和数据可视化对成堆的数据进行细致深入的研究。针对所有用户数据提供全方位的视图，并通过整合、净化、管理帮助确保数据的置信度。

4. 内存优化 tempdb 元数据

Microsoft SQL Server 2019 引入了属于内存数据库功能系列的新功能，即内存优化 tempdb 元数据。该功能可为 tempdb 繁重的工作负荷解锁新的可伸缩性级别。

Microsoft SQL Server 2019 Cross Platform：多平台支持，可在 Linux 或 Mac OS 的 Docker 容器上运行。

Microsoft SQL Server 2019 外部代码运行：支持 Python、R 语言，具有强大的 AI 功能。

Microsoft SQL Server 2019 Resumable Online Index Operation：可恢复在线索引操作。

9.1.2 Microsoft SQL Server 2019 环境介绍

1. 系统目录用途介绍

若使用默认值，安装程序会把大部分 Microsoft SQL Server 2019 系统文件存放在启动盘的 MSSQL 目录下，并且在此目录下将创建多个子目录，用于存放不同的目的文件，列举如下。

\BACKUP：存放备份文件。

\Binn：存放客户端和服务器端的可执行文件与 DLL 文件。

\DATA：存放数据库文件，包括系统数据库、实例数据库和用户数据库。

\FTData：存放全文索引目录文件。

\Install：存放有关安装方面的信息文件。

\JOBS：存放工作文件。

\Log：存放日志文件。

\repldata：存放复制数据。

2. 自动创建的数据库

在安装 Microsoft SQL Server 2019 时，安装程序会自动创建 4 个系统数据库（master、model、msdb、tempdb），系统数据库由系统自动维护。

（1）master 数据库

master 记录了所有 Microsoft SQL Server 2019 的系统信息、登录账号、系统配置设置、系统中的所有数据库及其系统信息及存储介质信息等。

master 数据库的数据文件为 master. mdf，日志文件为 mastlog. ldf。

（2）model 数据库

此系统数据库是 Microsoft SQL Server 2019 为用户创建的数据库提供的模板数据库，每个新建的数据库都是在一个 model 数据库的副本上扩展而成的，所以对 model 数据库的修改一定要小心。

model 数据库的数据文件为 model. mdf，日志文件为 modellog. ldf。

（3）msdb 数据库

msdb 数据库主要用于 Microsoft SQL Server 2019 存储任务计划信息、事件处理信息、备份恢复信息以及异常报告等。

msdb 数据库的数据文件为 msdbdata. mdf，日志文件为 msdblog. ldf。

（4）tempdb 数据库

tempdb 数据库存放所有的临时表和临时的存储程序，并且供 Microsoft SQL Server 2019 存放目前使用中的表，它是一个全局的资源，临时表和存储程序可供所有用户使用。Microsoft SQL Server 2019 每次启动时都会自动重建该数据库并且重设为默认大小，使用中它会依需求自动增长。

3. 示例数据库

Microsoft SQL Server 2019 安装包中并没有提供示例数据库，仍然是 Adventure Works 数据，数据库名为 Adventure Works 2019。Adventure Works 2019 数据库中的表、视图和存储过程等数据库对象都是以不同的架构方式存放的，用户拥有架构，而对象包含在架构中。

9.1.3 Microsoft SQL Server 2019 的工具介绍

1. 使用 Microsoft SQL Server Management Studio

在正确安装 Microsoft SQL Server 2019 后，系统会提示安装 SSMS（SQL Server Management

Studio）。目前，最新版的 SSMS 为 18.2 版本，是为 Microsoft SQL Server 2019 提供支持的最新一代 Microsoft SQL Server Management Studio。安装完成后，Windows"开始"菜单下的程序列表中就会出现 SSMS 的命令，如图 9.1 所示。选择"Microsoft SQL Server Management Studio 18"命令便可启动 SSMS。SSMS 启动后将弹出"连接到服务器"对话框，如图 9.2 所示。其中"服务器名称"就是安装的运行了数据库服务的计算机的机器名或 IP 地址。连接到服务器后，SSMS 的总体界面如图 9.3 所示。SSMS 采用微软统一界面风格。

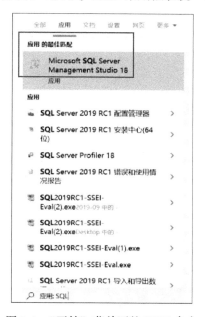

图 9.1 "开始"菜单下的 SSMS 命令

图 9.2 "连接到服务器"对话框

图 9.3 SSMS 的总体界面

2. SQL 查询界面

单击 SSMS 界面中的"新建查询"按钮，进入 SQL 查询界面，用户可以输入 SQL 语句，单击"执行"按钮即可执行 SQL 语句。

例如，查询 msdb 数据库中表 MSdbms 的内容，具体步骤为：单击 SSMS 界面中的"新建查询"按钮，进入 SQL 查询界面，如图 9.4 所示，在 SQL 查询界面的数据库下拉列表框中选择 msdb数据库；在命令窗口中输入 SQL 语句 select * from MSdbms 后，单击"执行"按钮，查询结果便显示在输出窗口中。

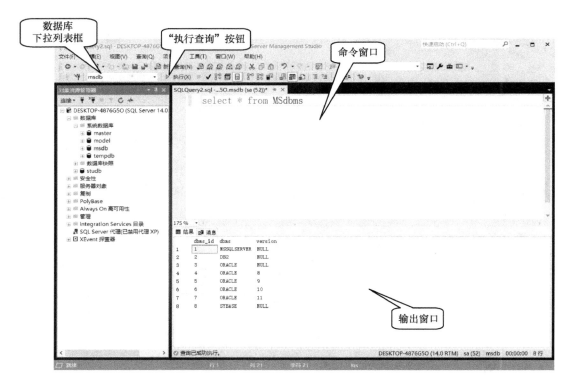

图 9.4　SQL 查询界面

3. 其他工具

1）SQL Server Profiler 可以即时监督、捕捉、分析 Microsoft SQL Server 2019 的活动，可以对查询、存储过程、锁定、事务和日志的变化进行跟踪，以及在另一个服务器上重现所捕获的数据，如图 9.5 所示。

2）Microsoft SQL Server 配置管理器（Configuration Manager）配置客户端到服务器的连接和服务器端的网络配置。

3）导入和导出数据（Import and Export Data）提供了导入、导出功能，以及在 Microsoft SQL Server 2019 和 OLE DB、ODBC 及文件间转换数据的功能。

4）联机丛书（Book Online）提供了联机文档，包括有关操作及维护的说明。

5）OLAP Services 提供了在线分析处理功能（需要另外安装 OLAP 管理工具）。

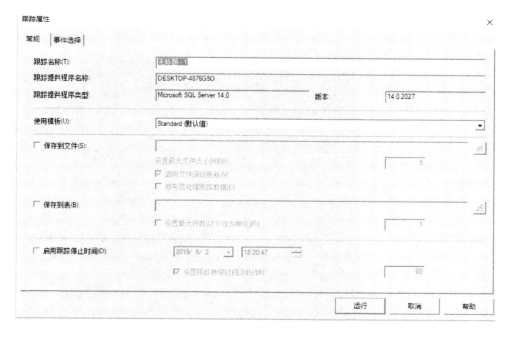

图 9.5　创建跟踪

9.2　数据库的创建、修改和删除

9.2.1　创建 Microsoft SQL Server 数据库

1. 用图形化界面来创建数据库

1）在 Windows 的"开始"菜单中选择"程序"→"Microsoft SQL Server Management Studio 18"命令，进入 Microsoft SQL Server Management Studio 界面。在 Microsoft SQL Server Management Studio 界面中展开 SQL Server 组，再展开"数据库"项，右击"数据库"，在弹出的快捷菜单中选择"新建数据库"命令，如图 9.6 所示。

2）此时打开"新建数据库"窗口，在"选择页"区域选中"常规"选项，在右侧界面输入数据库的名称"studb"，对所建的数据库进行设置，如图 9.7 所示。

3）创建的第一个数据文件名称为 PRIMARY，扩展名是 .mdf；其后创建的都是 .mdf 文件；与系统表相关的内容都存放在 PRIMARY 文件中。数据文件默认放在第一个文件组中，这个文件组默认的名称是 PRIMARY。用户可以创建新文件组，并将随后添加的数据文件放在这个文件组中。"新建数据库"窗口如图 9.8 所示。

4）可以在图 9.8 所示的窗口中选择、指定数据库文件的增长方式和速率。

5）同样可以指定数据库文件的大小限制。

2. 利用 SQL 语句创建数据库

在 SQL 查询界面中输入创建数据库的 SQL 语句后，单击"执行"按钮，就可以在输出窗口中看到语句的执行结果，如图 9.9 所示。

图 9.6 新建数据库

图 9.7 设置新建的数据库

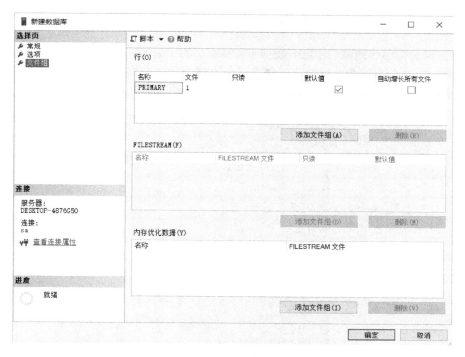

图 9.8 "新建数据库"窗口

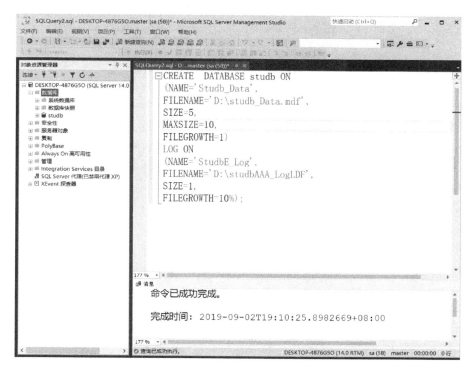

图 9.9 利用 SQL 语句创建数据库

9.2.2　分离和附加 Microsoft SQL Server 数据库

1）在"对象资源管理器"中展开数据库文件夹，右击 studb 数据库，在弹出的快捷菜单中选择"任务"→"分离"命令，如图9.10所示。在弹出的"分离数据库"窗口中选中"删除连接"与"更新统计信息"复选框，如图9.11所示。

图 9.10　数据库分离

图 9.11　选中"删除连接"与"更新统计信息"复选框

2）在"对象资源管理器"中右击"数据库"选项，从弹出的快捷菜单中选择"附加"命令，打开图9.12所示的"附加数据库"窗口，单击"添加"按钮，在"定位数据库文件"对话框中定位到C盘，定位并展开MSSQL/DATA文件夹，然后选择studb.mdf文件。

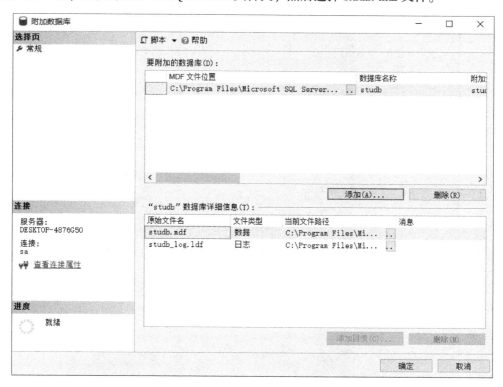

图9.12 "附加数据库"窗口

9.2.3 删除数据库

在 Microsoft SQL Server Management Studio 中，展开"数据库"项，选择要删除的数据库名后右击，从弹出的快捷菜单中选择"删除"命令，并在弹出的确认对话框中单击"是"按钮即可。

9.3 表和主键的创建

9.3.1 表的创建

利用图形化界面创建表的步骤如下。

1）在 Microsoft SQL Server Management Studio 中展开服务器节点，再展开"数据库"项，选择要建表的数据库 studb，在"表"选项上右击，在弹出的快捷菜单中选择"新建"→"表"命令，如图9.13所示。

2）进入设计表的字段窗口界面，如图9.14所示，在各列中填写相应字段的列名、数据类型和长度后，在工具栏上单击"保存"按钮，在"选择表名称"对话框中输入新的数据表名称。

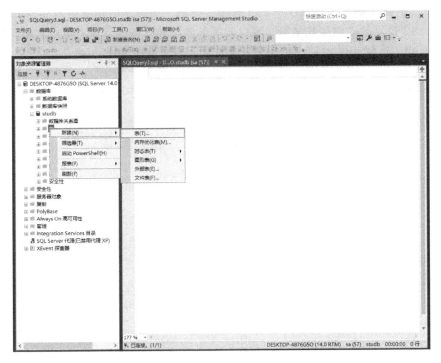

图 9.13　选择"新建"→"表"命令

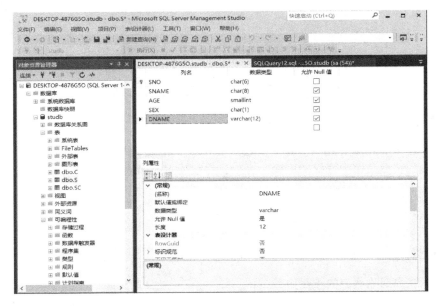

图 9.14　新建表结构

9.3.2　主键的创建

在创建表时需要创建该表的主键，方法如下。

180

1）在图 9.14 所示的新建数据表结构中，选择要设为主键的列 SNO。

2）在要创建的主键列中右击，会弹出图 9.15 所示的快捷菜单，选择"设置主键"命令，就出现图 9.16 所示的设置主键后的界面。

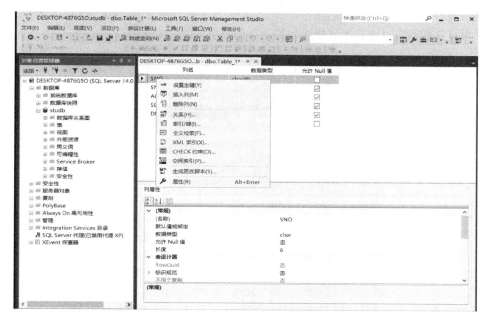

图 9.15　设置主键

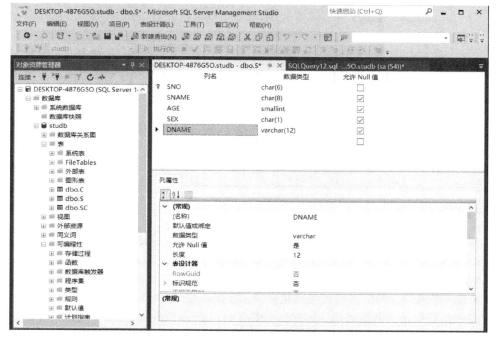

图 9.16　设置主键后的界面

9.3.3 用 SQL 语句方式创建表

可以用 SQL 语句来创建数据表。进入 SQL 查询界面，在数据库下拉列表框中选择 studb，在 SQL 查询界面的命令窗口中输入创建课程表（C）和成绩表（SC）的 SQL 语句后，单击"执行"按钮，就可以在输出窗口中直接看到语句的执行结果，如图 9.17 所示。

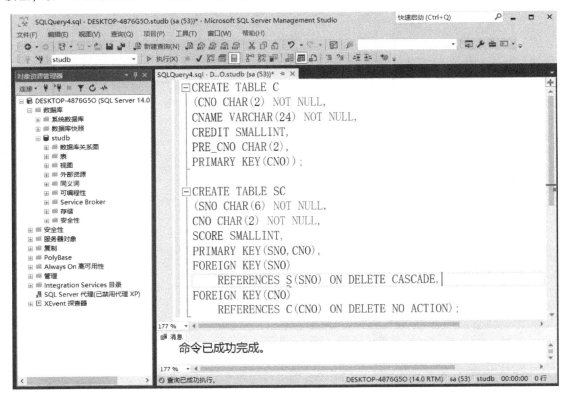

图 9.17　用 SQL 语句方式创建表

9.4　数据的插入、修改、删除和查询

在 Microsoft SQL Server Management Studio 中对表进行数据的插入、删除、修改操作非常方便。

9.4.1　数据的插入

1）在 Microsoft SQL Server Management Studio 中，展开服务器节点，再展开"数据库"项，展开要插入数据的表（如 S）所在的数据库（如 studb），在选定的表上右击，在弹出的快捷菜单中选择"编辑前 200 行"命令，然后出现数据输入界面，在此界面上可以输入相应的数据，如图 9.18 所示。单击"执行"按钮或关闭此窗口，数据都被自动保存。

2）用 SQL 语句插入数据的第一种方法：在图 9.18 所示的界面中单击"显示 SQL 窗格"按钮，出现图 9.19 所示的界面，在此界面的窗口中输入相应的 SQL 语句后，单击"执行"按钮，在弹出的对话框中单击"确定"按钮，即可完成数据的插入。

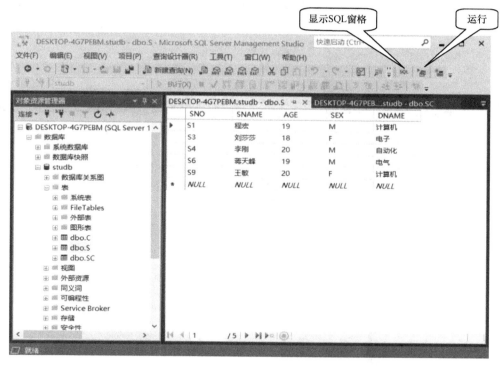

图 9.18　数据输入界面

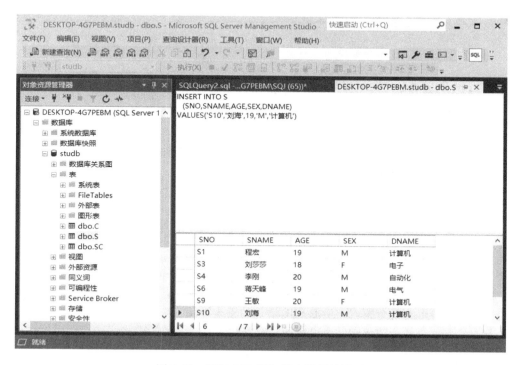

图 9.19　通过 SQL 语句插入数据的界面

3）用 SQL 语句插入数据的第二种方法：在 SQL 查询界面中的命令窗口中输入 SQL 语句，再执行该语句，也可实现数据的插入。例如向 C 表和 SC 表插入数据，如图 9.20 所示。

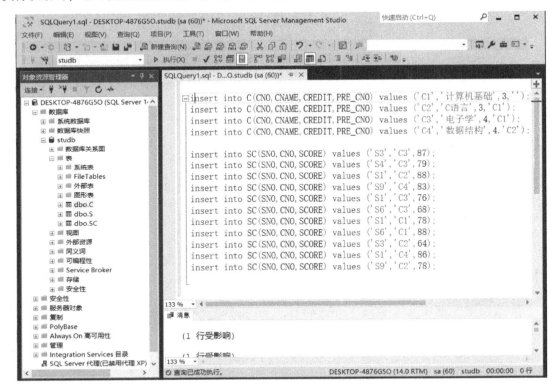

图 9.20　用 SQL 语句向数据表中插入数据

9.4.2　数据的修改

在 Microsoft SQL Server Management Studio 中修改数据的操作如同插入数据一样，进入数据输入界面，在此界面中对数据进行修改后，单击"执行"按钮或关闭此窗口，则数据会被自动保存。也可单击"显示 SQL 窗格"按钮，输入相应的修改数据的 SQL 语句后，单击"执行"按钮，修改后的数据被自动保存。

也可进入 SQL 查询分析器，启动 SQL 语句的输入环境，在 SQL 查询分析器的命令窗口中输入 SQL 的修改语句，再执行该语句，也可实现数据的修改。

9.4.3　数据的删除

在 Microsoft SQL Server Management Studio 中打开要删除数据的表后，单击"显示 SQL 窗格"按钮，输入相应的删除数据的 SQL 语句，单击"执行"按钮，删除数据的表被自动保存。

同样，进入 SQL 查询分析器，启动 SQL 语句的输入环境，在 SQL 查询界面的命令窗口中输入 SQL 删除语句，再执行该语句，也可实现对数据的删除。

9.4.4　数据的查询

进入 SQL 查询界面，输入 SQL 查询语句后，单击"执行"按钮，就可以在输出窗口中直接看到语句的执行结果，如图9.21所示。

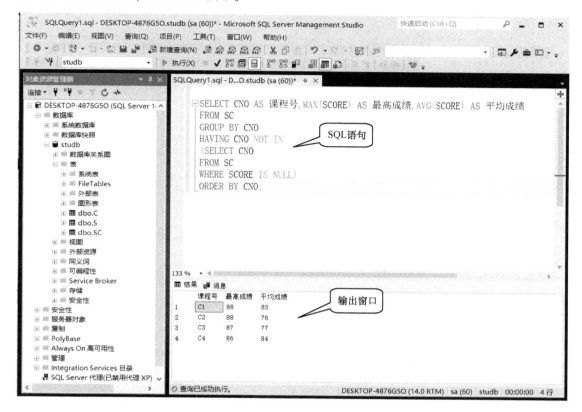

图9.21　SQL查询结果

9.5　数据库的备份和恢复

9.5.1　数据库的备份

1）在Microsoft SQL Server Management Studio中，展开服务器节点，再展开"数据库"项，选定要备份的数据库（studb）。在选定的数据库上右击，在弹出的快捷菜单中选择"任务"→"备份"命令，如图9.22所示，弹出"备份数据库"窗口，如图9.23所示。

2）在图9.23所示的"备份数据库"窗口中，从"数据库"下拉列表框中选择需要备份的数据库，然后在"目标"选项区域中的"备份到"下拉列表框中选择设备，单击"添加"按钮，弹出"选择备份目标"对话框，如图9.24所示。

3）在图9.24所示的"选择备份目标"对话框中单击"文件名"组合框右侧的"…"按钮，弹出"定位数据库文件"对话框，如图9.25所示。在"文件名"文本框中输入备份的文件名（studb. bak），单击"确定"按钮后，返回图9.24所示的"选择备份目标"对话框，再单击"确定"按钮后，返回图9.23所示的"备份数据库"窗口，这时在"目标"选项区域中就有了刚才选择的设备。如果选择不正确，还可以通过单击图9.23中的"删除"按钮删除选择的备份设备。

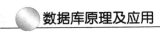

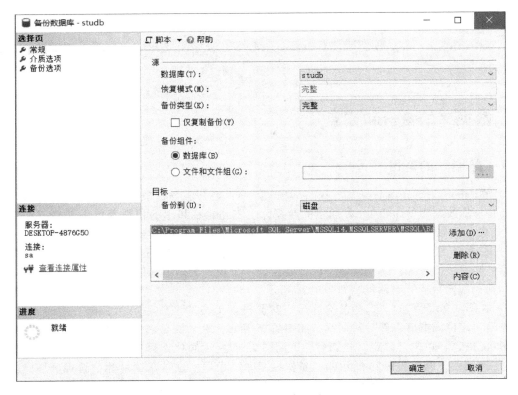

图 9.22　数据库备份菜单命令选择

图 9.23　"备份数据库"窗口

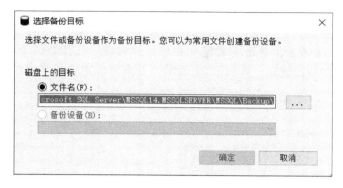

图 9.24 "选择备份目标"对话框

图 9.25 "定位数据库文件"对话框

9.5.2 数据库的恢复

在 Microsoft SQL Server Management Studio 中展开服务器节点，再展开"数据库"项，在选定的数据库（studb）上右击，在弹出的快捷菜单中选择"任务"→"还原"命令，弹出"还原数据库"窗口，如图 9.26 所示。在"目标"选项区域的"数据库"下拉列表框中选择需要恢复的数据库名称，然后在"源"选项区域中选择"设备"单选按钮，单击"设备"文本框右侧的"..."按钮，弹出"选择备份设备"对话框，如图 9.27 所示，从中单击"添加"按钮，再从弹

数据库原理及应用

出的"选择备份目标"对话框（图 9.24）中的"备份设备"下拉列表框中选择作为备份目标的设备，单击"确定"按钮，在"定位备份文件"窗口的"文件名"文本框中输入备份的文件名（studb. bak），如图 9.28 所示，单击"确定"按钮。这时在"还原数据库"窗口的"还原到"框中就有了需要还原的备份设备，如图 9.29 所示。单击"确定"按钮之后，数据库还原成功，如图 9.30 所示。

图 9.26 "还原数据库"窗口

图 9.27 "选择备份设备"对话框

图 9.28 "定位备份文件"窗口

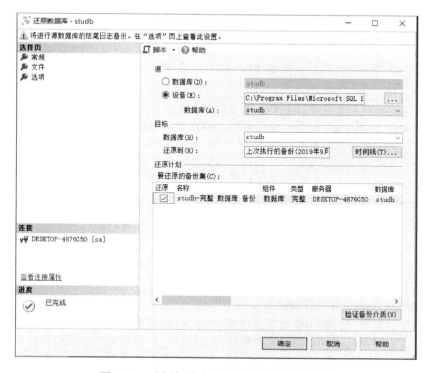

图 9.29 选择好设备的"还原数据库"窗口

数据库原理及应用

图 9.30　数据库还原成功

9.6　高级应用技术

9.6.1　存储过程

存储过程是存储在服务器上的预先编译好的 SQL 语句，可以在服务器的 Microsoft SQL Server 环境下运行。由于 Microsoft SQL Server 管理系统中的数据库，因此最好在用户系统上运行存储过程来处理数据。

存储过程可以返回值、修改值，以及将系统欲请求的信息与用户提供的值进行比较。它能识别数据库，而且可以利用 Microsoft SQL Server 优化器在运行时获得最佳性能。

1. 存储过程概述

用户可向存储过程传递值，存储过程也可返回内部表中的值，这些值在存储过程运行期间进行计算。

广义上讲，使用存储过程的好处体现在以下几个方面。

（1）性能

因为存储过程是在服务器上运行的，服务器通常是一种功能更强的机器，所以其执行时间要比在工作站中的执行时间短。另外，由于数据库信息已经物理地在同一系统中准备好，因此就不必等待记录通过网络传递进行处理。

存储过程可对数据库即时访问，这使得信息处理极为迅速。

（2）客户/服务器开发

将客户端和服务器端的开发任务分离，可减少完成项目需要的时间。用户可独立开发服务器端组件而不涉及客户端，但可在客户方应用程序间重复使用服务器端组件。

（3）安全性

如同视图，可将存储过程作为一种工具来加强安全性。可以通过创建存储过程来完成所有的增加、删除和查询操作，并可通过编程方式控制上述操作中对信息的访问。

（4）面向数据规则的服务器端措施

这是使用智能数据库引擎的最重要的原因之一，存储过程可利用规则和其他逻辑控制输入系统的信息。在创建用户系统时要切记客户端服务器模型。数据管理工作由服务器负责，因为报表和查询所需的数据表述和显示的操作在理想模型中应驻留在客户端，从而优化了用户处理应用程序的过程。

虽然 SQL 被定义为非过程化语言，但是 Microsoft SQL Server 允许使用流程控制关键字。用户可以使用流程控制关键字创建一个过程，以便保存供后续执行。用户可使用这些存储过程对 Microsoft SQL Server 数据库和其表进行数据处理，而不必使用传统的编程语言，如 C 或者 C#。

2. 如何建立存储过程

1）用户可以使用 CREATE PROCEDURE 语句创建一个存储过程。

在默认的情况下，执行所创建的存储过程的许可权归数据库的拥有者。数据库的拥有者可以改变赋给其他用户的运行存储过程的许可。

定义存储过程的语法格式如下：

```
CREATE PROCEDURE procedure_name[:number]
[{@ parameter data_type}[VARYING][=default][OUTPUT] ]  [,…n]
[WITH  {RECOMPILE | ENCRYPTION | RECOMPILE, ENCRYPTION}]
[FOR REPLICATION]
AS  Sql_statement [,…n]
```

上述语句中的 procedure_name（存储过程名）和 Sql_statement（包含在存储过程中的任何合法的 SQL 语句）两个参数必须传递给 CREATE PROCEDURE 语句。可选项@ parameter data_type 表示存储过程中定义的局部变量 parameter，类型为 data_type。关键字 OUTPUT 表示允许用户将数据直接返回到其他处理过程中要用到的变量中，返回值是当存储过程执行完成时参数的当前值。为了保存这个返回值，在调用该过程时，SQL 调用脚本必须使用 OUTPUT 关键字。

```
[WITH{RECOMPILE | ENCRYPTION | RECOMPILE, ENCRYPTION}]][FOR REPLICATION]
```

允许用户选择任何存储过程和执行过程。

2）用 Microsoft SQL Server Management Studio 来创建存储过程。

在 Windows 的"开始"菜单中选择"程序"→"Microsoft SQL Server Management Studio18"命令，进入 Microsoft SQL Server Management Studio 界面。在 Microsoft SQL Server Management Studio 中展开数据库节点，再展开"数据库"项，选择要创建存储过程的数据库（如 studb），展开"可编程性"节点，在"存储过程"选项上右击，从弹出的快捷菜单中选择"新建"→"存储过程"命令（如图 9.31 所示），弹出"新建存储过程"对话框，在其中输入存储过程。选择"查询"→"指定模板参数的值"命令，如图 9.32 所示，弹出"指定模板参数的值"对话框，如图 9.33 所示。在"值"列中输入需要的数据，单击"确定"按钮，系统将根据模板中的参数值更新脚本。

3. 创建并调用一个带参数的存储过程举例

1）创建一个名为 get_sc_name 的存储过程。其创建窗口如图 9.34 所示。

该存储过程根据提供的参数学号、课程号返回相应的学生姓名、课程名。创建 get_sc_name 存储过程的语句如下：

```
CREATE PROCEDURE get_sc_name
 @ sno char(6),
 @ cno char(2),
 @ sname char(8) OUTPUT,
 @ cname varchar(24) OUTPUT AS
SELECT @ sname = SNAME, @ cname = CNAME
FROM S,C,SC
WHERE S.SNO = SC.SNO AND C.CNO = SC.CNO AND SC.SNO = @ sno AND SC.CNO = @ cno
```

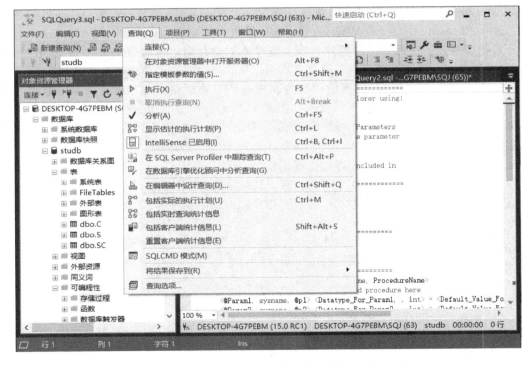

图 9.31 选择"新建"→"存储过程"命令

图 9.32 选择"查询"→"指定模板参数的值"命令

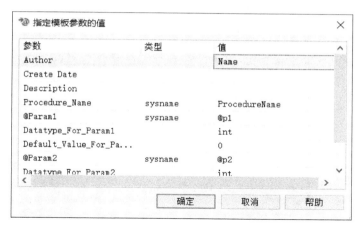

图 9.33 "指定模板参数的值"对话框

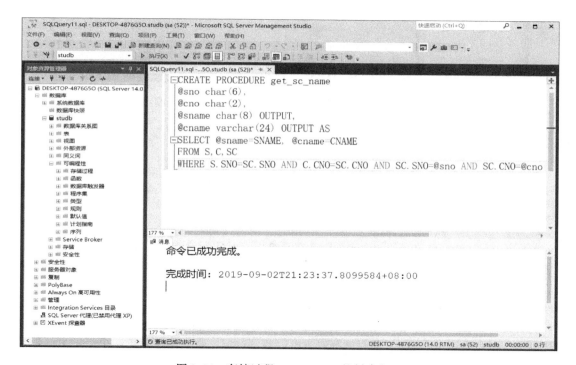

图 9.34 存储过程 get_sc_name 的创建窗口

2) 调用一个带参数的存储过程,其代码和运行结果如图 9.35 所示。

创建 get_sc_name 存储过程后,用户可以通过使用 SQL 查询分析器工具调用该存储过程来调试其正确性,代码如下:

```
DECLARE @ sname char(8),
        @ cname varchar(24)
EXEC get_sc_name 'S1','C3',@ sname OUTPUT,@ cname OUTPUT;
SELECT SNAME = @ sname,CNAME = @ cname
```

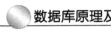

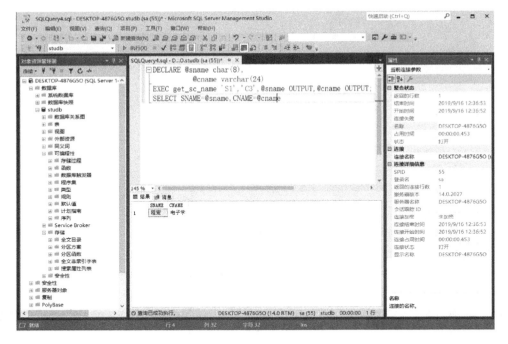

图 9.35　调用存储过程（get_sc_name）的代码和运行结果

9.6.2　触发器

触发器是 SQL Server 提供给程序员和数据库分析员的确保数据完整性的一种方法。该方法对于那些经常被大量的不同应用程序访问的数据库相当有用，因为它们使数据库增强了应用规则，而应用规则是依赖于应用软件的。

1. SQL Server 触发器的概念

SQL Server 有效管理信息的能力来源于它在系统中控制数据的能力。存储过程的建立，使用户能够在服务器上执行逻辑，通过规则和默认值去帮助数据库更进一步地管理信息。SQL Server 在信息被写入数据库之前确认规则和默认值。这对于信息是一种"预过滤器"，并且能基于数据项控制数据库活动的作用来阻止数据项的活动。

触发器是在数据更新后执行的"后置过滤器"，并且 SQL Server 之前已经确认了这些规则、默认值等。触发器是 SQL Server 执行的特殊类型的存储过程，它发生在对于一个给定表的插入、修改或删除操作执行后。由于触发器是在操作有效执行后才被运行的，在修改中它们代表"最后动作"。假如触发器导致的一个请求失败，SQL Server 将拒绝信息更新，并且对那些倾向于事务处理的应用程序返回一个错误消息。触发器最普遍的应用是实施数据库中的商务规则，当然在维持引用完整性方面，外键要比触发器更快，但触发器能够维持那些外键所不能处理的复杂关系。

触发器不会明显影响服务器的性能。它们经常被用于增强那些在其他的表和行上进行很多级联操作的应用程序的功能。

2. 创建触发器

创建触发器的用户必须是该数据库的拥有者，当添加一个触发器到列、行或表时，就会改变怎样使表能够被访问、怎样使其他对象能够与之关联等操作。当然，这种类型的操作为数据库拥有者所保留，以便防止有人无意中修改了系统的布局格式。

创建触发器相当于说明一个存储过程，并且它们有相似的语法。创建触发器的语法格式如下：

```
CREATE TRIGGER trigger_name
ON table
[WITH ENCRYPTION]
{
    { FOR {[DELETE][,INSERT][,UPDATE]}
     [WITH APPEND]
     [NOT FOR REPLICATION]
     AS
     Sql_statement [,…n]
    }
    |{ FOR {[INSERT][,UPDATE]}
     [WITH APPEND]
     [NOT FOR REPLICATION]
     AS
     { IF UPDATE(column)
       [{AND | OR}UPDATE(column)]
       [,…n]
       |IF (COLUMNS_UPDATED()bitwise_operator)updated_bitmask)
       {comparison_operator}column_bitmask[,…n]
     }
     Sql_statement[,…n]
    }
}
```

上述语句中的 trigger_name 为所定义的触发器名称；关键字 INSERT、UPDATE、DELETE 决定了启动触发器的操作；Sql_statement 为包含在触发器中的任何合法的 SQL 语句。

在 Windows "开始" 菜单中执行 "程序" → "Microsoft SQL Server Management Studio 18" 命令，进入 Microsoft SQL Server Management Studio 界面。在 Microsoft SQL Server Management Studio 中展开数据库节点，再展开 "数据库" 项，选择要创建触发器的数据库（如 studb），展开 "可编程性" 节点，在 "数据库触发器" 选项上右击，从弹出的快捷菜单中选择 "新建数据库触发器" 命令，如图 9.36 所示。选择 "查询" → "指定模板参数的值" 命令，弹出 "指定模板参数的值" 对话框，如图 9.37 所示，可在该对话框中输入触发器参数。

3. inserted 表和 deleted 表

当触发器被执行时，Microsoft SQL Server 会创建一个或两个临时表（inserted 表或者 deleted 表）。当一个记录插入表中时，相应的插入触发器创建一个 inserted 表，该表映射了与该触发器对应的表的列结构。例如，当用户在 S 表中插入一行时，S 表的触发器使用 S 表的列结构创建 inserted 表。对于插入到 S 表的每一行，相应地在 inserted 表中也包括该行。

deleted 表也映射了与该触发器对应的表的列结构。当执行一条 DELETE 语句时，从表中删除的每一行都包含在删除触发器内的 deleted 表中。

被 UPDATE 语句触发的触发器创建两个表：inserted 表和 deleted 表。这两个表和它们相连接的表有相同的列结构。deleted 表和 inserted 表分别包含相连接表中数据的 "前后" 快照。例如，假设用户执行下面的语句：

```
UPDATE S SET SNO = 'S10' WHERE SNO = 'S9'
```

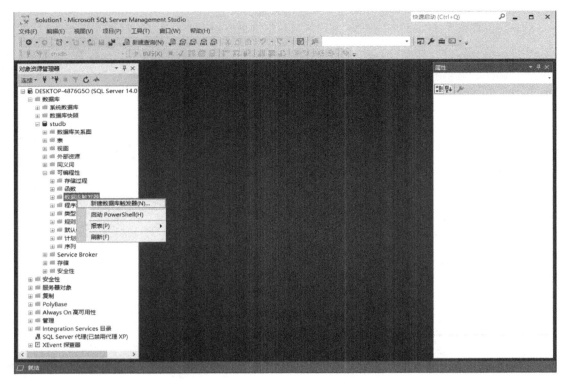

图 9.36　选择"新建数据库触发器"命令

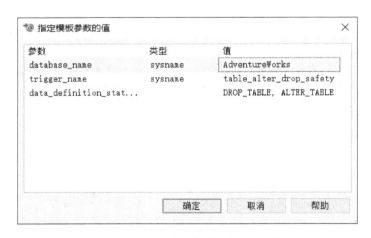

图 9.37　"指定模板参数的值"对话框

当该语句被执行时，S 表中的更新触发器被触发。在触发器的 inserted 表和 deleted 表中，该语句所改变的每一数据行都被存储。deleted 表中行的数据值是执行 UPDATE 语句之前的 S 表中行的数据值；inserted 表中则是执行 UPDATE 语句后的 S 表中行的数据值。

4. Update 函数

触发器降低了 SQL Server 事务的性能，并且在事务执行时保持锁处于打开状态。如果用户的触发器逻辑只有当某些特定列改变时才需要运行，用户就应该检测这种情况的出现。Update 函数可以帮助用户进行检测。

Update 函数只在插入触发器和更新触发器中可用，它确定用户传递给它的列是否已经被引起触发器激活的 INSERT 或 UPDATE 语句所作用。

例如，在表 S 上定义更新触发器，使其阻止 SNO 列被执行，触发器定义如下：

```
CREATE TRIGGER Trig_S_Upd ON S
FOR UPDATE
AS
IF update(SNO)
    ROLLBACK TRANSACTION
RETURN
```

5. 触发器检查

用户可以使用触发器检查事务。

例如，创建一个名为 Trig_S 的触发器，触发器 Trig_S 的代码如图 9.38 所示。该触发器的功能是将删除的学生数据转移到学生存档工程表 SBACK 中（假设已建立了与学生表（S）结构相同的学生存档表（SBACK）），触发器定义如下：

```
CREATE TRIGGER Trig_S ON S
FOR DELETE
AS
INSERT SBACK
    SELECT SNO,SNAME,AGE,SEX,DNAME
    FROM deleted
```

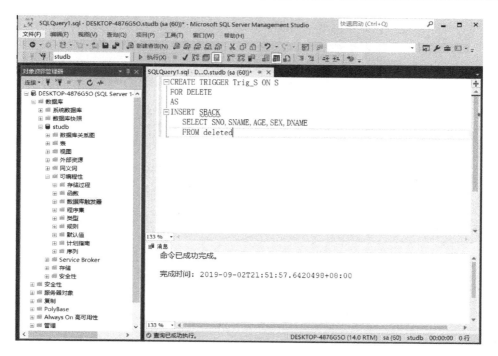

图 9.38　触发器 Trig_S 的代码

数据库原理及应用

又如，创建一个名为 Trig_SC_UPDATE_SCORE 的触发器，使其具有如下功能：在修改成绩表（SC）的成绩 SCORE 时，要求修改后的成绩一定要比修改前的成绩高。触发器定义如下：

```
CREATE TRIGGER Trig_SC_UPDATE_SCORE ON SC
FOR  UPDATE
AS IF(SELECT COUNT ( * )
     FROM deleted,inserted
     WHERE deleted.SCORE < = inserted.SCORE) =0
ROLLBACK TRANSACTION
```

触发器 Trig_SC_UPDATE_SCORE 的代码如图 9.39 所示。

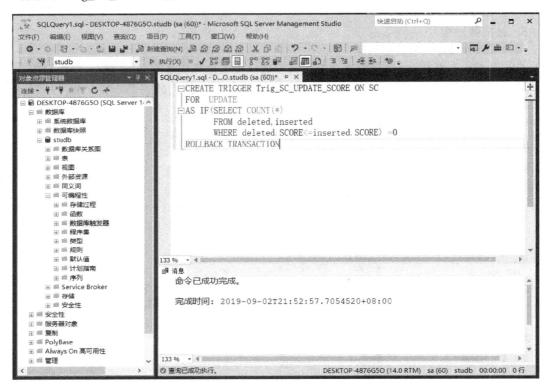

图 9.39　触发器 Trig_SC_UPDATE_SCORE 的代码

第10章 ASP.NET 和 ADO.NET 数据库开发技术

本章主要介绍 ASP.NET 和 ADO.NET 的基础知识，ASP.NET 连接数据库方法，ADO.NET 读取和操作数据库数据等基于.NET 的数据库开发技术。本章以 Microsoft Visual Studio 2019 作为开发平台，结合实例介绍 DataSet、GridNew、DataList 等常用数据服务控件。

10.1 ASP.NET 基础知识

ASP.NET 是 Microsoft 公司推出的用于编写动态网页的一项功能强大的新技术，是 Microsoft 公司的动态服务器页面（ASP）和.NET 技术的集合。它与以前的网页开发技术相比有了很大的进步。

Visual Studio.NET 是一套完整的开发工具，用于生成 ASP Web 应用程序、XML Web Services、桌面应用程序和移动应用程序。Visual Basic.NET、Visual C++.NET、Visual C#.NET 和 Visual J#.NET 全都使用相同的集成开发环境（IDE），该环境允许它们共享工具，并有助于创建混合语言解决方案。另外，这些语言利用了.NET Framework 的功能，此框架提供对简化 ASP Web 应用程序和 XML Web Services 开发的关键技术的访问。

10.1.1 Visual Studio.NET 的特色

Visual J#、智能设备应用程序、ASP.NET 移动设计器、Web 窗体、Windows 窗体、XML Web Services 及 XML 支持是 Visual Studio.NET 的一些新工具和新技术。

1. Visual J#

Visual J#是一种开发工具，供熟悉 Java 语言语法的开发人员在.NET Framework 上生成应用程序和服务时使用。该工具将 Java 语言语法集成到 Visual Studio.NET 集成开发环境（IDE）中。Visual J#还支持 Visual J++ 6.0 中具有的大多数功能，包括 Microsoft 扩展。Visual J# 是一种用于开发在 Java 虚拟机上运行的应用程序的工具。使用 Visual J# 生成的应用程序和服务只在.NET Framework 上运行。

2. 智能设备应用程序

Visual Studio.NET 集成开发环境包括开发智能设备（如 Pocket PC）应用程序的工具。通过使用这些工具和.NET Framework 精简版，开发者可以在个人数字助理（PDA）、移动电话和其他资源受约束的设备中，创建、生成、调试和部署在.NET Framework 精简版上运行的应用程序。

3. ASP.NET 移动设计器

ASP.NET 移动设计器扩展了 ASP.NET 和.NET Framework，可用来生成移动电话、个人数字助理（PDA）和寻呼机的 Web 应用程序。此设计器集成在 Visual Studio IDE 中。用户可以创建移动 Web 应用程序，使用移动设计器修改移动 Web 窗体，然后生成和运行该应用程序，所有这些操作都是在 Visual Studio 中完成的。

4. Web 窗体

Web 窗体是用于创建可编程 Web 页的 ASP.NET 技术。Web 窗体将自己呈现为浏览器兼容的 HTML 和脚本，这使任何平台上的任何浏览器都可以查看 Web 页。使用 Web 窗体，通过将控件拖放到设计器上然后添加代码来创建 Web 页，与创建 Visual Basic 窗体的方法相似。

5. Windows 窗体

Windows 窗体是用于 Microsoft Windows 应用程序开发的、基于 . NET Framework 的新平台。此框架提供一个有条理的、面向对象的、可扩展的类集，使开发者能够开发功能丰富的 Windows 应用程序。另外，Windows 窗体可作为多层分布式解决方案中的本地用户界面。

6. XML Web Services

XML Web Services 是可以通过 HTTP 使用 XML 接收请求和数据的应用程序。XML Web Services 不受特定组件技术或对象调用约定的制约，因此可由任何语言、组件模型或操作系统访问。在 Visual Studio. NET 中，可以使用 Visual Basic、Visual C#、JScript、C++ 的托管扩展或 ATL Server 快速创建和包含 XML Web Services。

7. XML 支持

XML（可扩展标记语言）提供描述结构数据的方法。XML 是 SGML 的子集，非常适合在 Web 上传送。万维网联合会（W3C）定义了 XML 标准以使结构化数据保持统一并独立于应用程序。Visual Studio. NET 完全支持 XML，提供了 XML 设计器以使编辑 XML 和创建 XML 架构更容易。

10. 1. 2   . NET Framework

. NET Framework 是用于生成、部署、运行 XML Web Services 和应用程序的多语言环境。它由以下 3 个主要部分组成。

1. 公共语言运行库

公共语言运行库实际上在组件的运行时和开发时都起到了很大的作用。在组件运行时，公共语言运行库除了负责满足此组件在其他组件上可能具有的依赖项外，还负责管理内存分配，启动及停止线程和进程，以及强制执行安全策略。在开发时，公共语言运行库的作用稍有变化。由于做了大量的自动处理工作（如内存管理），公共语言运行库使开发人员的操作非常简单，尤其是与目前的 COM 相比，特别是反射等功能显著减少了开发人员将业务逻辑转换为可重用组件而必须编写的代码量。

2. 统一编程类

该框架为开发人员提供了统一的、面向对象的、分层的和可扩展的类库集（API）。目前，C++ 开发人员使用 Microsoft 基础类，而 Java 开发人员使用 Windows 基础类。框架统一了这些完全不同的模型，并且为 Visual Basic 和 JScript 程序员同样提供了对类库的访问。通过创建跨所有编程语言的公共 API 集，公共语言运行库使得跨语言继承、错误处理和调试成为可能。从 JScript 到 C++ 的所有编程语言都具有对框架的相似访问，开发人员可以自由选择它们要使用的语言。

3. ASP. NET

ASP. NET 建立在 . NET Framework 的编程类之上，它提供了一个 Web 应用程序模型，并且包含使生成 ASP Web 应用程序变得简单的控件集和结构。ASP. NET 包含封装公共 HTML 用户界面元素（如文本框和下拉菜单）的控件集。这些控件在 Web 服务器上运行，并以 HTML 的形式将它们的用户界面推送到浏览器。在服务器上，这些控件公开一个面向对象的编程模型，使面向对象的编程更丰富。ASP. NET 还提供结构服务（如会话状态管理和进程回收），进一步减少了开发人员必须编写的代码量，并提高了应用程序的可靠性。另外，ASP. NET 使用这些同样的概念使开发人员能够以服务的形式交付软件。使用 XML Web Services 功能，ASP. NET 开发人员可以编写自己的业务逻辑，并使用 ASP. NET 结构通过 SOAP 交付该服务。

.NET Framework 旨在实现下列目标。

1）提供一个一致的面向对象的编程环境，而无论对象代码是在本地存储和执行，还是在本地执行但在 Internet 上分布，或者是在远程执行的。

2）提供一个将软件部署和版本控制冲突最小化的代码执行环境。

3）提供一个保证代码（包括由未知的或不完全受信任的第三方创建的代码）安全执行的代码执行环境。

4）提供一个可消除脚本环境或解释环境的性能问题的代码执行环境。

上述目标可使开发人员在面对类型大不相同的应用程序（如基于 Windows 的应用程序和基于 Web 的应用程序）时，能采用一致的设计与开发方法。

按照工业标准生成所有通信，以确保基于 .NET Framework 的代码可与任何其他代码集成。

10.1.3　ASP. NET 开发环境介绍

ASP. NET 与 Visual Studio. NET 良好地集成，可以使开发效率快速高效。Visual Studio. NET 是开发 ASP. NET 最理想的工具，适合开发大型应用程序。另外，ASP. NET Web Matrix 也是 Microsoft 公司专门为开发 ASP. NET 应用程序而开发的辅助设计工具。

10.2　ADO. NET 介绍

ADO. NET 是由 Microsoft ActiveX Data Objects（ADO）改进而来的，它提供平台互用和可收缩的数据访问功能。ADO. NET 使用户可以同关系数据库和其他数据源进行交互。简单来讲，ADO. NET 是 ASP. NET 应用程序用来与数据库进行通信的技术。这种通信通常可以添加新的顾客记录或者显示产品目录等。

同 ADO 相比，ADO. NET 是更好的数据访问解决方案。

ADO. NET 允许在数据集中包含多个表，并包含这些表之间的关系；ADO 只允许包含一个表。

ADO. NET 提供断开连接数据访问功能。ADO. NET 提供了一个记录导航范例，允许进行无序的数据访问，并可以利用数据和表之间的关系访问各个数据表。ADO. NET 使用 XML 传送数据，能够提供比 ADO 更丰富的数据类型，获得更好的数据访问性能。

10.2.1　ADO. NET 与数据管理简介

几乎所有的软件都要处理数据。事实上，一个典型的 Internet 应用程序常常只是位于某个复杂数据库程序上面的用户接口命令解释程序，其中的数据库程序可以对 Web 服务器上数据库中的数据进行读写操作。一个最简单的数据库程序可以使用户进行简单的查询，并将查询结果显示在格式化的表格中。更为复杂一些的 ASP. NET 应用程序可以利用后台数据库检索信息，然后对这些信息进行处理，并以适当的格式和位置在浏览器中显示出来。

在大多数 ASP. NET 应用程序中，需要利用一个数据库完成多项任务。下面列举的例子是一些数据驱动的 ASP. NET 应用程序。

1）电子商务网站涉及管理销售、顾客和库存信息。这些信息可以直接显示在屏幕上，或者以一种不明显的方式记录交易或顾客信息。

2）联机知识库和定制的搜索引擎涉及许多连到不同文档和资源的链接。

基于信息的站点（如 Web 用户网站）不能被轻易升级或管理，除非它们使用的所有信息以

数据库原理及应用

某种严格定义的、一致的格式存储。这样的站点通常与另一个 ASP. NET 程序相匹配,该程序使某个经过授权的用户可以通过某个浏览器接口修改相应的数据库记录,从而添加或更新显示的信息。

10.2.2 ADO. NET 命名空间

在 ASP. NET 文件中通过 ADO. NET 访问数据需要引入几个命名空间,ADO. NET 的命名空间及说明见表 10.1。

表 10.1 ADO. NET 命名空间

ADO. NET 命名空间	说 明
System. Data	提供 ADO. NET 构架的基类
System. Data. OleDB	针对 OLEDB 数据源所设计的数据存取类
System. Data. SqlClient	针对 Microsoft SQL Server 数据源所设计的数据存取类

10.3 连接数据库

本节主要介绍 ASP. NET 如何连接到 Microsoft SQL Server、Microsoft Access 数据库。

10.3.1 连接 Microsoft SQL Server 数据库

数据访问时,首先要建立到数据库的物理连接。ADO. NET 使用 Connection 对象标识与一个数据的物理连接,实际 ADO. NET 中设有一个名字为 Connection 的类来创建 Connection 对象。每个数据提供程序都包含自己特有的 Connection 对象。当使用 SQL Server. NET 数据提供程序时,应该使用位于 System. Data. SqlClient 命名空间下的 SqlConnection 类对象,而使用 OLEDB. NET 数据提供程序时,则使用 System. Data. OleDB 命名空间下的 OleDbConnection 类对象。

1. SqlConnection 类

为了连接 SQL Server,必须实例化 SqlConnection 对象,并调用此对象的 Open 方法。当不再需要连接时,应该调用这个对象的 Close 方法关闭连接。可以通过下面两种方法连接实例化。

```
SqlConnection conn = new SqlConnection();
Conn. ConnectionString = ConnectionString;
Conn. Open();
...
Conn. Close();
```

或者:

```
SqlConnection conn = new SqlConnection(ConnectionString);
Conn. Open();
...
Conn. Close();
```

SqlConnection 的常用属性和方法分别见表 10.2、表 10.3。

202

表 10.2　SqlConnection 的常用属性

属　　性	说　　明
ConnectionString	用于指定连接字符串
CooectionTimeout	用于指定连接超时。单位为秒，默认值为 15s
Database	用于指定连接的数据库
DataSource	用于指定连接的数据源
Password	用于指定登录到 SQL Server 服务器的密码
ServerVersion	用于获取 SQL Server 服务器的版本信息
UserID	用于指定登录到 SQL Server 服务器的用户名

表 10.3　SqlConnection 的常用方法

方　　法	说　　明
Open	打开连接
Close	关闭打开的连接
Dispose	消除连接的对象
Clone	克隆一个连接

使用上面介绍的 SqlConnection 的常用属性和方法，创建连接学生成绩数据库的代码如下：

```
Using System. Data. SqlClient;
SqlConection conn = new SqlConnection();
conn. ConnectionString = "server = localhost;uid = sa;pwd = sa;database = studb";
conn. Open();
...
//添加访问、操作数据库的事件
...
conn. Close();
```

2. 连接 SQL Server 的数据访问实例

例 10.1　编写一个应用程序来连接名称为 studb 的 SQL Server 数据库，并根据连接结果输出一些信息。

步骤如下。

1）选择"开始"→"所有程序"→"Microsoft Visual Studio 2019"→"Visual Studio 2019"命令，进入"Visual Studio 2019"起始页，如图 10.1 所示。

2）双击图 10.1 右下角的"创建新项目"选项，在图 10.2 中选择"语言"为"C#"，选择项目类型为"Web"，然后双击"ASP. NET Web 应用程序（.Net Framework）"选项。在弹出的"配置新项目"界面中修改项目名称和位置，例如为 sample_10.1，如图 10.3 所示。创建空项目，如图 10.4 所示。

3）在 Sample_10.1 上右击，从弹出的快捷菜单中选择"添加"→"新建项"命令，如图 10.5 所示，弹出"添加新项"对话框，如图 10.6 所示，单击"添加"按钮。打开 WebForm1. aspx 的设计页面，从工具箱中拖出一个 Label 和一个 Button 控件到设计界面。选择 Label 控件，在菜单栏中选择"格式"→"设置位置"→"绝对位置"命令，即可对控制的位置进行任意拖放，同时可对其他样式进行设置。在界面右下侧"属性"面板中可以对控件属性进行设置，例如，将Button1 控件的 Text 属性修改为"连接数据库"，sample_10.1 的设计界面如图 10.7 所示。

图 10.1　"Visual Studio 2019"起始页

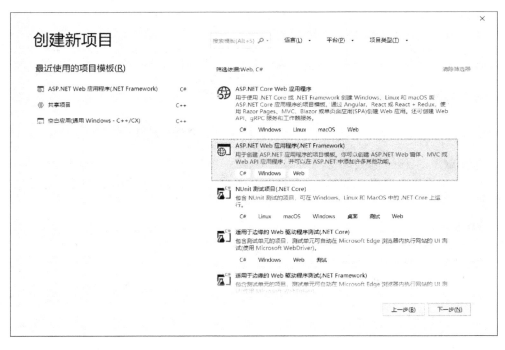

图 10.2　双击"ASP. NET Web 应用程序（. Net Framework）"命令

图 10.3　配置新项目

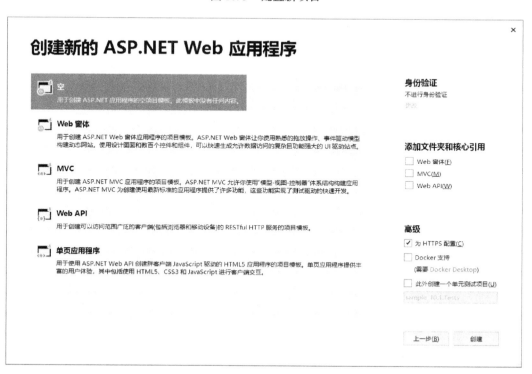

图 10.4　创建空项目

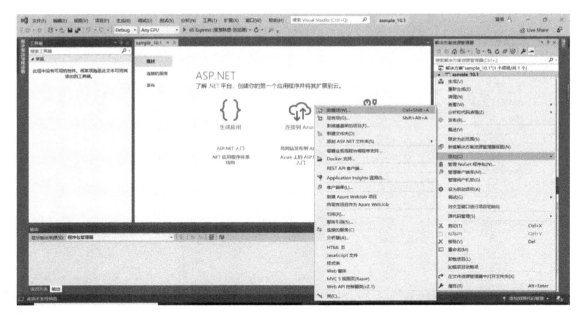

图 10.5 选择"添加"→"新建项"命令

图 10.6 "添加新项"对话框

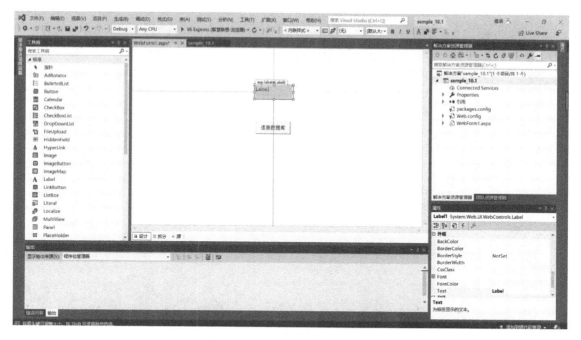

图 10.7　sample_10.1 的设计界面

4）双击空白页面，切换到后台编码文件 WebForm1. aspx. cs，添加如下命名空间：

```
using System. Data. SqlClient;
```

5）双击 Button 控件，切换到后台编码文件 WebForm1. aspx. cs，系统自动添加了与该按钮的 Click 事件相关处理程序 Button1_Click。在事件处理程序 Button1_Click 中添加如下代码：

```
try
        {
            SqlConnection coon = new SqlConnection();
            coon. ConnectionString = "server = localhost;uid = sa;pwd = sa;database = studb";
            coon. Open();
            Label1. Text = "连接成功";
        }
    catch
        {
            Label1. Text = "连接失败";
        }
```

注：这里的 server 是 SQL Server 的服务器名，uid、pwd、database 分别为 SQL Server 的用户名、密码、数据库名。

6）按 < Ctrl + F5 > 组合键运行，在运行的页面中单击"连接数据库"按钮。若连接成功，则 label 标签显示"连接成功"；若连接不成功，则显示"连接失败"。sample_10.1 的运行结果如图 10.8 所示。

图 10.8　sample_10.1 运行结果

10.3.2　连接到 Microsoft Access 数据库

OLE DB. NET 数据提供程序被设计为连接实用 OLE DB 提供者的数据库。例如，目前在网络上很流行的小型数据库 Access，就应该使用 OLE DB. NET 数据提供程序来访问。OLE DB. NET 数据提供程序在 System. Data. OleDb 命名空间中定义，也包含在 System. Data. Dll 文件中。

OleDbConnection 也定义了两个构造函数，一个没有参数，另一个接收字符串。使用 OLE DB. NET 数据提供程序时需要指定底层数据库特有的 OLE DB Provider，连接到 Access 数据库的连接字符串格式为

```
Provider = Microsoft. Jet. OLEDB. 4. 0; Data Source = mydb. mdb; user Id = ; password = ;
```

其中，Provider 和 Data Source 是必需项。

下面是连接到 Access 数据库的例子：

```
String ConnectionString;
OleDbConnection Connection = new OleDbConnection();
ConnectionString = "Provider = Microsoft. Jet. OLEDB. 4. 0; Data Source = ";
ConnectionString + = Server. MapPath ("studb. mdb");
Connection. ConnectionString = ConnectionString;
```

10.4　读取和操作数据

ADO. NET 中的 Command 类，即 SqlCommand 和 OleDBCommand，可以通过数据读取器读取只读数据，执行 INESRT、UPDATE、DELETE 以及其他不返回值的语句，返回聚合结果，或者检索

数据。SqlCommand 和 OleDbCommand 也可以同数据读取器一起工作、用数据填充数据集、或者用数据集更新一个后台数据库。SqlCommand 和 OleDbCommand 类可与 SQL 语句或者存储过程一起工作。下面主要介绍使用 SqlCommand 类的常用方法。

Command 的常用属性及说明见表 10.4。

表 10.4 Command 的常用属性及说明

属 性	说 明
CommandText	获取或设置要对数据源执行的 Transact-SQL 语句或存储过程
CommandTimeout	获取或设置在终止执行命令的尝试并生成错误之前的等待时间
CommandType	获取或设置一个值，该值指示如何解释 CommandText 属性
Connection	数据命令对象所使用的连接对象
Parameters	参数集合（OleDbParameterCollection 或 SqlParameterCollection）

其中，CommandText 属性存储的字符数据依赖于 CommandType 属性的类型。例如，当 CommandType 属性设置为 StoredProcedure 时，表示 CommandText 属性的值为存储过程的名称；当 CommandType 属性设置为 TableDirect 时，CommandText 属性应设置为要访问的一个或者多个表的名称；若 CommandType 设置为 Text，CommandText 则为 SQL 语句。CommandType 默认为 Text。CommandType 的成员及说明见表 10.5。

表 10.5 CommandType 的成员及说明

成 员	说 明
StoredProcedure	存储过程的名称
TableDirect	表的名称
Text	SQL 文本命令（默认）

下面介绍 SqlCommand 类。首先创建一个 Command 对象，Command 的构造函数可以分为 4 种，部分构造函数可以直接初始化这些属性值。

Command 的 4 种构造函数如下。

1）构造函数不带任何参数。

```
Sqlcommand cmd = new Sqlcommand();
cmd.Connection = ConnectionObject;
cmd.CommandText = CommandText;
```

CommandText 可以是从数据库中检索数据的 SQL Select 语句：

```
String CommandText = "select * from S";
```

许多关系型数据库，如 SQL Server 和 Oracle，都支持存储过程。可以把存储过程的名称指定为命名文件，例如：

```
String CommandText = "GetAllStudent";
cmd.CommandType = CommandType.StoredProcedure;
```

2）构造函数可以接收一个命令文本。

```
SqlCommand cmd = new SqlCommand(CommandText);
cmd.Connection = ConnectionObject;
```

上面的代码实例化 Command 对象，并传递 CommadnText，对 Command 对象的 CommandText 属性初始化，然后对 Connection 属性赋值。

3）构造函数接收一个 Connection 对象和一个命名文本。

```
SqlCommand cmd = new SqlCommand(CommandText,ConnectionObject);
```

其中，第一个参数为 string 型的命令文本，第二个为 Connection 对象。

4）构造函数接收 3 个参数，第三个参数是 SqlTransaction 对象，这里不做讨论。

另外，Connection 对象提供了 CreateCommand 方法，该方法将实例化一个 Command 对象，并将其 Connection 属性赋值为建立该 Command 对象的 Connection 对象。

SqlCommand 提供了 4 个执行方法。

1）ExecuteNonQuery：执行不返回结果的命令。通常使用这个方法执行插入、更新或者删除操作。

2）ExecuteScalar：执行返回单个值的命令。

3）ExecuteReader：执行读取命令，并使用结果集填充 DataReader 对象。

4）ExecuteXMLReader：该方法执行返回 XML 字符串的命令。它将返回一个包含所返回的 XML 的 System. Xml. XmlReader 对象。这是 SqlCommand 特有的方法，OleDbCommand 无此方法。

下面详细讲解下 ExecuteNonQuery 方法和 ExecuteScalar 方法。

1. ExecuteNonQuery 方法

ExecuteNonQuery 方法主要用来更新数据。通常使用它来执行 UPDATE、INSERT 和 DELETE 语句。该方法返回值的含义为：对于 UPDATE、INSERT 和 DELETE 语句，返回值为该命令所影响的行数；对于所有其他类型的语句，返回值为 – 1。

Command 对象通过 ExecuteNonQuery 方法更新数据库的过程非常简单，需要进行如下的步骤。

1）创建数据库连接。

2）创建 Command 对象，并指定一个 INSERT、UPDATE、DELETE 查询或存储过程 SQL 语句。

3）把 Command 对象依附到数据库连接上。

4）调用 ExecuteNonQuery 方法。

5）关闭连接。

可以使用 EcecuteNonQuery 方法向数据表中插入、删除、更新记录。例如，在表 S 里插入一条记录，SNO = 'S12 '，SNAME = '李四 '，代码如下：

```
string createdb = "use studb INSERT INTO S(SNO,SNAME) VALUES('S12','李四');";
string ConnectionString = "server = localhost;uid = sa;pwd = sa";
SqlConnection conn = new SqlConnection();
conn. ConnectionString = ConnectionString;
SqlCommand cmd = new SqlCommand(createdb,conn);
conn. Open();
int RecordsAffected = cmd. ExecuteNonQuery();
conn. Close();
```

2. ExecuteScalar 方法

ExecuteScalar 方法执行返回单个值的命令。下面通过一个事例来演示 ExecuteScalar 方法。

例 10. 2　用 ExecuteScalar 方法获取 studb 数据库 S 表中学生的总人数。

1）新建一个名为 sample_10.2 的 ASP. NET 网站。

2）打开 WebForm1. aspx 的设计页面，从工具箱中拖出两个 Label 和一个 Button 控件到设计界面，设置这些控件的 ID、Text 属性，sample_10.2 的设计界面如图 10.9 所示。

图 10.9　sample_10.2 的设计界面

3）双击空白页面，切换到后台编码文件 WebForm1. aspx. cs，添加如下命名空间：

```
using System. Data. SqlClient;
```

4）在事件处理程序 Button1_Click 中添加如下代码：

```
try
    {
        string createdb = "use studb Select count( * )From S;";
        string ConnectionString = "server = localhost;uid = sa;pwd = sa";
        SqlConnection conn = new SqlConnection();
        conn. ConnectionString = ConnectionString;
        SqlCommand cmd = new SqlCommand(createdb, conn);
        conn. Open();
        string number = cmd. ExecuteScalar(). ToString();
        conn. Close();
        Label2. Text = number;
    }
  catch
    {
        Label2. Text = "查询失败";
    }
```

5）按 < Ctrl + F5 > 组合键运行，在运行的页面中单击"查询"按钮，如果查询成功，则显示"学生人数 6"；如果连接不成功，显示"查询失败"。sample_10.2 的运行结果如图 10.10 所示。

图 10.10　sample_10.2 的运行结果

10.5　数据集 (DataSet)

数据集即 DataSet 类。DataReader 类和 DataSet 类是 ASP.NET 处理数据的两种主要方法。DataSet 类为数据提供了一种与数据无关的内存驻留表示形式。这些数据通过合适的 DataAdapter 来显示和更新后台数据库。DataSet 类也可以从 XML 文件和 Stream 对象中读取。

通过在数据集中插入、修改、删除 DataTable、DataColumns 和 DataRows，可以实现编程构建和操作数据集。也可以用这样的数据集更新后台数据库，只要使用数据集中的 Update 方法即可。

类型化数据集使代码易于阅读，并且不易出错。也可以用一个 DataView 来过滤用于显示或者计算的数据集的内容。

10.5.1　使用 DataAdapter 类

DataAdapter 类即数据适配器，它将后台数据库的数据写入数据集，并用数据集中的数据更新数据库。.NET 框架安装了两个数据适配器：SqlDataAdapter 和 OleDBDataAdapter。每个 Data-Adapter 都使用适当的 Connection 类和 Command 类获取及更新数据。

DataAdapter 包含由 4 个 Command 类的实例组成的一个集合：SelectCommand、InsertCommand、UpdateCommand 和 DeleteCommand。当使用 SqlDataAdapter 时，这 4 个类为 SqlCommand 类；当使用 OleDBCommand 时，这 4 个类为 OleDBCommand 类。

SqlDataAdapter 类和 OleDBDataAdapter 类的 Fill 方法使用的对象 Command，由 DataAdapter 的 SelectCommand 属性指定，数据集用后台数据库的结果填充。

下面的代码用于创建一个连接，然后创建一个新的 SqlDataAdapter，并把它的 SelectCommand 属性设置为新创建的 SqlCommand 对象，这个对象使用由 SQL 参数指定的查询。最后，代码创建了一个新数据集，并用 SqlDataAdapter 的 Fill 方法填充，接着关闭这个连接。

```
string SQL = "use studb Select count(*)From S;";
string ConnStr = "server=localhost;uid=sa;pwd=sa";
SqlConnection mySqlConn = new SqlConnection(ConnStr);
mySqlConn.Open();
SqlDataAdapter mySqlAdapter = new SqlDataAdapter();
mySqlAdapter.SelectCommand = new SqlCommand(SQL, mySqlConn);
DataSet myDS = new DataSet();
mySqlAdapter.Fill(myDS);
mySqlConn.Close();
```

这样，数据集里的数据就可以被更新、删除、插入。

10.5.2　使用 DataTables、DataColumns 和 DataRows

填充数据集的另外一种方法就是编程创建它的表、列或行，这样不必连接一个后台数据库就可以创建数据集。假设创建表的构架与数据库匹配，就可以连接数据库并根据程序添加到数据集中的行来更新数据库。

例 10.3　在数据库 studb 的 S 表中插入一条新记录。

这里使用 SqlCommandBuilder 对象来自动创建 UpdataCommand（当 SqlAdapter 的 Update 方法被调用时，这个命令就被调用）。

1）新建一个名为 sample_10.3 的 ASP. NET 网站。打开 WebForm1. aspx 的设计页面，从工具箱中拖出 5 个 Label1、5 个 TextBox、一个 Button 控件和一个 GridView 控件到设计界面，设置这些的 ID、Text 属性。sample_10.3 的设计界面如图 10.11 所示。

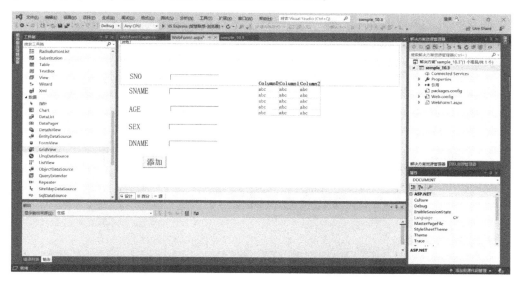

图 10.11　sample_10.3 的设计界面

2）双击空白页面，切换到后台编码文件 WebForm1. aspx. cs，添加如下命名空间：

```
using System.Data.SqlClient;
using System.Data;
```

3）在事件处理程序 Button1_Click 中添加如下代码：

```
string SQL = "use studb select *  from S";
string myStr = "server = localhost;database = studb;uid = sa;pwd = sa";
SqlConnection myConnection = new SqlConnection(myStr);
myConnection. Open();
SqlDataAdapter mySqlDA = new SqlDataAdapter(SQL, myConnection);
SqlCommandBuilder mySqlCB = new SqlCommandBuilder(mySqlDA);
DataSet myDS = new DataSet();
DataTable STable;
DataRow SRow;
mySqlDA. Fill(myDS);
STable = myDS. Tables[0];
SRow = STable. NewRow();
SRow["SNO"] = TextBox1. Text;
SRow["SNAME"] = TextBox2. Text;
SRow["AGE"] = Convert. ToInt16(TextBox3. Text);
SRow["SEX"] = TextBox4. Text;
SRow["DNAME"] = TextBox5. Text;
STable. Rows. Add(SRow);
mySqlDA. Update(myDS);
GridView1. DataSource = myDS. Tables[0]. DefaultView;
GridView1. DataBind();
myConnection. Close();
```

4）按 < Ctrl + F5 > 组合键运行，在运行的页面中单击"添加"按钮，则将插入的新记录添加到数据表 S 中，并在右侧的 GridView1 控件中显示表 S 信息。sample_10.3 的运行结果如图 10.12 所示。

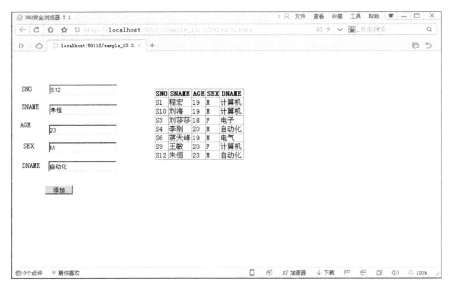

图 10.12　sample_10.3 的运行结果

10.6 DataReader 类

如果需要对数据的更新、返回及读写构架等进行严格的控制，则数据集是最佳的选择，但如果只需要迅速、有效地显示某些数据，那么使用 DataReader 比较方便。

DataReader 对象提供一个只读的、单向向前移动的记录集。使用 DataReader 对象可以有效地节约内存，因为在内存中一次只会保存一条记录，而不是将所有的记录都装入。DataReader 分为 SqlDataReader 和 OleDBReader 两种，它们分别基于 SQL Server 数据库和 OLE DB 数据库。

DataReader 对象的常用属性和方法见表 10.6 和表 10.7。

表 10.6 DataReader 对象的常用属性

属　性	说　明
FieldCount	用于表明当前记录的字段（列）数量。只读属性
HasMoreRows	用于表明是否还有记录未被读取。只读属性
IsClosed	用于表明 DataReader 对象是否已经关闭。只读属性
Item	用于引用字段的内容，可以用字段名或字段序数来引用字段。只读属性

表 10.7 DataReader 对象的常用方法

方　法	说　明
Close	用于关闭 DataReader 对象
GetDataTypeName	用于获取字段的数据类型名
GetName	用于获取字段名
GetOrdinal	用于获取字段序数
GetValues	用于读取记录的所有字段的内容
IsNull	用于判断某个字段内容是否为空
Read	用于表明是否还有记录能被读取，如果有，则读取下一条记录

例 10.4 使用 DataReader 读取数据库 studb 的 S 表中的数据。

步骤如下。

1）新建一个名为 sample_10.4 的 ASP. NET 网站，打开 WebForm1. aspx 的设计页面，从工具箱中拖出 GridView 控件到设计界面，sample_10.4 的设计界面如图 10.13 所示。

2）双击空白页面，切换到后台编码文件 WebForm1d. aspx. cs，添加如下命名空间：

```
using System. Data. SqlClient;
using System. Data;
```

3）在事件处理程序 Page_Load 里添加如下代码：

```
string SQL = "use studb select *  from S";
string myStr = "server = localhost;database = studb;uid = sa;pwd = sa";
SqlConnection myConnection = new SqlConnection(myStr);
myConnection. Open();
SqlCommand mySqlDA = new SqlCommand(SQL, myConnection);
```

```
SqlDataReader myDataReader = mySqlDA.ExecuteReader();
GridView1.DataSource = myDataReader;
GridView1.DataBind();
myConnection.Close();
```

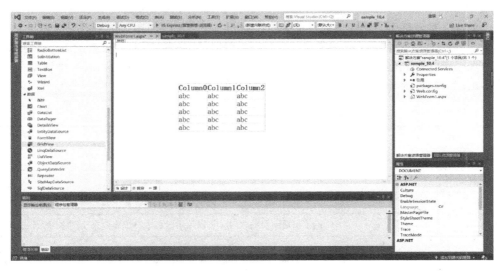

图 10.13　sample_10.4 的设计界面

4）按 < Ctrl + F5 > 组合键运行，则在 GridView 控件中显示表 S 中的数据。sample_10.4 的运行结果如图 10.14 所示。

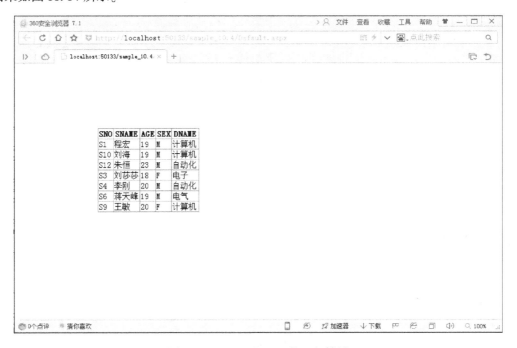

图 10.14　sample_10.4 的运行结果

10. 7   DataGrid 和 GridView 控件

DataGrid 控件是 ASP. NET 中功能非常强大及非常复杂的数据服务控件。该控件可以用来显示和格式化数据表中的数据，并可以编辑数据表中的记录，可以实现数据的排序和分页。GridView控件是 DataGrid 控件的后继控件。DataGrid 和 GridView 控件都是从 WebControl 类派生的。GridView 控件与 DataGrid 控件具有类似的对象模型。与 DataGrid 控件相似，GridView 控件旨在 HTML 表中显示数据。但与 DataGrid 控件相比，GridView 控件还具有许多新功能和优势：更丰富的设计功能；改进的数据源绑定功能；排序、分页、更新和删除的自动处理；其他列类型和设计时的列操作；具有 PagerTemplate 属性的自定义页导航用户界面（UI）等。下面对 GridView 控件进行一些简单的介绍。

GridView 分页显示属性见表 10.8。

表 10. 8   GridView 分页显示属性

属　　性	说　　明
AllowPaging	表明是否允许对 DataGrid 控件进行页面导航。默认值为 False
PageSize	获取或指定在一页上显示的记录数据量。默认值为 10
PagerStyle	指定页面导航标志的风格
PagerSettings-Mode	指定页面导航标志使用的模式。可取值为 NextPrev 和 NumericPages。默认为 NextPrev
PagerSettings-NextPageText	指定页面导航到下一页的按钮使用的文本
PagerSettings-PrevPageText	指定页面导航到上一页的按钮使用的文本
PagerSettings-Visible	指定页面导航标志是否可见。默认值为 True

例 10.5   使用 GridView 将数据库 studb 中的 SC 表分页显示。

步骤如下。

1）新建一个名为 sample_10.5 的 ASP. NET 网站，打开 WebForm1. aspx 的设计页面，从工具箱中拖出 GridView 控件到设计界面，将 GridView1 控件的 AllowPaging 属性值设置为 True，将事件 PageIndexChanging 的方法设置为 GridView1 _PageIndexChanging 值。sample_10.5 的设计界面如图 10.15所示。

2）双击空白页面，切换到后台编码文件 WebForm1. aspx. cs，添加如下命名空间：

```
using System. Data. SqlClient;
using System. Data;
```

3）在 Page_Load 事件前添加一个自定义函数 BindData，代码如下：

```
void BindData()
  {
      string myStr = "server = localhost;database = studb;uid = sa;pwd = sa";
      string SQL = "use studb select *  from SC";
      SqlConnection myConnection = new SqlConnection(myStr);
      SqlDataAdapter myDataAdapter = new SqlDataAdapter(SQL, myConnection);
      DataSet myDataSet = new DataSet();
      myDataAdapter. Fill(myDataSet, "sc");
```

数据库原理及应用

```
    GridView1.DataSource = myDataSet;
    GridView1.DataBind();
}
```

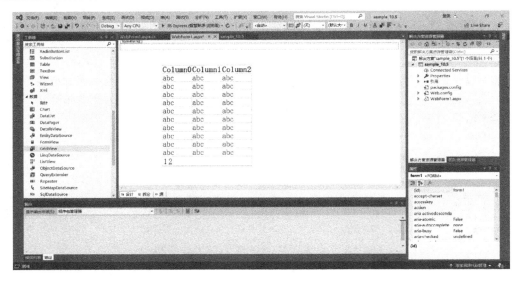

图 10.15   sample_10.5 的设计界面

4）在事件处理程序 Page_Load 里添加如下代码：

```
if (! IsPostBack)
{
    BindData();
}
```

5）选择事件 GridView1_PageIndexChanging，并添加如下代码：

```
GridView1.PageIndex = e.NewPageIndex;
BindData();
```

sample_10.5 的主要代码如下：

```
void BindData()
  {
      string myStr = "server = localhost;database = studb;uid = sa;pwd = sa";
      string SQL = "use studb select *  from SC";
      SqlConnection myConnection = new SqlConnection(myStr);
      SqlDataAdapter myDataAdapter = new SqlDataAdapter(SQL, myConnection);
      DataSet myDataSet = new DataSet();
      myDataAdapter.Fill(myDataSet, "sc");
      GridView1.DataSource = myDataSet;
      GridView1.DataBind();
  }
protected void Page_Load(object sender, EventArgs e)
  {
```

```
        if (! IsPostBack)
        {
                BindData();
        }
}
protected void GridView1_PageIndexChanging(object sender, GridViewPageEventArgs e)
{
        GridView1.PageIndex = e.NewPageIndex;
        BindData();
}
```

6）按 < Ctrl + F5 > 组合键运行，则在 GridView1 控件中分页显示表 SC 中的数据。sample_10.5 的运行结果如图 10.16 所示。

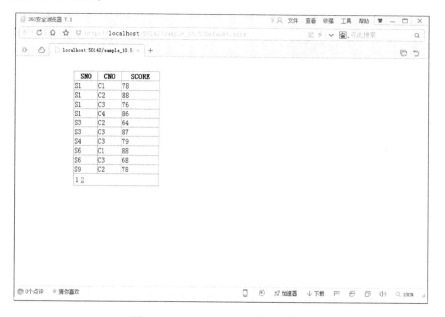

图 10.16 sample_10.5 的运行结果

10.8 DataList 控件

DataList 控件也是 ASP. NET 中功能非常强大及非常复杂的数据服务控件，可以显示和格式化数据表中的数据，且可以编辑数据表中的记录，还可以实现数据的排序和分页。DataList 控件可以在模板内嵌套控件，甚至嵌套多个 DataList 控件。DataList 控件的主要属性见表 10.9。

表 10.9 DataList 控件的主要属性

属　　　性	说　　　明
AlternatingItemStyle	用于指定表格中隔行的项目的风格
Cellpadding	表格单元内部文字与边框的距离

（续）

属　　性	说　　明
CellSpacing	表格单元之间的距离
DataKeyField	数据源中定义了主键的字段
DataSourceID	指定数据源
GridLines	指定网格线的显示方式
HorizontalAlign	设置表格相对于其周围文字的显示方式
RepeatColumns	指定重复清单的列数
RepeatDirection	指定重复清单的排列方向
RepeatLayout	指定重复清单的布局
SelectIndex	表示当前被选择项目的索引值

下面通过例 10.6 对 DataList 控件的使用进行具体的介绍。

例 10.6　使用 DataList 控件显示数据库表。

1）新建一个名为 sample_10.6 的 ASP. NET 网站，打开 WebForm1.aspx 的设计页面，从工具箱中拖出 DataList 控件到设计界面，将 DataList1 控件的 DataKeyField 属性值设置为 SNO，将 RepeatColumns 属性值设置为 4，将 RepeatDirection 属性值设置为 Horizontal。

2）手工在 DataList1 模板里编辑 ItemTemplate。

选择 WebForm1.aspx 的 "源" 页面，如图 10.17 所示。对 DataList1 模板进行编辑，在 < asp: DataList ID = "DataList1" runat = "server" DataKeyField = "SNO" RepeatColumns = "4" style = "z-index：1； left：10px； top：35px； position：absolute； height：78px； width：868px" RepeatDirection = "Horizontal" > " > 下面增添下面的源码：

```
<ItemTemplate>
    SNO:
    <asp:Label ID = "au_idLabel" runat = "server" Text = '<% # Eval("SNO") % >' > </asp:Label> <br />
    SNAME:
    <asp:Label ID = "au_fnameLabel" runat = "server" Text = '<% # Eval("SNAME") % >' > </asp:Label> <br />
    AGE:
    <asp:Label ID = "cityLabel" runat = "server" Text = '<% # Eval("AGE") % >' > </asp:Label> <br />
    SEX: <asp:Label ID = "Label2" runat = "server" Text = '<% # Eval("SEX") % >' > </asp:Label> <br />
    DNAME: <asp:Label ID = "Label3" runat = "server" Text = '<% # Eval("DNAME") % >' > </asp:Label> <br />
</ItemTemplate>
```

3）添加一个新类 db。在 "解决方案资源管理器" 面板中选取 "sample_10.6"，右击，从弹出的快捷菜单中选择 "添加新项" 命令，弹出 "添加新项" 对话框，从中间窗格的模板列表中选取 "类" 选项，在 "名称" 文本框中输入添加的新类名 db.cs，如图 10.18 所示。

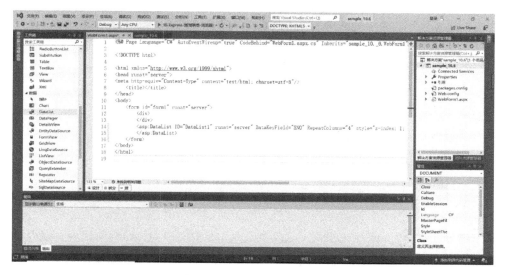

图 10.17　"源"页面

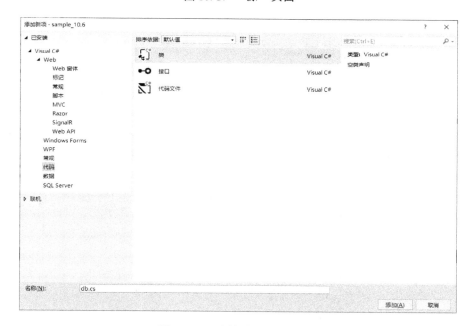

图 10.18　"添加新项"对话框

① 双击 App_Code 目录下的 db. cs，在 db. cs 文件中添加如下命名空间：

```
using System. Data. SqlClient;
using System. Data;
```

② 在 db. cs 文件的 public class db 类中增加代码来定义类 db，主要代码如下：

```
public class db
    {
        protected string connstring ;
        private int pagesize;
```

```
public db()
    {
        connstring = "server = localhost;database = studb;uid = sa;pwd = sa";
        pagesize = 4;
    }
public DataTable dt(string query)
    {
        SqlConnection con = new SqlConnection(connstring);
        SqlDataAdapter sda = new SqlDataAdapter(query, con);
        DataSet ds = new DataSet();
        sda.Fill(ds, "S");
        return ds.Tables["S"];
    }
```

4）双击 WebForm1. aspx 空白页面，切换到后台编码文件 WebForm1. aspx. cs，修改事件处理程序 Page_Load 的代码如下：

```
protected void Page_Load(object sender, EventArgs e)
    {
        if (! IsPostBack)
        {
            db ndb = new db();
            DataList1.DataSource = ndb.dt("select * from S");
            DataList1.DataKeyField = "SNO";
            DataList1.DataBind();
        }
    }
```

5）按 < Ctrl + F5 > 组合键运行，则在 DataList1 控件中显示表 S 中的数据，如图 10.19 所示。

图 10.19　DataList1 控件中显示的表 S 中的数据

例 10.7 使用 DataList 编辑修改、删除 S 表中的记录。

在例 10.6 的 sample_10.6 项目中添加一个"Web 窗体"新项 WebForm2. aspx。

具体操作步骤如下。

1）在"解决方案资源管理器"面板中选取"sample_10.6",右击,从弹出的快捷菜单中选择"添加新项"命令,弹出"添加新项"对话框,从中间窗格的模板列表中选取"Web 窗体"选项,在"名称"文本框中输入添加的新 Web 应用程序窗体 WebForm2. aspx。

2）打开 WebForm2. aspx 的设计页面,从工具箱中拖出 DataList 控件到设计界面,将 DataList1 控件的 DataKeyField 属性值设置为 SNO,将 RepeatColumns 属性值设置为 4,将 RepeatDirection 属性值设置为 Horizontal。

3）手工在 DataList1 模板里编辑 ItemTemplate。

选择 WebForm2. aspx 的"源"页面,对 DataList1 模板进行编辑,在 < asp:DataList ID = "DataList1" runat = "server" CellPadding = "4" DataKeyField = "SNO" HorizontalAlign = "Center" RepeatColumns = "4" RepeatDirection = "Horizontal" > 下面增添以下源码:

```
<ItemTemplate>
    SNO:
    <asp:Label ID = "au_idLabel" runat = "server" Text = '<% # Eval("SNO") % >'></asp:La-
bel><br />
    SNAME:
    <asp:Label ID = "au_fnameLabel" runat = "server" Text = '<% # Eval("SNAME") % >'></
asp:Label><br />
    AGE:
    <asp:Label ID = "cityLabel" runat = "server" Text = '<% # Eval("AGE") % >'></asp:Label
><br />
    SEX: <asp:Label ID = "Label2" runat = "server" Text = '<% # Eval("SEX") % >'></asp:La-
bel><br />
    DNAME: <asp:Label ID = "Label3" runat = "server" Text = '<% # Eval("DNAME") % >'></asp:
Label><br />
    <asp:LinkButton ID = "LinkButton1" runat = "server" CommandName = "edit">修改</asp:
LinkButton> 
    <asp:LinkButton ID = "LinkButton2" runat = "server" CommandName = "delete">删除</asp:
LinkButton>
</ItemTemplate>
<EditItemTemplate>
    SNO:
    <asp:Label ID = "au_idLabel" runat = "server" Text = '<% # Eval("SNO") % >'></asp:La-
bel><br />
    SNAME:
    <asp:TextBox ID = "TextBox1" runat = "server" Text = '<% # Eval("SNAME") % >'></asp:
TextBox><br />
    AGE:
    <asp:TextBox ID = "TextBox2" runat = "server" Text = '<% # Eval("AGE") % >'></asp:
TextBox><br />
    SEX: <asp:TextBox ID = "TextBox3" runat = "server" Text = '<% # Eval("SEX") % >'></asp:
TextBox><br />
```

```
DNAME: <asp:TextBox ID = "TextBox4" runat = "server" Text = ' <% # Eval ("DNAME") % >' > </
asp:TextBox > <br />
        <asp:LinkButton ID = "LinkButton3" runat = "server" CommandName = "update" >保存 </asp:
LinkButton >  
        <asp:LinkButton ID = "LinkButton4" runat = "server" CommandName = "cancel" >取消 </asp:
LinkButton >
    </EditItemTemplate >
```

4) 双击 App_Code 目录下的 db. cs，在 db. cs 文件的 public class db 类中增加代码来定义函数 sql，主要代码如下：

```
public int sql (string query)
    {
        SqlConnection con = new SqlConnection (connstring);
        con. Open ();
        SqlCommand cmd = new SqlCommand (query, con);
        return cmd. ExecuteNonQuery ();
    }
```

5) 双击 WebForm2. aspx 空白页面，切换到后台编码文件 WebForm2. aspx. cs，修改相应的事件处理程序代码如下。

① 事件 Page_Load 的代码修改如下：

```
protected void Page_Load (object sender, EventArgs e)
    {
        if (! IsPostBack)
        {
            bind ();
        }
    }
```

② 在 Page_Load 事件代码后定义一个函数 bind，代码如下：

```
private void bind ()
    {
        db sdb = new db ();
        DataList1. DataSource = sdb. dt ("select * from S");
        DataList1. DataKeyField = "SNO";
        DataList1. DataBind ();
    }
```

③ 编辑操作。

```
protected void DataList1_EditCommand (object source, DataListCommandEventArgs e)
    {
        DataList1. EditItemIndex = e. Item. ItemIndex;
        bind ();
    }
```

④ 取消操作。

```
protected void DataList1_CancelCommand(object source, DataListCommandEventArgs e)
    {
        DataList1.EditItemIndex = -1;
        bind();
    }
```

⑤ 删除操作。

```
protected void DataList1_DeleteCommand(object source, DataListCommandEventArgs e)
    {
        string id = DataList1.DataKeys[e.Item.ItemIndex].ToString();
        dbsdb = new db();
        string query = "delete from S where SNO = '" + id + "'";
        if (sdb.sql(query) > 0)
        {
            Response.Write("<script>return alert('删除成功')");
            DataList1.EditItemIndex = -1;
            bind();
        }
    }
```

⑥ 更新操作。

```
protected void DataList1_UpdateCommand(object source, DataListCommandEventArgs e)
    {
        string id = DataList1.DataKeys[e.Item.ItemIndex].ToString();
        string SNAME = ((TextBox)e.Item.FindControl("TextBox1")).Text;
        string AGE = ((TextBox)e.Item.FindControl("TextBox2")).Text;
        string SEX = ((TextBox)e.Item.FindControl("TextBox3")).Text;
        string DNAME = ((TextBox)e.Item.FindControl("TextBox4")).Text;
        dbsdb = new db();
        string query = "update S set SNO = '" + id + "',SNAME = '" + SNAME + "',AGE = '" + AGE +
"',SEX = '" + SEX + "',DNAME = '" + DNAME + "'where SNO = '" + id + "'";
        if (sdb.sql(query) > 0)
        {
            DataList1.EditItemIndex = -1;
            bind();
        }
    }
```

6) 选取 WebForm2. aspx 页面，在 WebForm2. aspx 中设计页码，选取 DataList1 控件，单击鼠标右键，从出现的快捷菜单中选取"属性"命令，在 DataList1 控件的事件方法"属性"对话框中进行设置，将 CancelCommand 方法的属性设置为 DataList1_CancelCommand，将 DeleteCommand 方法的属性设置为 DataList1_DeleteCommand，将 EditCommand 方法的属性设置为 DataList1_EditCommand，将 UpdateCommand 方法的属性设置为 DataList1_UpdateCommand，如图 10.20 所示。

7) 按 < Ctrl + F5 > 组合键运行，则在 DataList1 控件中修改和删除表 S 中的初始页面，如图 10.21 所示。单击"修改"按钮，显示的编辑页面如图 10.22 所示。

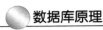

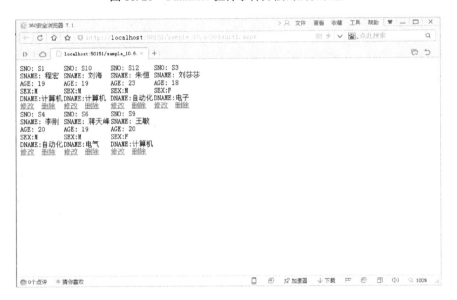

图 10.20   DataList1 控件事件方法的属性设置

图 10.21   在 DataList 控件中修改和删除表 S 中的初始页面

例 10.8   用 DataList 控件分页显示 S 表中的数据。

在例 10.6 的 sample_10.6 项目中添加一个 "Web 窗体" 新项 WebForm3.aspx。

具体操作步骤如下。

1）在 "解决方案资源管理器" 面板中选取 "sample_10.6"，右击，从弹出的快捷菜单中选择 "添加新项" 命令，弹出 "添加新项" 对话框，从中间窗格的模板列表中选取 "Web 窗体" 选项，在 "名称" 文本框中输入添加的新 Web 应用程序窗体 WebForm3.aspx。

2）打开 WebForm3.aspx 的设计页面，从工具箱中拖出 DataList 控件到设计界面，将 DataList1 控件的 DataKeyField 属性值设置为 SNO，将 RepeatColumns 属性值设置为 4，将 RepeatDirection 属性值设置为 Horizontal。

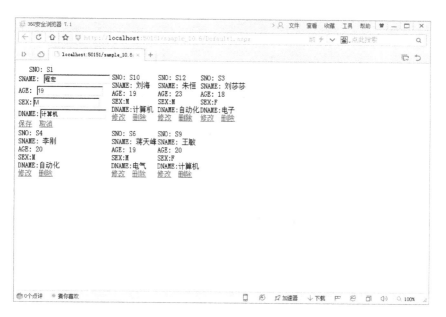

图 10. 22　DataList 控件中修改 S 表中数据的编辑页面

3）手工在 DataList1 模板里编辑 ItemTemplate。

选择 Default. aspx 的"源"页面，对 DataList1 模板进行编辑，在 < asp:DataList ID = "DataList1" runat = "server" CellPadding = "4" DataKeyField = "SNO" HorizontalAlign = "Center" RepeatColumns = "4" RepeatDirection = "Horizontal" > 下面增添以下源码：

```
< ItemTemplate >
    SNO:
    <asp:Label ID ="au_idLabel" runat ="server" Text ='<% # Eval("SNO") % >'> </asp:Label > <br / >
    SNAME:
    < asp:Label ID = "au_fnameLabel" runat = "server" Text = '<% # Eval("SNAME") % >'> </
asp:Label > <br / >
    AGE:
    <asp:Label ID ="cityLabel" runat ="server" Text ='<% # Eval("AGE") % >'> </asp:Label > <br / >
    SEX: <asp:Label ID ="Label2" runat ="server" Text ='<% # Eval("SEX") % >'> </asp:Label > <br / >
    DNAME: <asp:Label ID = "Label3" runat = "server" Text = '<% # Eval("DNAME") % >'> </asp:
Label > <br / >
</ ItemTemplate >
< FooterTemplate >
    < asp:PlaceHolder ID = "ph" runat = "server" > </asp:PlaceHolder >
</ FooterTemplate >
```

4）双击 App_Code 目录下的 db. cs，在 db. cs 文件中添加如下命名空间：

```
using System. Web. UI. WebControls;
```

在 db. cs 文件的 public class db 类中增加下列代码来定义函数 pds( )和 pds(n)。

pds( )函数返回一个可分页的数据源，但是未定义当前页码。pds(n)函数将一个传来的整数作为当前页码并返回分页后的数据。主要代码如下：

```
public PagedDataSource pds()
    {
        PagedDataSource pds = new PagedDataSource();
        pds.DataSource = dt("select * from S").DefaultView;
        pds.AllowPaging = true;
        pds.PageSize = pagesize;
        pds.CurrentPageIndex = pds.CurrentPageIndex;
        return pds;
    }

public PagedDataSource pds(int pg)
    {
        PagedDataSource pds = new PagedDataSource();
        pds.DataSource = dt("select *  from S").DefaultView;
        pds.AllowPaging = true;
        pds.PageSize = pagesize;
        pds.CurrentPageIndex = pg;
        return pds;
    }
```

5）双击 WebForm3.aspx 空白页面，切换到后台编码文件 WebForm3.aspx.cs，修改相应的事件处理程序。

① 事件 Page_Load 的代码修改如下：

```
protected void Page_Load(object sender, EventArgs e)
    {
        if (!IsPostBack)
        {
            int n;
            if (Request.QueryString["page"] ! = null)
            {
                n = Convert.ToInt32(Request.QueryString["page"]);
            }
            else
            {
                n = 0;
            }
            bind(n);
        }
    }
```

② 在 Page_Load 事件代码后定义一个函数 bind，代码如下：

```
private void bind(int n)
    {
        db ndb = new db();
        DataList1.DataSource = ndb.pds(n);
        DataList1.DataKeyField = "SNO";
```

```
        DataList1. DataBind();
    }
```

③ DataList1 分页显示数据操作。

```
protected void DataList1_ItemDataBound(object sender, DataListItemEventArgs e)
    {
        if (e. Item. ItemType = = ListItemType. Footer)
        {
            PlaceHolder ph = (PlaceHolder)e. Item. FindControl("ph");
            db sdb = new db();
            for (int i = 0; i < sdb. pds(). PageCount; i + +)
            {
                HyperLink hl = new HyperLink();
                Literal nsb = new Literal();
                int n = i + 1;
                hl. Text = n. ToString();
                hl. ID = n. ToString();
                hl. NavigateUrl = "? page = " + i. ToString();
                nsb. Text = " ";
                ph. Controls. Add(hl);
                ph. Controls. Add(nsb);
            }
        }
    }
```

6）选取 WebForm3. aspx 页面，在 WebForm3. aspx 中设计页码，选取 DataList1 控件，在 DataList1控件的事件方法"属性"对话框中进行设置，将 ItemDataBound 方法的属性设置为 DataList1_ItemDataBound。

7）按 < Ctrl + F5 >组合键运行，则在 DataList1 控件分页显示数据，结果如图 10.23 所示。

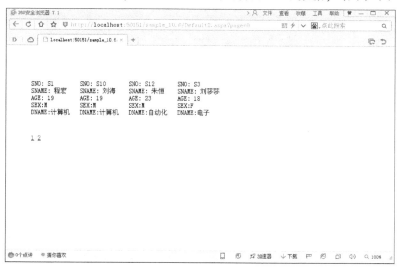

图 10. 23　DataList1 控件分页显示数据的结果

第11章 数据库新技术

20世纪90年代中期开始兴起的数据仓库（Data Warehouse，DW）技术，为传统的关系数据库系统拓展了新的应用途径：联机分析处理（On-Line Analytical Processing，OLAP）和数据挖掘（Data Mining，DM）。随着移动互联网、物联网和云计算技术的迅速发展，大数据的发展已经得到了世界各国的广泛关注。本章主要介绍数据仓库和数据挖掘的基本概念、数据仓库的设计方法与实现过程、数据挖掘的主要技术和过程、大数据技术。

11.1 数据仓库的概念

在现代计算机信息系统中，数据的作用有两个方面：事务处理和分析处理（数据分析）。不同的用户需要不同的数据信息。事务处理所需的细节性数据称为操作型数据，而分析处理所需的综合性数据称为分析型数据。这两种类型的数据之间存在着很多区别，见表11.1。

表 11.1 操作型数据与分析型数据的区别

操作型数据	分析型数据
细节的	综合的（提炼的）
当前数据	历史及周边相关数据
可更新	不更新（可周期性刷新）
面向应用，事务驱动	面向分析，分析驱动
操作需求事先可知道	操作需求事先不知道
一次操作数据量小	一次操作数据量大
支持日常操作	支持管理需求
性能要求高	对性能要求较宽松

这两种类型数据的区别从根本上体现了事务处理与分析处理的差异。传统的数据库系统主要用于企业的日常事务处理工作，存储在数据库中的数据也就大体符合操作型数据的特点，为了适应分析处理要求而产生的数据仓库中存放的就应该是分析型数据，因此，就出现了一种支持分析处理应用需要的新的数据管理技术——数据仓库。

11.1.1 数据仓库的定义

就数据仓库的概念本身而言，目前没有一个统一明确的定义，一般采用 W. H. Inmon 在其《建立数据仓库》一书中的定义：数据仓库就是一个面向主题的、集成的、不可更新的、随时间不断变化的数据集合。

1. 面向主题

传统的数据库是面向客观世界和应用进行数据组织的，而数据仓库则是面向主题的。所谓主题，是指对应企业中某一宏观分析领域所涉及的分析对象，是在较高层次上将企业信息系统中的数据进行综合、归类并进行分析利用的抽象。而面向主题的数据组织方式，就是在较高层次上对分析对象的数据进行的一个完整、一致的描述，能完整、统一地刻画各个分析对象所涉及的企业的各项数据，以及数据之间的联系。

数据仓库是面向分析、决策人员的主观要求的，不同的用户有不同的要求，同一个用户的要求也会随时间而经常变化，因此，数据仓库中的主题有时会因用户主观要求的变化而变化。

例 11.1 一个面向事务处理的"商场"数据库系统，其数据模式如下。

1）采购子系统的数据模式如下。

订单（订单号，供应商号，总金额，日期）

订单细则（订单号，商品号，类别，单价，数量）

供应商（供应商号，供应商名，地址，电话）

2）销售子系统的数据模式如下。

顾客（顾客号，姓名，性别，年龄，文化程度，地址，电话）

销售（员工号，顾客号，商品号，数量，单价，日期）

3）库存管理子系统的数据模式如下。

领料单（领料单号，领料人，商品号，数量，日期）

进料单（进料单号，订单号，进料人，收料人，日期）

库存（商品号，库房号，库存量，日期）

库房（库房号，仓库管理员，地点，库存商品描述）

4）人事管理子系统的数据模式如下。

员工（员工号，姓名，性别，年龄，文化程度，部门号）

部门（部门号，部门名称，部门主管，电话）

上述数据模式基本上是按照企业内部的业务活动及其相关数据来组织数据的存储的，没有实现真正的数据与应用分离，其抽象程度也不够高。如果按照面向主题的方式进行数据组织，首先应该抽取主题，即按照管理人员的分析要求来确定主题，而与每个主题相关的数据又与有关的事务处理所需的数据不尽相同。例如：

1）商品。

商品固有信息：商品号、商品名、类别、颜色等。

商品采购信息：商品号、供应商号、供应价、供应日期、供应量等。

商品销售信息：商品号、顾客号、售价、销售日期、销售量等。

商品库存信息：商品号、库房号、库存量、日期等。

2）供应商。

供应商固有信息：供应商号、供应商名、地址、电话等。

供应商品信息：供应商号、商品号、供应价、供应日期、供应量等。

3）顾客。

顾客固有信息：顾客号、顾客名、性别、年龄、文化程度、住址、电话等。

顾客购物信息：顾客号、商品号、售价、购买日期、购买量等。

每个主题都包含了有关该主题的所有信息，同时又抛弃了与分析处理无关或不需要的数据，从而将原本分散在各个子系统中的有关信息集中在一个主题中，形成有关该主题的一个完整、一致的描述。面向主题的数据组织方式所强调的就是要形成一个一致的信息集合。

不同的主题之间也有重叠的内容，但这种重叠是逻辑上的，而不是物理存储上的重叠，是部分细节的重叠，而不是完全的重叠。

231

每个主题的物理存储，从理论上来讲采用多维数据库（Multi Dimensional DataBase，MDDB）更为适合，它可以用多维数组形式存储数据，但目前更多的是采用关系数据库中的一组关系来组织存储，同一主题的一组关系都有一个公共的关键字，存放的也不是细节性的业务数据，而是经过一定程度的综合而形成的综合性数据。

2. 集成

需要对来自多个数据源的数据进行集成，这样的集成并不是从其他数据源中直接得到数据，而是要经过统一与综合，即消除不一致的现象，对原有数据进行综合和计算。

3. 不可更新

数据仓库中的数据主要供企业决策分析之用，执行的主要是查询操作，一般情况下不执行修改操作。

但这也不等于数据仓库中的数据不需要更新操作。在需要进行新的分析决策时，可能需要进行更新操作，而数据仓库中的一些过时的数据，也可以通过删除操作丢弃。因此，数据仓库的存储管理相对于 DBMS 来说要简单得多。

4. 随时间不断变化

在用户进行分析处理时不执行更新操作，但也不等于数据仓库中的数据从集成生成开始到最终被删除都不变，而是随时间的变化不断变化的。这种变化表现在 3 个方面：不断增加新的数据内容；不断删去旧的数据内容；更新与时间有关的综合数据。

11.1.2　数据仓库系统的结构

整个数据仓库系统的结构如图 11.1 所示。

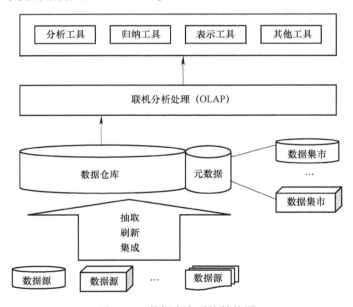

图 11.1　数据仓库系统结构图

1. 数据源

数据仓库的数据来源于多个数据源。由于企业在长期事务处理的过程中随着数据库管理系统本身的发展，形成了企业内从简单到复杂、从小型到大型的各种不同格式的数据，其中有大型关系数据库、对象数据库、桌面数据库、各种非格式文件等的数据，这些数据还可能分布在各种不同的数据操作平台上，并通过网络分布在不同的物理位置。另外，数据仓库的数据源可以是递归的，即数据仓库的数据源可以是另外一个数据仓库、数据集市或 OLAP 服务器。在这些数据源中，所有用户感兴趣的数据都必须通过数据抽取软件进行统一与综合，把它们抽取到数据仓库中。数据仓库系统的数据源包括以下内容。

流行的关系数据库系统：Oracle、Sybase、Informix、DB2 等。

传统的桌面数据库系统：Foxbase、Foxpro、Visual Foxpro 等。

文件系统中的数据文件：UNIX、Windows 等。

其他数据源：Word、Excel、HTML、XML 等。

数据抽取软件的功能包括两个方面：对原始数据抽取以生成数据仓库中的数据，以及根据原始数据的变化情况对数据仓库数据的刷新操作。

（1）数据抽取

在数据仓库层次结构中，数据抽取工作占非常重要的地位，它必须屏蔽底层数据的结构复杂性和物理位置的复杂性，同时还要实现对数据仓库中数据的自动刷新，要对数据仓库的元数据和数据进行维护。

考虑到不同数据源的数据格式的复杂性和物理位置的复杂性，不同的数据源可能需要采用不同的数据抽取方法。对于一些常用的数据源，如关系数据库，可以通过通用的数据库接口程序或协议从中抽取数据；对于一些具有特殊格式的数据源，如一些由应用程序控制的数据文件，则可能需要编写专用的数据存取函数进行抽取。

（2）数据刷新

数据仓库必须感知 OLTP 数据库中数据的变化情况，并及时、有效地把变化反映到数据仓库中，以使得数据仓库中的数据能真实地反映实际情况，因此必须对数据仓库进行数据刷新。通常，数据刷新的方法包括以下几种。

1）时间戳。若数据库中的记录有时间戳，则可根据 OLTP 数据库中的数据有无更新和修改时间的标识来实现数据仓库中数据的动态刷新，但大多数数据库系统中的数据并不含有时间戳。

2）DELTA 文件。有些 OLTP 数据库的应用程序在工作过程中会形成一些 DELTA 文件以记录该应用所进行的数据修改操作，可根据该 DELTA 文件进行数据刷新，从而避免对整个数据库的对比扫描，具有较高的刷新效率。但这样的应用程序并不普遍，修改现有的应用程序的工作量太大。

3）建立映像文件。在上次数据刷新后对数据库做一次快照，在本次刷新之前再对数据库做一次快照，比较两次快照的不同，从而确定数据仓库的数据刷新操作。这种方法需要占用大量的系统资源，可能较大地影响系统性能，并没有多大的应用价值。

4）日志文件。一般 OLTP 数据库都有日志文件，可根据 OLTP 数据库的日志信息实现数据仓库数据的刷新。由于日志是 OLTP 数据库的固有机制，因此采用此种方法不会影响原有 OLTP 数据库的性能，同时具有比建立 DELTA 文件和映像文件更高的刷新效率。

5）组合刷新方式。上述 4 种刷新方式各有特点，但并不能解决所有数据刷新问题。根据具体情况，可能要灵活综合使用几种不同的刷新方法以满足数据刷新的需求。

2. 数据仓库

数据仓库为企业管理人员的分析、决策操作提供统一、集成的基础数据，包括企业内部各个部门当前及其历史上的细节性业务数据，以及为了进行分析决策操作而生成的分析型数据。这是一个统一、集成、单一的庞大数据集合，需要借助成熟的数据库技术对其进行存储管理，即利用改造过的关系数据库系统来组织和管理数据仓库中的数据。首先需要定义数据仓库的数据模式，可定义一张表来存储从各数据源抽取来的数据，但由于各数据源的属性名、语义、单位、长度等都不一致，因此，在数据抽取过程中需要重新定义属性语义、统一属性标识、重新进行属性值的计算和单位换算等。所有这些信息就构成了元数据，即数据的数据，并保存在数据仓库的数据字典中。

元数据是数据仓库的核心，用于支持数据的抽取和访问。元数据记录的信息包括以下内容。

1）数据源系统信息：数据存取的规范、数据库文档、信息描述、数据所有者权限等信息。

2）数据处理过程信息：数据的抽取、加载、清洗、过滤、协调及完成处理所需遵守的规则。

3）数据的刷新信息：数据刷新方式、刷新频率等信息。

元数据是数据仓库的一个综合文档，通过元数据可以将数据仓库和复杂的数据源系统的变化隔离，是数据仓库开发和维护的一个关键因素，也是保证数据抽取质量的依据。

在这个层次上的数据仓库概念仅仅提供一个多数据源的数据集成功能，为最终用户访问多个数据源提供统一的数据视图和访问接口。否则，在网络环境中，即使存在多个可用的数据源，但最终用户可能仍然得不到什么可用的信息。

在一个数据仓库中集成了整个企业内部所有部门的数据信息，几乎90%以上的数据仓库系统中的数据量达到了GB级，甚至TB级，因此也需要有效的数据仓库管理技术，包括对数据的归档、备份、维护、恢复等工作，这些工作就要利用数据库管理系统（DBMS）的功能来实现。

3. 联机分析处理（OLAP）

上面的数据仓库概念仅为数据分析提供集成后的基础数据，但还不能供管理人员直接进行决策分析操作，而OLAP则专为数据分析操作提供分析数据模型，以及直接提供分析数据。

OLAP是一种数据分析技术，能完成基于某种数据存储结构的数据分析功能，并具有快速性、可分析性、多维性、信息性等特点。

在数据仓库建立之后，即可利用OLAP复杂的查询功能、数据对比功能、数据抽取功能和报表功能来进行探测式数据分析了。之所以称其为探测式数据分析，是因为用户在选择相关数据后，通过切片、切块、向上钻取、向下钻取、旋转等操作，可以在不同的粒度上对数据进行分析尝试，得到不同形式的知识和结果。

（1）基本概念

OLAP是一种软件技术，用于支持复杂的查询和分析操作，它使分析人员能够快速、一致、交互地从多种角度观察信息，以对数据进行更深入的理解。这些信息是从原始数据中转化过来的，它们以用户容易理解的方式反映企业的真实状况。

OLAP主要有以下几个基本概念。

1）变量。变量是从现实系统中抽象出来的，用于描述数据的实际含义。例如，变量"身高"，其含义是指人的垂直高度。变量都有一定的取值范围，如"体温"的正常变化范围是"36～37℃"。取值范围实际上是具体问题对变量的约束。

2）维。维是指与一事件相关的因素。比如，客户销售产品这一事件中相关的因素有客户、时间、地区、产品等。

3）维的层次。维的层次是指一个因素的粒度。比如，时间维可以分为"日""月""年"等层次。维的层次表示人们观察数据的详细程度，维层次的确定需要具体问题具体分析，不同分析应用对数据详细程度的要求是不同的。

4）维成员。维的一个取值称为该维的一个维成员。由于维具有层次性，因此当维具有多个层次时，维成员则由各个层次的所有取值组合而成。比如，地区维由国家、省、市3个层次构成，"中国江苏省南京市"是地区维的一个维成员。

5）事实。事实是事件的某种度量，表示为不同维度在某一取值时的交叉点。如研究销售这个事件，那么在某组特定维（如时间、地区、产品）值时的销售量、销售额或销售成本都是事实。

6）多维数组。一个多维数组可以表示为（维1，维2，…，维 m，变量）。例如，产品销售数据是按时间、地区和产品组织起来的三维立方体，加上变量销售额，就组成了一个多维数组（时间、地区、产品、销售额）。

7）数据单元。多维数组的取值称为数据单元。当多维数组的各个维都选中一个维成员时，这些维成员的组合就唯一确定了一个变量的值。数据单元可以表示为（维1成员，维2成员，…，维 m 成员，变量的值）。

（2）多维分析的基本分析动作

1）切片（Slice）。在多维数组的某一维上选定一维成员的动作称为切片。例如（维1，维2，…，维成员 Vi，…，维 n，变量），其作用在于舍弃一些观察角度，便于人们对数据的集中观察。

2）切块（Dice）。在多维数组的某一维上选定某一区间的维成员的动作称为切块。切块可以看成是若干个切片的叠加。

3）旋转。调整维的排列次序的动作称为旋转。

多维结构是 OLAP 的核心，多维分析是分析企业数据最有效的方法。OLAP 的数据来源于数据库或数据仓库，通过 OLAP 服务器，将这些数据抽取并转换为多维数据结构，以反映用户所能理解的企业真实的维。通过多维分析工具对以多维形式组织起来的数据采取切片、切块、旋转等各种分析动作，对信息的多个角度、多个侧面进行快速、一致和交互的存取，从而使分析人员能够对数据进行深入的分析与观察。

（3）OLAP 的数据模型

1）星形模式。星形模式可将维信息和事实信息分别存储在维表和事实表中，以事实表为中心，通过事实表的外键与相关的维表关联起来。某销售数据仓库的星形模式如图 11.2 所示，它由存储事实信息的销售事实表和存储维信息的时间维、产品维、地区维等维表组成。

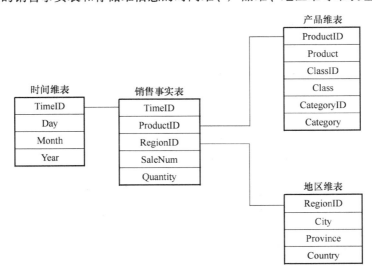

图 11.2　某销售数据仓库的星形模式

维一般具有层次结构。图11.2中各个维的层次结构如下：

时间维的层次结构为 Day→Month→Year；

产品维的层次结构为 Product→Class→Category；

地区维的层次结构为 City→Province→Country。

2）雪花模式。可把维表按其层次结构表示，即为数据仓库的雪花模式，如图11.3所示。

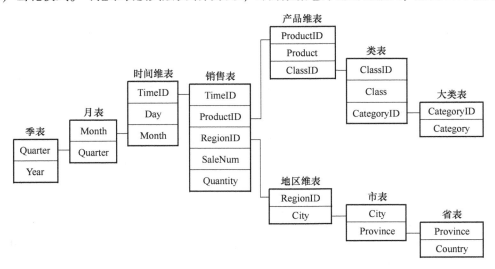

图11.3　数据仓库的雪花模式

采用星形模式或雪花模式的主要优点是基于关系数据库存储数据，可以继续使用比较成熟的关系数据库的理论和实现技术；主要缺点是还必须根据 OLAP 的特点增加一些功能，例如，采用新型索引技术对在星形模式上的查询进行优化，但 OLAP 查询处理的性能仍然不太理想。

3）数据立方体。为了方便、高效地进行多维数据分析，需要采用多维存储方式来进行多维数据的物理存储组织。这通常是以数据立方体（Data Cube）形式进行存储的，如图11.4所示。

在数据立方体中，多维数据的维属性无须存储，仅用作维索引，以确定多维数据集合中的每个数据项在数据立方体中的位置，数据立方体中仅存储度量属性值。对于多维数据集合 Cube$(D_1, D_2, \cdots, D_m, M_1, M_2, \cdots, M_n)$，其中，$D_1, D_2, \cdots, D_m$ 分别为维1、维2…、维 m 等相应维的取值集合，由这 m 个维的笛卡儿积来构成一个 m 维空间，$M_1, M_2, \cdots, M_n$ 表示 n 个事实属性，通常采用 m 维数组来存储这 n 个事实属性。采用多维数组直接存储多维数据时，能够在多维数组的基础上方便地进行各种 OLAP 操作，使得 OLAP 查询处理具有很快的响应速度。

4. 工具与界面

数据仓库系统的工具与界面主要包括常用分析工具和数据挖掘工具等。

数据挖掘的技术基础是人工智能、机器学习和统计学，能高度自动化地对企业原有的数据进行分析，做出归纳型的推理，从中挖掘出潜在的模式、提取人们感兴趣的知识，这些知识是隐含的、未知的潜在有用信息，被提取的知识可表示为概念（Concepts）、规则（Rules）、规律（Regularities）、模式（Patterns）等形式，用于帮助企业决策者进行战略规划。

经过分析和挖掘后得到的数据结果，一般都需要经过结果表示工具的重新表示展现给用户，这样可以使结果更容易被用户所理解。对于好的数据仓库应用而言，良好的数据结果表示是不可缺少的。

是否易于用户对数据的理解是衡量结果表示方法的根本标准，目前，良好的数据表示工具是以可视化的报表、图表、图形等直观形式出现的。

整个系统的总体结构示意图如图 11.5 所示。

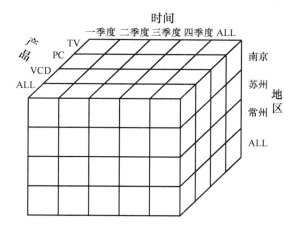

图 11.4　数据立方体（Data Cube）

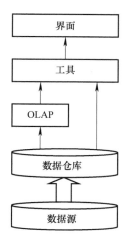

图 11.5　整个系统的总体结构示意图

11.2　数据仓库设计与实现

面向 OLTP 的数据库设计有着明确的应用需求，严格遵循系统生命周期的阶段划分，每个阶段都规定了明确的任务，上一阶段确定的任务完成后，产生一定格式的文档并交给下一阶段。经过多年的探索与实践，数据库的设计开发理论已经相对较为完善了，形成比较清楚的设计开发步骤，对每一步骤的任务、文档内容与格式进行了细致的规定，也形成了一套管理整个设计开发过程的方法，具有很好的可操作性。而数据仓库是面向主题的、集成的、不可更新的、随时间的变化而不断变化的，这些特点决定了数据仓库的系统设计不能采用同开发传统的 OLTP 数据库一样的设计方法。

11.2.1　数据仓库的设计原则

数据仓库的设计不同于传统的 OLTP 数据库的设计，数据仓库系统的设计必须遵循 3 个原则。

1. 面向主题原则

构建数据仓库的目的是面向企业的管理人员，为经营管理提供决策支持信息。因此，数据仓库的组织设计必须以用户决策的需要来确定，即以用户决策的主观需求确定设计目标。

例如"商品销售"这个主题，管理人员为了能够在适当的时候订购适当的商品，并把它们分发到适当的商店中，就需要了解什么样的商品在什么样的时间及什么样的商店内畅销。因此，管理人员需要分析商品的销售额与商品类型、销售时间、商店位置的关系，即找出它们之间的变化关系。

2. 原型法原则

数据仓库系统的原始需求不明确，并且不断变化与增加，开发者最初并不能确切了解到用户的明确而详细的需求，用户所能提供的无非是需求的大方向以及部分需求，更不能准确地预测以后的需求。因此，采用原型法来进行数据仓库的开发是比较合适的，即从构建系统的基本框架着手，不断丰富与完善整个系统。

数据仓库的设计是一个逐步求精的过程，用户的需求是在设计过程中不断细化明确的。同时，数据仓库系统的开发也是一个经过不断循环、反馈而使系统不断增长与完善的过程。在数据仓库开发的整个过程中，自始至终都要求决策人员和开发者的共同参与与密切合作，不做或尽量少做无效工作或重复工作。

3. 数据驱动原则

由于数据仓库是在现存数据库系统基础上进行开发的，它着眼于有效地提取、综合、集成和挖掘已有数据库的数据资源，满足企业高层领导管理决策分析的需要。数据仓库中的数据必须是从已有的数据源中抽取出来的，是已经存在的数据或对已经存在的数据进行加工处理而获得的。因此，数据仓库的设计开发又不同于一般意义上的原型法，数据仓库的设计是数据驱动的。

11.2.2 数据仓库的三级数据模型

所谓数据模型，就是对现实世界进行抽象的工具，抽象的程度不同，也就形成了不同抽象级别层次上的数据模型。数据仓库与传统的 OLTP 数据库相类似，也存在着三级数据模型，即概念模型、逻辑模型和物理模型。

1. 概念模型

概念模型是客观世界到机器世界的一个中间层次，人们首先将现实世界抽象为信息世界，然后将信息世界转化为机器世界。在信息世界中所采用的信息结构被称为概念模型。

概念模型最常用的表示方法是 E-R 法（实体-联系法），这种方法用 E-R 图作为它的描述工具。

E-R 图具有良好的可操作性，形式简单，易于理解，便于与用户交流，对客观世界的描述能力也较强。由于现在的数据仓库一般建立在关系数据库的基础之上，因此采用 E-R 图作为数据仓库的概念模型仍然是较为合适的。

2. 逻辑模型

由于数据仓库一般建立在关系数据库的基础之上，因此，数据仓库的设计中所采用的逻辑模型就是关系模型，无论主题还是主题之间的联系都用关系来表示。

关系：一个二维表，每个关系可以有一个关系名。

元组：表中的一行。

属性：表中的一列，每一列可以起一个名字，即属性名。

主关键字：表中的某个属性组，它们的值可以唯一地标识一个元组。

域：属性的取值范围。

关系模式：对关系的描述，用一个关系名和一组属性名表示。

数据仓库的逻辑模型描述了数据仓库主题的逻辑实现，即每个主题所对应的关系表的关系模式的定义。

3. 物理模型

数据仓库的物理模型是逻辑模型在数据仓库中的实现，如物理存取方式、数据存储结构、数据存放位置以及存储分配等。需要考虑的主要因素有 I/O 存取时间、空间利用率、维护代价以及一些常用的提高数据仓库性能的技术等。

粒度划分：数据仓库中数据单元的详细程度和级别。数据越详细，粒度越小，级别就越低，数据综合度越高；粒度越大，级别就越高。一般将数据划分为详细数据、轻度总结、高度总结或更多级粒度。粒度的划分将直接影响数据仓库中的数据量以及所适合的查询类型。粒度划分是否适当是影响数据仓库性能的一个重要方面。

数据分割：把逻辑上统一为整体的数据分割成较小的、可以独立管理的数据单元进行存储，以便于重构、重组和恢复，以及提高创建索引和顺序扫描的效率。选择数据分割的因素有数据量的大小、数据分析处理的对象（主题）、简单易行的数据分割标准以及数据粒度的划分策略。

表的物理分割：将一个表的数据进行物理分割。可以根据每个主题中的各个属性的存取频率和稳定性程度的不同来进行表的物理分割。

合并表：在常见的一些分析处理操作中，可能需要执行多表连接操作。为了节省 I/O 开销，可以把这些表中的记录混合存放在一起，以减低表的连接操作的代价。

建立数据序列：按照数据的处理顺序调整数据的存放位置。

引入冗余：通过修改关系模式把某些属性复制到多个不同的主题表中。

11.2.3 数据仓库设计步骤

数据仓库的设计是一个循环反复的过程，大体上可以分为概念模型设计、逻辑模型设计、物理模型设计、数据仓库生成、数据仓库运行与维护等步骤。

1. 概念模型设计

概念模型设计所要完成的工作包括确定系统边界、确定主要的主题及其内容、OLAP 设计。

（1）确定系统边界

虽然无法在数据仓库设计的初期就得到详细而明确的需求，但还是有一些方向性的需求摆在了设计人员的面前：

1）要做的决策类型有哪些？

2）决策者感兴趣的是什么问题？

3）这些问题需要什么样的信息？

4）要得到这些信息需要包含哪些数据源？

（2）确定主要的主题及其内容

要确定系统所包含的主题，即数据仓库的分析对象，需要对每个主题的内容进行较明确的描述，包括以下内容。

1）确定主题及其属性信息。在定义主题的属性信息时，需要描述每个属性的取值情况：是固定不变的，还是半固定或经常变化的，以便在设计数据仓库的刷新策略时对不同类型的属性采用不同的刷新方法。

2）确定主题的公共键。

3）确定主题间的关系：确定主题间的联系及其属性。

设计好上述 3 个方面的内容后，就可以形成一个 E-R 图来表示数据仓库的概念模型。例如，某商品供应数据仓库中的商品、供应商和顾客主题见表 11.2，其 E-R 图如图 11.6 所示。

表 11.2 某商品供应数据仓库中的商品、供应商和顾客主题

主题名	公共键	属性信息
商品	商品号	商品固有信息：商品号、商品名、类别、颜色等 商品采购信息：商品号、供应商号、供应价、供应日期、供应量等 商品销售信息：商品号、顾客号、售价、销售日期、销售量等 商品库存信息：商品号、库房号、库存量、日期等

（续）

主题名	公共键	属性信息
供应商	供应商号	供应商固有信息：供应商号、供应商名、地址、电话、供应商类型等 供应商品信息：供应商号、商品号、供应价、供应日期、供应量等
顾客	顾客号	顾客固有信息：顾客号、姓名、性别、年龄、文化程度、住址、电话等 顾客购物信息：顾客号、商品号、售价、购买日期、购买量等

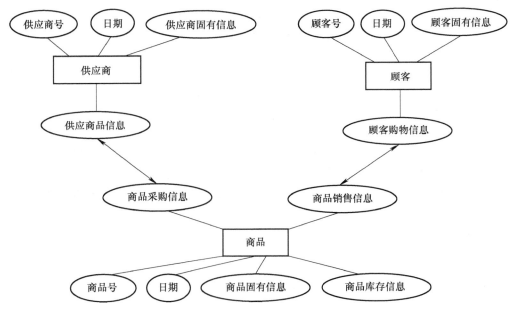

图 11.6　商品、顾客和供应商之间的 E-R 图

（3）OLAP 设计

根据用户的分析处理要求设计系统所采用的 OLAP 数据模型，如星形模式、雪花模式、数据立方体等。

2. 逻辑模型设计

本阶段的任务主要是对每个当前要装载的主题的逻辑实现进行定义，并将相关内容记录在数据仓库的元数据中，包括以下内容。

1）适当的粒度划分。

2）合理的数据分割策略。

3）适当的表划分。

4）定义合适的数据来源等。

由于目前数据仓库系统的实现一般采用关系数据库系统，所以数据仓库的逻辑设计就是将在概念设计阶段得到的 E-R 图转换成关系模式。例如，有关"商品"主题的有关信息可以用下面表的形式来实现。

1）商品固有信息。

商品表（商品号，商品名，类型，颜色，……）／＊ 细节数据 ＊／

2）商品采购信息。

采购表 1（商品号，供应商号，供应日期，供应价，……）/＊细节数据 ＊/

采购表 2（商品号，时间段 1，采购总量，……）/＊综合数据 ＊/

…

采购表 n（商品号，时间段 n，采购总量，……）

3）商品销售信息。

销售表 1（商品号，顾客号，销售日期，售价，销售量，……）/＊细节数据 ＊/

销售表 2（商品号，时间段 1，销售总量，……）/＊综合数据 ＊/

…

销售表 n（商品号，时间段 n，销售总量，……）

4）商品库存信息。

库存表 1（商品号，库房号，库存量，日期，……）/＊细节数据 ＊/

库存表 2（商品号，库房号，库存量，星期，……）/＊样本数据 ＊/

库存表 3（商品号，库房号，库存量，月份，……）

…

库存表 n（商品号，库房号，库存量，年份，……）

…

同时，也需要记录数据仓库中数据的来源，系统定义信息见表 11.3。

表 11.3　系统定义信息

主题名	属性名	数据源系统	源表名	源属性名
商品	商品号	库存子系统	商品	商品号
商品	商品名	库存子系统	商品	商品名
商品	类别	采购子系统	商品	类别
…	…	…	…	…

3. 物理模型设计

该阶段的任务是确定数据仓库中数据的存储结构，确定索引策略，确定数据存放位置，确定存储分配。

4. 数据仓库生成

根据数据仓库元数据中的定义信息，利用相关的数据抽取工具抽取并生成数据仓库中的数据，并将其加载到数据仓库中去，统计并生成 OLAP 数据。在这个阶段，可能也需要设计和编制一些数据抽取程序。

这一步的工作成果是数据已经装载到数据仓库中，可以在其上建立数据仓库的应用，如 OLAP 分析处理、数据挖掘、DSS 应用等。

5. 数据仓库运行与维护

这个阶段的任务是建立数据仓库的应用，并在应用过程中理解需求，改善和完善系统，维护数据仓库中的数据。

由于数据仓库主题具有不稳定性，因此数据仓库系统的建立与使用有一个稳定的过程，在应用过程中根据用户的反馈信息来修改与完善数据仓库的需求。

在系统的运行过程中，随着数据源中数据的不断变化，需要通过数据刷新操作来维护数据仓库中数据的一致性，即重新生成数据仓库中的数据。

11.3　数据挖掘

11.3.1　数据挖掘定义

数据挖掘又称为数据库中的知识发现（Knowledge Discovery in Database，KDD），它起源于20世纪80年代初。机器学习和数据分析的理论及实践是数据挖掘研究的基础，极广泛的商业应用前景又是数据挖掘研究工作的巨大推动力。传统的数据库查询和统计只能提供给用户想要的信息，而数据挖掘技术则可以发现用户没有意识到的未知信息。

数据挖掘就是对数据库中蕴含的、未知的、非平凡的、有潜在应用价值的模式或规则的提取。

数据挖掘就是从大型数据库的数据中提取人们感兴趣的知识。这些知识是隐含的、事先未知的、潜在的有用信息。

因此认为数据挖掘必须包括以下3个因素。

1）数据挖掘的本源：大量、完整的数据。

2）数据挖掘的结果：知识、规则。

3）结果的隐含性：因而需要一个挖掘过程。

因此，人们应该是在一个大量的完整数据集中进行数据的挖掘工作，例如从一个没有同名的人群中可以抽取出关键字（即标识属性）"姓名"，但这显然不适合普遍情况。归纳结果应该是具有普遍性意义的规则，我们从一万条数据中找出的规律也应该能够适用于十万条、一百万条等的情况。而数据挖掘的目的则是用归纳出的规律来指导客观世界。

1. 基本概念

模式（Pattern）：指用高级语言表示的表达一定逻辑含义的信息，这里通常指数据库中数据之间的逻辑关系。

知识（Knowledge）：满足用户兴趣度和置信度的模式。

置信度（Confidence）：知识在某一数据域上为真的量度。置信度涉及许多因素，如数据的完整性、样本数据的大小、领域知识的支持程度等。没有足够的确定性，模式不能成为知识。

兴趣度（Interestingness）：在一定数据域上为真的知识被用户关注的程度。

有效性（Effectiveness）：知识的发现过程必须能够有效地在计算机上实现。

2. 数据挖掘的特点

1）数据挖掘要处理大量的数据，它所处理的数据库的规模十分庞大，达到TB级，甚至更大。

2）由于用户不能形成精确的查询要求，因此要依靠数据挖掘技术为用户找寻其可能感兴趣的东西。

3）在商业投资等应用中，由于数据变化迅速，可能很快就会过时，因此要求数据挖掘能快速做出响应，提供决策支持信息。

4）在数据挖掘中，规则的发现基于统计规律。因此，所发现的规则不必适用于所有数据，而是当达到某一"阈值"时，即认为具有此规则。由此，利用数据挖掘技术可能会发现大量的规则。

5）数据挖掘所发现的规则是动态的，它只反映了当前状态的数据集合具有的规则，随着不断地向数据库或数据仓库中加入新数据，需要不断地更新规则。

11. 3. 2 数据挖掘技术的应用研究现状

1. 数据挖掘技术的商业应用价值

采用数据挖掘技术可以从大量的数据中发现对某种决策有价值的知识和规则。这些规则隐含了数据库中一组对象之间的特定关系，这些关系可能会揭示一些有用信息，从而为经营决策提供依据，提高市场竞争能力，产生巨大的经济效益。它在市场策略、决策支持、金融预测等方面都有广泛的应用。例如，在超级市场的销售数据库中，普通的数据库操作只能查到购买面包和牛油的顾客人员，通过报表统计工具可以发现销售量与时间和地区的关系。但数据挖掘技术还可以发现在购买面包的顾客中，大多数人还购买了牛油，因此如果把这两者摆在同一个货架上，将会大大提高这两者的销售量。

在传统的决策支持系统中，数据挖掘技术是建立在数据库的基础上的，它的使用如图 11. 7所示，数据挖掘只是其中的一个部分，在这之前需要大量的数据查询和预处理。有了数据仓库技术，由于数据仓库中的数据都是经过抽取、整理和预处理后的综合数据，因而数据挖掘工作可以在数据仓库上直接运行，其工作方式如图 11. 8 所示。

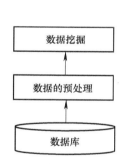

图 11. 7　在数据库中进行的传统数据挖掘

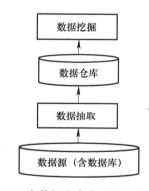

图 11. 8　在数据仓库中进行的数据挖掘

2. 通过数据挖掘技术可以发现的知识形式

普化（Summarization）知识：普化知识描述数据集的普遍性规律或一般性知识。它包括描述单个数据集特征的特征规则和区别不同数据集的差别规则。

关联规则（Association Rule）：关联规则形如 $A_1 \wedge A_2 \wedge \cdots \wedge A_m \rightarrow B_1 \wedge B_2 \wedge \cdots \wedge B_n$，其中，$A_i$ 和 B_j 是属性值的集合。关联规则描述了数据库事务中数据对象之间的依赖关系。

分类（Classification）规则：分类知识是一个分类模型，它通过对测试数据集（已分类）进行分析而得。分类模型用于对类似数据集的分类，分类规则刻画了各类数据子集的特征。

聚类（Clustering）分析：聚类分析按一定的距离或相似性测度将数据分成一系列相互区别的组，它与分类的不同之处在于不需要背景知识而直接发现一些有意义的结构和模式。

预测（Predication）分析：预测分析预测丢失或未知数据的可能取值，或者分析某个属性的取值分布。预测分析确定所选属性的相关属性，利用相似数据集在所选属性上取值的分布来预测选定数据集中该属性的取值分布。

3. 代表性的数据挖掘技术

代表性的数据挖掘技术包括以下几种。

统计方法：统计方法有较强的理论基础，拥有大量的算法，但应用统计方法需要有领域知识和统计知识。

面向属性归约方法：能获得不同概念层次的知识，知识发现起点高，但属性域上的概念树必须预先给定，对数值型属性的处理较为困难。

数据立方方法：利用多维数据库发现普化知识，通常与统计方法相结合。

Rough 集方法：Rough 集方法被应用于不精确、不确定、不完全的信息的分类分析和知识获取。

4. 较有影响的数据挖掘系统

（1）Explorer

Explorer 由德国国家计算机科学研究中心开发，系统主要用于概念化的数据分析和寻找感兴趣的数据间关系。该系统的特点是采用知识宏引导知识发现。它提供刻画数据间关系的框架，称为模式模板。对模式模板实例化就得到知识。

（2）DBMiner

DBMiner 是在加拿大 Simon Fraser University 的 Han Jiawei 教授领导下开发的一个通用数据挖掘工具。该系统的特点是融入多种知识发现思想，如面向属性归约、宏规则指导发现；系统功能较全面；系统提供了一种较完整的知识发现语言（DMQL）。

（3）IBM Intelligent Miner

该系统是 IBM 研究中心开发的一个知识挖掘系统，与 DBMiner 不同，该系统的目标是一个商用系统，主要用于商用数据库中的信息获取。

11.3.3 数据挖掘主要技术

1. 特征规则

特征规则是一种常见的知识形式，它用于描述一类数据对象的普遍特征，是普化知识的一种。特征规则的数据挖掘方法有两类，即"面向属性归约方法"和"数据立方方法"。

（1）面向属性归约方法

这是一种常用的特征规则的挖掘方法。它通过对属性值间概念的层次结构进行归约，以获得相关数据的概括性知识，通常又称为普化知识。

在实际情况中，许多属性都可以进行数据归类，形成概念汇聚点。这些概念依抽象程度的不同可构成描述它们层次结构的概念树。

下面介绍基本概念。

1）概念层次树。指某属性值所具有的从具体的概念值到概念类的层次关系树。

概念层次树一般由用户提供或从领域知识中得到。

2）归约。用属性概念层次树上高层的属性值去替代低层的属性值，又称为概念提升。

例如，用"湖北"去代替"武汉"，用"江苏"去代替"南京"或"苏州"等。

3）概括关系表。这是一张二维关系表，其属性是目标类中参与规则发现的属性，其最终元组数不大于用户指定的值。

该表中的元组被称为宏元组。

一个宏元组概括了多个基本元组，并附加一个 COUNT 属性，用于表示该宏元组所概括的基本元组数。

例 11.2 表 11.4 是图书借阅基本关系表。在表中，有部分学生在图书馆借阅了《计算机基础》这本书，想通过数据挖掘技术发现这部分学生具有什么样的特征。

表 11.4　图书借阅基本关系表

学　号	姓　名	系　别	书　名	借阅日期
1932007	颜立	经济	计算机基础	2019.3.16
1833090	王家卫	金融	计算机基础	2019.3.16
1813105	王向东	医学院	计算机基础	2019.5.8
1928073	朱小明	企管	计算机基础	2019.5.20
1822041	刘伟	历史	计算机基础	2019.6.30
1932056	陈立业	经济	计算机基础	2019.9.19
1923143	刘英	新闻	计算机基础	2019.12.3

概念层次树：系别

文科 —— 商学院 ——（经济，金融，企管，会计，国贸）

文科 —— 文学院 ——（中文，新闻，信管，历史，哲学）

理科 —— 医学院

理科 —— 理学院 ——（数学，天文，物理）

…

按概念层次树进行概括，得到概括关系表 1 和概括关系表 2，见表 11.5 和表 11.6。

表 11.5　概括关系表 1

系　别	书　名	借阅次数
商学院	计算机基础	4
文学院	计算机基础	2
医学院	计算机基础	1

表 11.6　概括关系表 2

系　别	书　名	借阅次数
文科	计算机基础	6
理科	计算机基础	1

假设依据借阅次数的多少来决定是否为噪声数据，发现的特征规则是借阅《计算机基础》一书的是"商学院"和"文学院"的学生。

也可以将发现的规则描述为凡是"商学院"和"文学院"的学生都会借阅《计算机基础》一书。

（2）数据立方方法

数据立方方法是指预先做好某种经常需要用到但花费较高的统计、求和等集成计算，并将统计结果放在多维数据库中。

常用的归纳方法如下。

数据概括（Roll Up，上翻）：将属性值提高到较高层次。

数据细化（Drill Down，下翻）：将属性值减低一些层次。

优点是加快响应速度，能从不同层次上观察处理数据。

2. 关联规则

关联规则用于表示 OLTP 数据库中诸多事务中项集之间的关联程度，这一直是数据挖掘技术中的研究热点。

例 11.3 在超级市场购买商品 A 和 B 的客户中有 90% 的人会同时购买商品 C 和 D，则可用关联规则表示为 AB→CD 规则 1。

支持度：购买 A 和 B 的客户人数占总客户数的百分比称为规则 1 的支持度。

置信度：同时购买 A、B、C、D 的客户人数占购买 A 和 B 的客户人数的百分比称为规则 1 的置信度。

关联规则发现问题的实质是在 OLTP 数据库中寻找满足用户给定的最小支持度和最小置信度的规则，即找出客观世界中事物之间的必然联系。这样的挖掘结果对商品的分类设计、商店布局、产品排放、市场分析均有指导意义。

可以利用前面的概念层次树的思想来发现关联规则。在较低概念层中发现的关联规则，由于其支持度较低，因而其数据挖掘（即规则发现）的意义不大，但可以在较高概念层中发现一些符合用户给定的最小支持度和最小置信度的有用规则。

例 11.4 在例 11.2 中，假设定义关联规则的最小支持度为 20%，如果在基本表上做关联规则挖掘，就只能发现一条规则：

借阅《计算机基础》一书的是经济系的学生。

如果在概括关系表 1 中做挖掘，得到的关联规则是：

借阅《计算机基础》一书的是商学院的学生。

借阅《计算机基础》一书的是文学院的学生。

如果在概括关系表 2 中做挖掘，得到的关联规则是：

借阅《计算机基础》一书的是文科的学生。

假设定义关联规则的最小支持度为 30%，如果在基本表上做关联规则挖掘，发现不了规则，得到的关联规则如下。

如果在概括关系表 1 中做挖掘，得到的关联规则是：

借阅《计算机基础》一书的是商学院的学生。

如果在概括关系表 2 中做挖掘，得到的关联规则是：

借阅《计算机基础》一书的是文科的学生。

3. 序列模式分析法

序列模式分析法类似于关联规则分析法，也是为了找出数据对象之间的联系，但序列模式分析法的侧重点是找出数据对象之间的前因后果关系。例如：

下雨 —— 洪涝

电筒 —— 电池

4. 分类分析法

该方法首先为每一条记录打上一个标记，即按标记对记录进行分类。记录的分类标准可以是用户给定的，也可以从领域知识中获取。然后按类找出客观事物的规律。

例如，电话计费系统根据不同时间段电话的频率来调整计费单价。

5. 聚类分析法

该方法首先输入的是一组没有被标记的记录，系统按照一定的规则合理地划分记录集合（相当于给记录打标记，只不过分类标准不是用户指定的），然后采用分类分析法进行数据分析，并根据分析的结果重新对原来的记录集合（没有被标记的记录集合）进行划分，进而再一次进行分类分析,如此循环往复,直到获得满意的分析结果为止。如信用卡的等级划分。

11.3.4 数据挖掘的过程

1. 数据预处理

现实世界中的应用数据存在着许多不一致数据、不完整数据和噪声数据,产生这种现象的原因是多方面的。例如,失效的数据收集操作、数据录入问题、数据录入过程中的误操作、数据转换问题、技术约束、命名冲突。

因此在用户的应用数据集中会产生重复记录、不完整数据和数据不一致的现象。如果在这样的数据集上直接进行数据挖掘,获得的挖掘结果在正确性和置信度方面显然值得怀疑。因此,在执行数据挖掘操作之前,首先需要进行数据的预处理工作。

数据预处理包括 4 个阶段:数据清理、数据集成、数据转换和数据归约。

(1)数据清理(Data Cleaning)

数据清理包括 3 个方面的工作:填补丢失的数据(Fill in Missing Values)、清除噪声数据(Smooth out Noisy Data)、修正数据的不一致性(Correct Inconsistencies)。

解决数据丢失的常用方法:丢弃这些元组、手工录入属性值、用一个常量值来代替这些值(如 NULL、Unknown 等)、录入该属性的中间值、录入同一类元组在该属性上的平均值、录入最可能出现的值。

(2)数据集成(Data Integration)

数据分析操作需要有一个集成化的数据集合,这些数据来自多个数据源。

在系统的设计过程中会生成一些元数据(Metadata),数据集成工作则可以根据元数据中的信息来进行数据的抽取、转换和集成工作。

(3)数据转换(Data Transformation)

收集到的数据有时并不一定适合数据挖掘的需要,如已有的挖掘方法可能无法处理这些数据、存在一些不规则的数据,或者数据本身不够充分等,因此需要对收集到的数据进行转换。

(4)数据归约(Data Reduction)

有时用于数据挖掘的数据量是非常巨大的,通过数据归约技术可以减少数据量,提高数据挖掘操作的性能。如果在归约后的数据集上进行数据挖掘可以获得与原来一样或几乎一样的挖掘结果,就可以考虑采用一定的数据归约技术来减少数据量,提高数据挖掘的效率。

综上所述,通过数据清理、数据集成、数据转换和数据归约 4 个步骤,可以继承数据挖掘所需要的数据,缩小数据挖掘的范围,提高数据挖掘的质量和效率。数据准备阶段的工作也可以放到构造数据仓库的过程中去做,也就是利用建立好的数据仓库系统来直接进行数据挖掘工作。

2. 挖掘

利用前面介绍的各种挖掘方法在集成好的数据集中进行数据挖掘。

3. 结果展示

将数据挖掘所获得的结果以便于用户理解和观察的方式反映给用户,一般利用图形、表格等的可视化工具。对不同范围、不同规模的数据集进行挖掘可能会得到不同的挖掘结果。

4. 评价

如果用户对挖掘结果不满意,可以重复上述的数据预处理——挖掘——结果展示的过程,直到用户对挖掘结果满意为止。

11.3.5 DM 与 OLAP

数据挖掘、联机分析处理与传统的数据查询工具不同,它们都是分析型工具,两者既有联系，又有区别。

1. 传统的数据库（DB）工具

传统的数据库工具（如数据查询、报表生成器等）都属于操作型工具，它们建立在操作型数据之上，主要是为了满足用户的日常信息提取之需。例如，去年在南京销售了多少辆轿车？这样的查询是直接的，用户不必了解查询的具体途径，但必须清楚问题的目的，查询的结果也是单一、确定的。

2. 联机分析处理

OLAP 是一种自上而下、不断深入的分析型工具。用户提出问题或假设，OLAP 负责从上至下深入地提取出关于该问题的详细信息，并以可视化的方式呈现给用户。

OLAP 过程更多地依靠用户输入的问题和假设，但用户一般都有先入为主的局限性，因而会限制用户所提问题的深度和范围，最终影响分析结论。因此，作为一种验证型分析工具，OLAP 对用户有着更高的要求，这也限制了它的应用层次。OLAP 一般都用于较浅的分析层次。

例如，去年中国的哪个城市销售的轿车数最多？这样的问题中含有了太多的前提条件。例如，只考虑轿车的销售情况、按照城市来统计轿车的销售数量等。面对这样的问题，OLAP 的过程可能是这样的：先按照城市统计每个城市去年的轿车销售数量，然后从中取出一个最大值，就会得到这个问题的答案。

3. 数据挖掘

数据挖掘是一种挖掘型工具，它能够自动地发现隐藏在数据中的模式，从而做出一些预测性分析。数据挖掘与其他分析型工具的不同在于以下几方面。

1）DM 的分析过程是自动的。DM 的用户不必提出确切的问题，就可以利用数据挖掘工具去挖掘隐藏在数据中的模式并预测未来的趋势，这样更有利于发现未知的事实。

2）所发现的是隐藏的知识。DM 所发现的是用户未知的或没有意识到的知识，在数据挖掘之前或挖掘过程中无法知道最终的挖掘结果是什么，随着时间的推移和数据集的变化，也可能得到不同的挖掘结果。

3）可以发现更为复杂而细致的信息。DM 可以发现 OLAP 所不能发现的更为复杂而细致的信息。

整个数据库或数据仓库系统的工具层可以分为 3 类：以 MIS 为代表的查询报表类工具、以 OLAP 为代表的验证型分析工具和以 DM 为代表的预测型分析工具。这三者是相辅相成的，利用 MIS 系统可以进行日常的事务性操作，利用 OLAP 工具可以对日常业务做出结论性及总结性分析，也可以利用 DM 工具做出预测性分析。三者分别服务于不同用户的应用需要，具有相同的原始数据来源，另外，OLAP 工具还可以用来验证 DM 结果的正确性。

11.4 大数据技术

11.4.1 大数据的产生

在科学研究（天文学、生物学、高能物理等）、计算机仿真、互联网应用、电子商务等领域，数据量呈现快速增长的趋势。美国互联网数据中心（IDC）指出，互联网上的数据每年将增长 50% 以上，每两年便将翻一番，而目前世界上 90% 以上的数据是最近几年才产生的。数据并非单纯指人们在互联网上发布的信息，全世界的工业设备、汽车、电表上有着无数的数码传感器，随时测量和传递有关位置、运动、振动、温度、湿度乃至空气中化学物质的变化等数据信息。大数据的来源存在于以下几方面。

1. 科学研究产生大数据

现在的科研工作比以往任何时候都依赖大量的数据信息交流处理，尤其是各大科研实验室之间研究信息的远程传输。比如，类似希格斯玻粒子的发现就需要每年 36 个国家的 150 多个计算中心之间进行约 26PB 的数据交流。在过去的 10 年间，连接超过 40 个国家实验室、超级计算中心和科学仪器的能源科学网上的流量每年以约 72% 的速度增长。

2. 物联网的应用产生大数据

物联网是新一代信息技术的重要组成部分，解决了物与物、人与物、人与人之间的互联。本质而言，人与机器、机器与机器的交互，大都是为了实现人与人之间的信息交互而产生的。在这种信息交互的过程中，催生了从信息传送到信息感知再到面向分析处理的应用。人们接收日常生活中的各种信息，将这些信息传送到数据中心，利用数据中心的智能分析决策得出信息处理结果，再通过互联网等信息通信网络将这些数据信息传递到四面八方，而互联网终端的设备则利用传感网等设施接收信息并进行有用的信息提取，得到自己想要的数据结果。目前，物联网在智能工业、智能农业、智能交通、智能电网、节能建筑、安全监控等行业都有应用，使得网络上流通的数据大幅度增长，从而催生了大数据的出现。

3. 海量网络信息的产生催生大数据

在移动互联时代，数以百亿计的机器、企业、个人随时随地都会获取和产生新的数据。互联网搜索的巨头 Google 现在能够处理的网页数量在千亿以上，每月处理的数据超过 400PB，并且呈继续高速增长的趋势；YouTube 每天上传 7 万 h 的视频；淘宝网拥有 5.7 亿会员，在线商品 8.8 亿件，每天交易超过数千万笔，单日数据产生量超过 50TB。随着社交网络的成熟、传统互联网到移动互联网的转变、移动宽带的迅速提升，除了个人计算机、智能手机、平板计算机等常见的客户终端之外，更多及更先进的传感设备、智能设备，如智能汽车、智能电视、工业设备和手持设备等，都将接入网络，由此产生的数据量及其增长速度比以往任何时期都要多，互联网上的数据流量正在迅猛增长。

11.4.2　大数据的基本概念

大数据是一个较为抽象的概念，如同信息学领域中的大多数新兴概念一样，大数据至今尚无确切、统一的定义。维基百科中关于大数据的定义为大数据是指利用常用软件工具来获取、管理和处理数据所耗时间超过可容忍时间的数据集。

IDC 对大数据做出的定义为大数据一般会涉及两种或两种以上的数据形式，要收集超过 100TB 的数据，并且是高速、实时数据流，或者是从小数据开始，但数据每年会增长 60% 以上。这个定义给出了量化标准，但只强调数据量大、种类多、增长快等数据本身的特征。研究机构 Gartner 给出了这样的定义：大数据是需要新处理模式才能具有更强的决策力、洞察发现力和流程优化能力的海量、高增长率和多样化的信息资产。这也是一个描述性的定义，在对数据描述的基础上加入了处理此类数据的一些特征，用这些特征来描述大数据。

当前，较为统一的认识是大数据具备 4 个基本特性：数据规模大（Volume）、数据种类多（Variety）、数据处理速度快（Velocity）、数据价值密度低（Value），即"四 V 特性"。这些特性使得大数据区别于传统的数据概念。大数据的概念与"海量数据"不同，后者只强调数据的量，而大数据不仅用来描述大量的数据，还更进一步指出数据的复杂形式、数据的快速时间特性，以及对数据的分析等专业化处理，最终获得有价值的信息。大数据的"四 V 特性"具体如下。

1. 数据规模大

大数据聚合在一起的数据量是非常大的，根据 IDC 的定义，至少要有超过 100TB 的可供分析的数据，数据规模大是大数据的基本属性。导致数据规模激增的原因有很多，首先是随着互联网络的广泛应用，使用网络的用户、企业、机构增多，数据获取、分享变得相对容易，以前只有少量的机构可以通过调查、取样的方法获取数据，同时发布数据的机构也很有限，人们难以在短期内获取大量的数据，而现在，用户可以通过网络非常方便地获取数据，同时用户有意的分享和无意的单击、浏览都可以快速地提供大量数据；其次是随着各种传感器数据获取能力的大幅提高，人们获取的数据越来越接近原始事物本身，描述同一事物的数据量激增。早期的单位化数据，对原始事物进行了一定程度的抽象，数据维度低，数据类型简单，多采用表格的形式来收集、存储、整理，数据的单位、量纲和意义基本统一，存储、处理的只是数值而已，因此数据量有限，增长速度慢，而随着应用的发展，数据维度越来越高，描述相同事物所需的数据量越来越大。

以当前最为普遍的网络数据为例，早期网络上的数据以文本和一维音频为主，维度低，单位数据量小。近年来，图像、视频等二维数据大规模涌现，而随着三维扫描设备以及 Kinect 等动作捕捉设备的普及，数据越来越接近真实的世界，数据的描述能力不断增强，而数据量本身必将以几何级数增长。

此外，数据量大还体现在人们处理数据的方法和理念发生了根本的改变。早期，人们对事物的认知受限于获取、分析数据的能力，一直利用采样的方法，以少量的数据来近似描述事物的全貌，样本数量可以根据数据获取、处理能力来设定。不管事物多么复杂，通过采样得到部分样本，数据规模变小，就可以利用当时的技术手段来进行数据管理和分析，如何通过正确的采样方法以最小的数据量尽可能分析整体属性成了当时的重要问题。随着技术的发展，样本数目逐渐逼近原始的总体数据，且在某些特定的应用领域，采样数据可能远不能描述整个事物，可能会丢掉大量重要细节，甚至可能得到完全相反的结论。因此，当今有直接处理所有数据而不是只考虑采样数据的趋势。使用所有的数据可以带来更高的精确性，从更多的细节来解释事物属性，同时必然使要处理的数据量显著增多。

2. 数据种类多

数据类型繁多、复杂多变是大数据的重要特性。以往的数据尽管数量庞大，但通常是事先定义好的结构化数据。结构化数据是将事物向便于人类和计算机存储、处理、查询的方向抽象的结果，结构化在抽象的过程中忽略了一些在特定的应用下可以不考虑的细节，抽取了有用的信息。处理此类结构化数据，只需事先分析好数据的意义及数据间的相关属性，构造表结构来表示数据的属性，那么数据都以表格的形式保存在数据库中，数据格式统一，以后不管产生多少数据，只需根据其属性将数据存储在合适的位置，就可以方便地处理、查询，一般不需要为新增的数据显著地更改数据的聚集、处理、查询方法，限制数据处理能力的只是运算速度和存储空间。这种关注结构化的信息强调大众化、标准化的属性，使得处理传统数据的复杂程度呈线性增长，新增的数据可以通过常规的技术手段处理。

随着互联网络与传感器的飞速发展，非结构化数据大量涌现，非结构化数据没有统一的结构属性，难以用表结构来表示，在记录数据数值的同时还需要存储数据的结构，增加了数据存储、处理的难度。在网络上流动着的数据大部分是非结构化数据，人们上网不只是看看新闻、发送文字邮件，还会上传及下载照片或视频、发送微博信息等。照片、视频及微博信息都是非结构化数据。同时，遍及工作、生活中各个角落的传感器也不断地产生各种半结构化、非结构化数据，这些结构复杂、种类多样同时规模又很大的半结构化、非结构化数据逐渐成为主流数据。

250

如上所述，非结构化数据量已占到数据总量的 75% 以上，且非结构化数据的增长速度比结构化数据快 10 ~ 50 倍。在数据激增的同时，新的数据类型层出不穷，已经很难用一种或几种规定的模式来表征日趋复杂、多样的数据形式，数据已不能用传统的数据库表格来整齐地排列、表示。大数据正是在这样的背景下产生的，大数据与传统数据处理最大的不同就是重点关注非结构化信息，大数据关注包含大量细节信息的非结构化数据，强调小众化、体验化的特性使得传统的数据处理方式面临巨大的挑战。

3. 数据处理速度快

要求快速处理数据是大数据区别于传统海量数据处理的重要特性之一。随着各种传感器和互联网络等信息获取、传播技术的飞速发展及普及，数据的产生、发布越来越容易，产生数据的途径增多，数据呈爆炸的形式快速增长，新数据不断涌现，快速增长的数据量要求数据处理的速度也相应提升，才能使得大量的数据得到有效的利用，否则不断激增的数据不但不能为解决问题带来优势，反而成了快速解决问题的负担。同时，数据不是静止不动的，而是在互联网络中不断流动的，且通常这种数据的价值是随着时间的推移而迅速降低的，如果数据尚未得到有效的处理就失去了价值，大量的数据就没有意义。

此外，在许多应用中要求能够实时处理新增的大量数据，比如具有大量在线交互的电子商务应用，就具有很强的时效性。大数据以数据流的形式产生、快速流动、迅速消失，且数据流量通常不是平稳的，会在某些特定的时段突然激增，数据的涌现特征明显。用户对于数据的响应时间通常非常敏感，心理学实验证实，从用户体验的角度，瞬间是可以容忍的最大极限。对于大数据应用而言，很多情况下都必须要在 1s 或者瞬间内形成结果，否则处理结果就是过时和无效的，这种情况下，大数据要求快速、持续地实时处理。对不断激增的海量数据的实时处理要求，是大数据与传统海量数据处理技术的关键差别之一。

4. 数据价值密度低

数据价值密度低是大数据关注的非结构化数据的重要属性。传统的结构化数据依据特定的应用对事物进行了相应的抽象，每一条数据都包含该应用需要考量的信息。而大数据为了获取事物的全部细节，不对事物进行抽象、归纳，直接采用原始数据，全体数据保留数据原貌。全体数据可以分析更多的信息，但也引入了大量没有意义的信息，甚至是错误的信息，因此相对于特定的应用，大数据关注的非结构化数据的价值密度偏低。以当前广泛应用的监控视频为例，在连续不间断的监控过程中，大量的视频数据被存储下来，许多数据可能是无用的，对于某一特定的应用，比如获取犯罪嫌疑人的体貌特征，有效的视频数据可能仅仅有一两秒，大量不相关的视频信息增加了获取这有效的一两秒数据的难度。

但大数据的低密度是指，相对于特定的应用，有效的信息相对于数据整体是偏少的，信息有效与否也是相对的，对于某些应用是无效的信息对于另外一些应用则可能成为最关键的信息；数据的价值也是相对的，有时一条微不足道的细节数据可能造成巨大的影响，比如网络中的一条几十个字符的微博，就可能通过转发而快速扩散，导致相关的信息大量涌现，其价值不可估量。因此为了保证对于新产生的应用有足够的有效信息，通常必须保存所有数据，这样一方面就使得数据的绝对数量激增，另一方面，数据包含有效信息量的比例不断减小，数据价值密度偏低。

11.4.3　大数据的应用领域

发展大数据产业将推动世界经济的发展方式由粗放型到集约型的转变，这对于提升企业综合竞争力和政府管制能力具有深远意义。将大量的原始数据汇集在一起，通过智能分析、数据挖掘等技术，分析数据中潜在的规律，以预测以后事物的发展趋势，有助于人们做出正确的决策，从而提高各个领域的运行效率，取得更大的收益。目前，大数据的应用领域主要体现在以下几方面。

1. 商业

商业是大数据应用最广泛的领域。沃尔玛（Walmart）通过对消费者的购物行为等这种非结构化数据进行分析，了解顾客购物习惯，公司通过销售数据分析适合搭配在一起买的商品，创造了"啤酒与尿布"的经典商业案例；淘宝服务于卖家的大数据平台"淘宝数据魔方"有"无量神针——倾听用户的痛"屏幕，监听着几百万淘宝买家的心跳，收集分析买家的购物行为，找出问题的先兆，避免"恶拍"发生，淘宝还针对买家设置大数据平台，为买家量身打造，完善网购体验产品。

2. 金融

大数据在金融业也有着相当重要的作用。华尔街"德温特资本市场"公司分析全球 3.4 亿微博账户的留言，判断民众情绪，人们高兴的时候会买股票，而焦虑的时候会抛售股票，依此决定公司股票的买入或卖出，该公司于 2017 年第一季度获得了 7% 的收益率。Equifax 公司是美国三大征信所之一，其存储的财务数据覆盖了所有美国成年人，包括全球 5 亿个消费者和 8100 万家企业。在它的数据库中，与财务有关的记录包括贷款申请、租赁、房地产、购买零售商品、纳税申报、费用缴付、报纸与杂志订阅等数据，看似杂乱无章，但经过交叉分享和索引处理，能够得出消费者的个人信用评分，从而推断客户支付意向与支付能力，发现潜在的欺诈。

3. 医疗

随着大数据在医疗与生命科学研究过程中的广泛应用和不断扩展，产生的数据之大、种类之多令人难以置信。比如医院中的 B 超、PACS 影像、病理分析等业务产生了大量非结构化数据。2000 年，一个 CT 存储量仅 10MB，现在同样一个 CT，则有 320MB 甚至 600MB 的数据量，而一个基因组序列文件大小约为 750MB，一个标准病理图的数据量则接近 5GB，仅一个社区医院就可以达到 TB 级甚至 PB 级的结构化和非结构化数据。

为了实现医院之间对病患信息的共享，我国已建设了国家级、省级和地市级三级卫生信息平台，建设了电子档案和电子病历基础数据库等。随着国家对电子病历的投入，各级医院也将加大在数据中心、医疗信息仓库等领域的投入，医疗信息存储将越来越受重视，医疗信息中心的关注点也将由传统"计算"领域转移到"存储"领域上来。

4. 制造业

我国制造业的相关企业随着 ERP、PLM 等信息化系统的部署完成，管理方式由粗放式管理逐步转为精细化管理，新产品的研发速度和设计效率有了大幅提升，企业在实现对业务数据进行有效管理的同时积累了大量的数据信息，产生了利用现代信息技术收集、管理、展示、分析结构化和非结构化的数据及信息的诉求。

企业需要信息化技术帮助决策者在储存的海量信息中挖掘出需要的信息，并且对这些信息进行分析，通过分析工具加快报表进程，从而推动决策、规避风险，并且获取重要的信息。

因此，越来越多的企业在关注生产流程的质量和效率的同时，又关注全流程中数据的质量和效率，建立以产品为核心的覆盖产品全生命周期的数据结构，用企业级 PLM 系统来支撑这些数据结构，有效地提高了企业满足市场需求的响应速度，更加经济地从多样化的数据源中获得更大价值。

11.4.4　大数据的处理流程

从大数据的特征和产生领域来看，大数据的来源相当广泛，由此产生的数据类型和应用处理方法千差万别，但总体来说，大数据的基本处理流程大都是一致的，分为数据采集、数据处理与集成、数据分析和数据解释 4 个阶段。

1. 数据采集

大数据的"大"，意味着数量多、种类复杂。因此，通过各种方法获取数据信息便显得格外重要。数据采集是大数据处理流程中最基础的一步，目前常用的数据采集手段有传感器收取、射频识别、使用数据检索分类工具（如百度和谷歌等搜索引擎），以及使用条形码技术等。另外，由于移动设备的出现，如智能手机和平板计算机的迅速普及，大量移动软件被开发应用，社交网络逐渐庞大，也加速了信息的流通速度和采集精度。

2. 数据处理与集成

数据的处理与集成主要完成对已经采集到的数据进行适当的处理、清洗去噪以及进一步的集成存储。大数据的特点之一是多样性，这就决定了经过各种渠道获取的数据种类和结构都非常复杂，给数据分析处理带来了极大的困难。

通过数据处理与集成，将这些结构复杂的数据转换为单一的或是便于处理的结构，为以后的数据分析打下良好的基础。在这些数据中，并不是所有信息都是必需的，会掺杂很多噪声和干扰项。因此，还需对这些数据进行"去噪"和清洗，以保证数据的质量以及可靠性。

常用方法是在数据处理的过程中设计一些数据过滤器，通过聚类或关联分析的规则方法将无用或错误的离群数据挑出来并过滤掉，防止其对最终数据结果产生不利影响。现在，一般的解决方法是针对特定种类的数据建立专门的数据库，将这些不同种类的数据信息分门别类地放置，可以有效地减少数据查询和访问的时间，提高数据提取速度。

3. 数据分析

数据分析是整个大数据处理流程里最核心的部分，通过数据分析，可发现数据的价值所在。经过数据的处理与集成后，可得到作为数据分析的原始数据，再依据所需数据的应用需求对数据进行进一步的处理和分析。传统的数据处理分析方法有数据挖掘、机器学习、智能算法、统计分析等，而这些方法已经不能满足大数据时代数据分析的需求。在数据分析技术方面，Google 公司无疑是做得最先进的一个。Google 作为互联网大数据应用最为广泛的公司，率先提出了"云计算"的概念，其内部各种数据的应用都依托公司内部研发的一系列云计算技术，如分布式文件系统 GFS、分布式数据库 Bigtable、批处理技术 MapReduce，以及开源实现平台 Hadoop 等。这些技术平台的产生，提供了很好地对大数据进行处理、分析的手段。

4. 数据解释

对于广大的数据信息用户来讲，最关心的并非数据的分析处理过程，而是对大数据分析结果的解释与展示。因此，在一个完善的数据分析流程中，数据结果的解释步骤至关重要。

若数据分析的结果不能得到恰当显示，则会对数据用户产生困扰，甚至会误导用户。传统的数据显示方式是用文本形式下载及输出或用个人计算机显示处理结果。但随着数据量的加大，数据分析结果往往也越复杂，传统数据显示方法已不能满足数据分析结果输出的需求，因此为提升数据解释、展示能力，大部分企业都引入了"数据可视化技术"来作为解释大数据最有力的方式。

通过可视化结果分析，可以形象地向用户展示数据分析结果，方便用户对结果的理解和接受。常见的可视化技术有基于集合的可视化技术、基于图标的技术、基于图像的技术、面向像素的技术和分布式技术等。

11.4.5 大数据的关键技术

在大数据处理流程中，最核心的部分就是对数据信息的分析处理，所运用到的处理技术也就至关重要。提起大数据的处理技术，就不得不提"云计算"，这是大数据处理的基础，也是大数据分析的支撑技术。分布式文件系统为整个大数据提供了底层的数据储存支撑架构；为方便数据管理，在分布式文件系统的基础上建立分布式数据库，提高数据访问速度；在一个开源的数据实现平台上利用各种大数据分析技术可以对不同种类、不同需求的数据进行分析整理，得出有益信息，最终利用各种可视化技术形象地显示给数据用户，满足用户的各种需求。

1. 云计算和 MapReduce

Google 作为大数据应用最为广泛的互联网公司之一，率先提出"云计算"的概念。"云计算"是一种大规模的分布式模型，通过网络将抽象的、可伸缩的、便于管理的数据能源、服务、存储方式等传递给终端用户。狭义的"云计算"是指 IT 基础设施的交付和使用模式，指通过网络以按照需求量和易扩展的方式获得所需资源；广义的"云计算"是指服务的交付和使用模式，指通过网络以按照需求量和易扩展的方式获得所需服务。

目前，云计算可以认为包含 3 个层次的内容：基础设施即服务（IaaS）、平台即服务（PaaS）和软件即服务（SaaS）。国内的"阿里云"与云谷公司的 Xensystem，以及在国外已经非常成熟的 Intel 和 IBM 都是"云计算"的忠实开发者和使用者。云计算是大数据分析处理技术的核心原理，也是大数据分析应用的基础平台。

Google 内部的各种大数据处理技术和应用平台都是基于云计算的，最典型的就是以分布式文件系统 GFS、批处理技术 MapReduce、分布式数据库 Bigtable 为代表的大数据处理技术，以及在此基础上产生的开源数据处理平台 Hadoop。

MapReduce 技术由 Google 公司提出，作为一种典型的数据批处理技术被广泛地应用于数据挖掘、数据分析、机器学习等领域。MapReduce 由于它具有并行式数据处理的方式，因此已经成为大数据处理的关键技术。MapReduce 系统主要由两个部分组成：Map 和 Reduce。MapReduce 的核心思想在于"分而治之"，也就是说，首先将数据源分为若干部分，每个部分对应一个初始的键–值（Key-Value）对，并分别在不同的 Map 任务区处理，这时的 Map 任务区对初始的键–值（Key-Value）对进行处理，产生一系列中间结果 Key-Value 对，MapReduce 的中间过程 Shuffle 将所有具有相同 Key 值的 Value 值组成一个集合并传递给 Reduce 环节；Reduce 接收这些中间结果，并将相同的 Value 值合并，形成最终的较小 Value 值的集合。MapReduce 系统的提出简化了数据的计算过程，避免了数据传输过程中大量的通信开销，使得 MapReduce 可以运用到多种实际问题的解决方案中，在各个领域均有广泛的应用。

2. 分布式文件系统

GFS（Google File System）作为分布式文件系统，由 Google 公司开发，这是基于分布式集群的大型分布式处理系统，作为上层应用的支撑，为 MapReduce 计算框架提供低层数据存储和数据可靠性的保障。GFS 与传统的分布式文件系统有共同之处，如性能、可伸缩性、可用性等。根据应用负载和技术环境的影响，GFS 和传统的分布式文件系统的不同之处使其在大数据时代得到了更加广泛的应用，GFS 采用廉价的组成硬件，并将系统某部分的出错情况作为常见情况加以处理，因此具有良好的容错功能。从传统的数据标准来看，GFS 能够处理的文件很大，通常都在100MB 以上。而且大文件在 GFS 中可以被有效地管理。另外，GFS 主要采取主从结构，通过数据分块、追加更新等方式实现海量数据的高速存储。

随着数据量的逐渐加大、数据结构的愈加复杂，最初的 GFS 架构已经无法满足对数据分析处理的需求，Google 公司在原先的基础上对 GFS 进行了重新设计，升级为 Colosuss，单点故障和海量小文件存储的问题在这个新的系统里得到了很好的解决。

除了 Google 的 GFS 及 Colosuss，HDFS、FastDFS 和 CloudStore 等都是类似于 GFS 的开源实现。

由于 GFS 及其类似的文件处理系统主要用于处理大文件，对于图片存储、文档传输等海量小文件的应用场合，则处理效率很低，因此，Facebook 开发了专门针对海量小文件处理的文件系统 Haystack，通过多个逻辑文件共享同一个物理文件、增加缓存层、将部分元数据加载到内存等的方式有效地解决了海量小文件存储的问题。国内的平台，如淘宝，也推出了类似的文件系统 TFS，针对淘宝海量的非结构化数据，提供海量小文件存储，满足了淘宝对小文件存储的需求，被广泛地应用在淘宝各项业务中。

3. 分布式并行数据库

由上述数据处理过程可看出，从数据源处获得的原始数据存储在分布式文件系统中，但是用户的习惯是从数据库中存取文件。传统的关系型分布式数据库已经不能适应大数据时代的数据存储要求，主要原因如下。

1）数据规模变大。大数据时代的特征之一是巨大的数据量，因此必须采用分布式存储方式。传统的数据库一般采用的是纵向扩展的方法，这种方法对性能的提升速度远远低于所需处理数据的增长速度，因此不具备良好的扩展性。大数据时代需要的是具备良好横向扩展性能的分布式并行数据库。

2）数据种类增多。大数据时代的特征之二是数据种类的多样化。各种半结构化、非结构化的数据纷纷涌现。如何高效地处理这些具有复杂数据类型、价值密度低的海量数据，是现在必须面对的重大挑战之一。

3）设计理念的差异。传统的关系型数据库用一种数据库适用所有类型的数据。但在大数据时代，由于数据类型的增多、数据应用领域的扩大，对数据处理技术的要求以及处理时间均有较大差异，用一种数据存储方式适用所有的数据处理场合明显是不可能的。很多公司尝试"One size for one"的设计理念，并产生了一系列技术成果，取得了显著成效。

为了解决上述问题，Google 公司提出了 BigTable 的数据库系统解决方案，为用户提供了简单的数据模型，运用多维数据表，在表中通过行、列关键字和时间戳来查询定位，用户可以自己动态地控制数据的分布和格式。除了 BigTable 以外，很多互联网公司也纷纷研发了可适用于大数据存储的数据库系统，比较知名的有 Yahoo 公司的 PNUTS，Amazon 公司的 Dynamo。

4. 开源实现平台 Hadoop

大数据时代对于数据分析、管理都提出了不同程度的新要求，许多传统的数据分析技术和数据库技术已不能满足现代数据应用的需求。为了给大数据处理分析提供一个性能更高、可靠性更好的平台，DouCutting 模仿 GFS，为 MapReduce 开发了一个云计算开源平台 Hadoop，用 Java 编写，可移植性强。目前，Hadoop 已发展为一个包括分布式文件系统（HDFS）、分布式数据库（HBase、Cassandra）及数据分析处理 MapReduce 等功能模块在内的完整生态系统（Ecosystem），成为目前最流行的大数据处理平台。

5. 大数据可视化

可视化技术作为解释大数据最有效的手段之一，最初被科学与计算领域运用，它对分析结果的形象化处理和显示在很多领域得到了迅速而广泛的应用。数据可视化（Data Visualization）技术是指运用计算机图形学和图像处理技术，将数据转换为图形或图像，在屏幕上显示出来，并进行交互处理的理论、方法和技术。图形化的方式比文字更容易被用户理解和接受，数据可视化就是借助人脑的视觉思维能力，将抽象的数据表现为可见的图形或图像，帮助人们发现数据中隐藏的内在规律。

11. 4. 6　大数据管理系统

从前面阐述的大数据特点和大数据应用可以看到，大数据管理、分析、处理和应用等诸多领域都面临着巨大挑战。数据管理技术和系统是大数据应用系统的基础。为了应对大数据应用的迫切需求，人们研究和发展了以并行编程模型为基础的众多新技术和新系统。

1. NoSQL 数据管理系统

NoSQL 是以互联网大数据应用为背景发展起来的分布式数据管理系统。NoSQL 有两种解释：一种是 Non-Relational，即非关系数据库；另一种是 Not Only SQL，即数据管理技术不仅是 SQL。目前第二种解释更为流行。NoSQL 系统支持的数据模型通常分为 Key-Value 模型、BigTable 模型、文档（Document）模型和图（Graph）模型 4 种。

1）Key-Value 模型。记为 KV（Key，Value），是非常简单而容易使用的数据模型。每个 Key 值对应一个 Value。Value 可以是任意类型的数据值。它支持按照 Key 值来存储和提取 Value 值。Value 值是无结构的二进制码或纯字符串，通常需要在应用层去解析相应的结构。

2）BigTable 模型。又称 Columns Oriented 模型，能够支持结构化的数据，包括列、列簇、时间戳及版本控制等元数据的存储。该数据模型的特点是列簇式，即按列存储，每一行数据的各项被存储在不同的列中，这些列的集合称作列簇。每一列的每一个数据项都包含一个时间戳属性，以便保存同一个数据项的多个版本。

3）文档模型。该模型在存储方面有以下改进：Value 值支持复杂的结构定义，通常被转换成 JSON 或者类似于 JSON 格式的结构化文档，支持数据库索引的定义，其索引主要是按照字段名来组织的。

4）图模型。记为 G（V，E），V 为节点（Node）集合，每个节点具有若干属性，E 为边（Edge）集合，也可以具有若干属性。该模型支持图结构的各种基本算法，可以直观地表达和展示数据之间的联系。

NoSQL 系统为了提高存储能力和并发读写能力，采用了极其简单的数据模型，支持简单的查询操作，而将复杂操作留给应用层实现。该系统对数据进行划分，对各个数据分区进行备份，以应对节点可能的失败，提高系统可用性；通过大量节点的并行处理获得高性能，采用的是横向扩展的方式（Scale Out）。

2. NewSQL 数据库系统

NewSQL 系统是融合了 NoSQL 系统功能和传统数据库事务管理功能的新型数据库系统。

SQL 关系数据库系统长期以来一直是企业业务系统的核心和基础，但是其扩展性差，难以应对海量数据的挑战。NoSQL 数据管理系统以其灵活性和良好的扩展性在大数据时代迅速崛起。但是，NoSQL 不支持 SQL，导致应用程序开发困难，特别是不支持关键应用所需要的事务 ACID 特性。NewSQL 将 SQL 和 NoSQL 的优势结合起来，充分利用计算机硬件的新技术、新结构，研究与开发了若干创新的实现技术。例如，关系数据库在分布式环境下为实现事务一致性使用了两阶段提交协议，这种技术在保证事务强一致性的同时会造成系统性能和可靠性的降低。为此人们提出了串行执行事务，避免加锁开销和全内存日志处理等技术；改进体系架构，结合计算机多核、多 CPU、大内存的特点，融合关系数据库和内存数据库的优势，充分利用固态硬盘技术，从而显著提高了对海量数据的事务处理性能和事务处理吞吐量。

11.4.7 大数据面临的挑战

随着近年来大数据热潮的不断升温，人们认识到"大数据"并非仅指"大规模的数据"，而且更代表了其本质含义，思维模式、商业和管理领域面临着前所未有的大变革。随着对大数据研究的不断深入，在为生产、生活带来巨大便利的同时，也带来了挑战。

1. 大数据的安全与隐私问题

大数据的应用日趋广泛，数据的安全与隐私已成为大数据技术面临的挑战之一。比如，在互联网上随意浏览网页，就会留下一连串的浏览痕迹；在网络中登录相关网站需要输入个人的重要信息，如用户名及密码、身份证号、手机号、住址、银行卡密码等；随处可见的摄像头和传感器会记录下个人的行为和位置信息等。

通过相关的数据分析，数据专家可以轻易挖掘出人们的行为习惯和个人的重要信息。如果这些信息运用得当，可以帮助相关领域的企业随时了解客户的需求和习惯，便于企业调整相应的产品生产计划，取得更大的经济效益。若这些重要的信息被不良分子窃取，随之而来的就是个人信息、财产等的安全性问题。为解决大数据时代的数据隐私问题，学术界和工业界纷纷提出自己的解决方法，如保护隐私的数据挖掘（Privacy Preserving Data Mining）、针对位置服务安全性问题的k-匿名方法、差分隐私保护技术等。在复杂多变的条件下如何实现数据隐私安全的保护，将是未来大数据研究的重点方向之一。

2. 大数据的集成与管理问题

大数据的来源多种多样，需要收集起来统一整理，进行数据的集成与管理，然而传统的数据存储方法已经不能满足大数据时代数据的处理需求，这就面临着新的挑战。

（1）数据存储

数据类型的多样性决定了传统的结构化数据向半结构化、非结构化数据的转变。

数据来源多样，各种终端设备、GPS等产生的数据呈"井喷"状态，数据的存储就显得格外重要。为应对越来越多的海量数据和日渐复杂的数据结构，很多公司都着手研发适用于大数据时代的分布式文件系统和分布式并行数据库，这就对数据存储系统提出了更高的要求。

（2）数据清洗

大数据时代数据的特征"Value"，是大数据低价值密度的体现。大数据量并不意味着大信息量，很多时候它意味着冗余数据的增多、垃圾信息的泛滥。

对数据进行筛选、清理是十分必要的，过多的干扰信息一方面会占据大量的存储空间，造成存储资源的浪费，另一方面，这些垃圾数据会对真正有用的信息造成干扰，影响数据分析结果。大数据时代的数据清洗过程必须更加细致和专业。在数据清洗过程中，既不能清洗地过细，因为这会增加数据清洗的复杂度，甚至有可能会把有用的信息过滤掉，也不能清洗地不细致，因为要保证数据筛选的效果。

3. 大数据的 IT 技术架构问题

大数据因其独特的特征对数据分析处理系统提出了极高的要求，无论是存储、传输还是计算，在大数据分析技术平台上都将会是一个技术的激烈交锋。

现有的数据中心技术难以满足大数据的处理需求，IT 架构的革命性重构势在必行。美国启动的大数据研究计划中，绝大部分的研究项目都对大数据带来了技术挑战，主要应对大数据分析算法和系统的效率问题。

（1）大数据分析技术

目前来看，海量数据中超过 85% 的数据都是半结构化或非结构化的数据，传统关系型数据库已无法处理。根据 CAP（Consistency，Availability，Partitions Tolerance）理论，一致性、可用性和容错性不可兼得，因此，关系型数据库没有良好的可扩展性。

以 MapReduce 和 Hadoop 为代表的非关系型数据库的非关系型分析技术因其具有良好的横向扩展（Scale-out）能力，因而在大数据分析领域得到了广泛应用，现已成为大数据处理的主流技术。尽管这样，MapReduce 和 Hadoop 在性能方面依然不能尽如人意，还需根据实际应用情况不断研发更高效、更实用的大数据分析技术。

（2）数据融合

大数据时代数据的数量和质量都达到了前所未有的状态，但是若没有一个很好的技术将这些"散沙"式的数据充分整合，就无法最大化地发挥大数据的价值，因此，大数据处理技术面临的一个重要问题就是如何将个人、企业和政府的各种信息数据加以融合。

数据格式的不一致，给数据融合带来了相当大的困难。为解决这个问题，需要研究推广不与平台绑定的数据格式，用这样一种统一的数据格式将人类社会、物理世界和网络空间联系起来，构建统一的信息系统。

（3）大数据能耗问题

大数据的处理、存储和通信都要消耗相当大的能源。在能源价格迅速上涨的今天，由于数据的存储规模不断扩大，高能耗逐渐成为制约大数据快速发展的瓶颈之一。

为减少不必要的能源消耗，首先可以运用低功耗的硬件资源，如闪存、PCM 等，这些新型存储硬件的功耗相对传统磁盘等硬件要低很多。此外，随着世界能源的消耗量越来越大，"第三次工业革命"浪潮席卷全球，可以考虑引入新型可再生能源，比如，传统的电能可以用太阳能、风能、生化能等产生，避免使用传统的不可再生能源，如煤炭、石油等，既节约了能源，又减少了环境污染。

4. 大数据的生态环境问题

大数据的生态环境首先涉及的是数据资源管理和共享的问题。互联网的开放式结构使人们可以在地球的不同角落共享所有的网络资源，这给科研工作带来了极大的便利，但并不是所有的数据都可以被无条件共享，有些数据因其特殊的价值属性而被法律保护起来，不能随意被无条件利用。

由于现在相关的法律措施不够健全，以及人们缺乏足够强的数据保护意识，所以总会出现数据信息被盗用或数据所有权归属的问题，这既有技术问题也有法律问题。如何在保护多方利益的前提下解决数据共享问题，将是大数据时代的一个重要挑战。

在大数据时代，数据的产生和应用领域已不限于某几个特殊的场合，几乎在所有的领域（如政治、经济、社会、科学、法律等）中都能看到大数据的身影。因此，涉及这些领域的数据交叉问题就不可避免。随着大数据影响力的深入，大数据的分析结果势必将会对国家治理模式、企业的决策、组织和业务流程，个人生活方式等产生巨大的影响，而这种影响模式是值得深入研究的。

参考文献

［1］王珊，萨师煊. 数据库系统概论［M］. 5 版. 北京：高等教育出版社，2014.

［2］CONNOLLY T，BEGG C. Database Systems：A Practical Approach to Design，Implementation，and Management：Sixth Edition［M］. 影印版. 北京：机械工业出版社，2018.

［3］SILBERSCHATZ A，KORTH H F，SUDARSHAN S. Database system concepts［M］. 6th ed. New York ：McGraw-Hill，2013.

［4］HOFFER J A，VENKATARAMAN R，数据库管理基础教程［M］. 岳丽华，张怡文，译. 北京：机械工业出版社，2016.

［5］赵明渊. 数据库原理与应用：SQL Server［M］. 北京：电子工业出版社，2019.

［6］万常选，廖国琼，吴京慧. 数据库系统原理与设计［M］. 3 版. 北京：清华大学出版社，2017.

［7］周洁. 数据库技术及应用实践教程［M］. 北京：电子工业出版社，2018.

［8］吴秀丽，杜彦华，丁文英. 数据库技术与应用 SQL Server 2016［M］. 北京：清华大学出版社，2018.

［9］李俊山，叶霞，罗蓉. 数据库原理及应用：SQL Server［M］. 3 版. 北京：清华大学出版社，2017.

［10］贾铁军. 数据库原理及应用：SQL Server 2016［M］. 北京：机械工业出版社，2017.

［11］姜桂洪，孙福振，苏晶. SQL Server 2016 数据库应用与开发［M］. 北京：清华大学出版社，2019.

［12］JORGENSEN A，BALL B，WORT S，等. SQL Server 2014 管理最佳实践：第 3 版［M］. 宋沄剑，高继伟，译. 北京：清华大学出版社，2015.

［13］卫琳，刘炜，李英豪. SQL Server 2014 数据库应用与开发教程［M］. 4 版. 北京：清华大学出版社，2019.

［14］JOHNSON B. Visual Studio 2017 高级编程：第 7 版［M］. 李立新，译. 北京：清华大学出版社，2018.

［15］PENBERTHY W. ASP. NET 入门经典：第 9 版［M］. 李晓峰，高巍巍，译. 北京：清华大学出版社，2018.

［16］曾建华. Visual Studio 2015（C#）Windows 数据库项目开发［M］. 北京：电子工业出版社，2018.

［17］JOHNSON B. Visual Studio 2015 高级编程：第 6 版［M］. 张卫华，裴洪文，译. 北京：清华大学出版社，2016.

［18］于戈，申德荣，等. 分布式数据库系统：大数据时代新型数据库技术［M］. 2 版. 北京：机械工业出版社，2016.

［19］BERMAN J. 大数据原理：复杂信息的准备、共享和分析［M］. 邢春晓，张桂刚，张勇，译. 北京：机械工业出版社，2017.

［20］董西成. 大数据技术体系详解：原理、架构与实践［M］. 北京：机械工业出版社，2018.